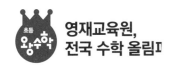

영재교육원,
전국 수학 올림ㅍ

올림피아드
왕수학

왕수학연구소
소장 **박 명 전**

6 학년

현대 사회는 창조적 사고 능력을 갖춘 인재를 요구합니다. 한 분야의 지식, 기술만 익혀 그것을 삶의 방편으로 삼아 왔던 기능주의 시대는 가고, 이제는 여러 분야에 걸친 통합적 지식과 창의적인 발상을 중시하는 차원 높은 과학 시대에 돌입한 것입니다. 더욱이 오늘날 세계 각국은 21세기를 맞이하여 영재의 조기 발견과 육성에 많은 노력을 기울이고 있습니다. 세계적인 수학 교육의 추세가 창의력과 사고력 중심으로 변하고 있는 것에 맞추어 우리나라의 수학 교육의 방향도 문제를 해결하면서 창의적 사고와 융합적 합리적 사고가 계발되도록 변하고 있습니다.

올림피아드 왕수학은 바로 이러한 교육환경의 변화에 맞춰 학생 여러분의 수학적 사고력과 창의력을 기르고 수학경시대회와 올림피아드 대회에 대비하여 새롭게 꾸민 책입니다. 저자는 지난 18년 동안 교육일선에서 수학을 지도한 경험, 10여년에 걸친 경시반 운영 경험, 왕수학연구소에서 세계 각국의 영재교육 프로그램을 탐독하고 지도한 경험 등을 총망라하여 이 책의 집필에 정성을 다하였습니다. 11년 동안 연속 수학왕 지도 교사의 영예를 안은 저자가 펴낸 올림피아드 왕수학을 통하여 학생들의 수리적인 두뇌가 최대한 계발되도록 하였으며 이 책으로 공부한 학생이라면 어떤 수준의 어려운 문제라도 스스로 해결할 수 있도록 하였습니다.

올림피아드 왕수학은 아울러 여러분의 창조적 문제해결력과 종합적 사고 능력의 향상에도 큰 효과를 거둘 수 있도록 하였으며 수학경시대회에 참가할 여러분에게는 최고의 경시대회 대비문제집이 되는 동시에 지도하시는 선생님께는 최고의 지도서가 될 것입니다. 또한 이 책은 국내 및 국제 수학경시대회에 참가하여 자신의 실력을 평가하고 훌륭한 성과를 얻는 데 크게 도움이 될 것입니다.

Problem solving...

주어진 문제를 해결할 수 있다는 것은 문제를 이해함과 동시에 어떤 전략으로 문제해결에 접근하느냐에 따라 쉽게 또는 어렵게 풀리며 경우에 따라서는 풀 수 없게 됩니다. 주어진 상황이나 조건에 따라 문제해결전략을 얼마든지 바꾸어 해결하도록 노력해야 합니다.

1 문제의 이해

문제를 처음 대하였을 때 무엇을 묻고 있으며, 주어진 조건은 무엇인지를 정확하게 이해합니다.

2 문제해결전략

주어진 조건을 이용하여 어떻게 문제를 풀 것인가 하는 전략(계획)을 세웁니다.

3 문제해결하기

자신이 세운 전략(계획)대로 실제로 문제를 풀어 봅니다.

4 확 인 하 기

자신이 해결한 문제의 결과가 맞는지 확인하는 과정을 거쳐야 합니다.

예상문제

예상문제 15회를 푸는 동안 창의력과 수학적 사고력을 증가시킬 수 있고, 끝까지 최선을 다한다면 수학왕으로 가는 길을 찾을 수 있을 것입니다.

기출문제

이전의 수학왕들이 풀어 왔던 기출문제를 한 문제 한 문제 풀어 보면 수학의 깊은 맛과 재미를 느낄 수 있을 것입니다.

ontents

차례

6
학년

정 답 과 풀 이

Olympiad

올림피아드

예상문제

올림피아드 예상문제

1 $2\times2=2^2$, $2\times2\times2=2^3$과 같이 나타낼 때, 자연수 A의 값을 구하시오.

$$\frac{1}{2^4\times3^2\times5}-\frac{1}{2\times3^3\times5^2}=\frac{A}{2^4\times3^3\times5^2}$$

2 ㉠과 ㉡이 1보다 크고 20보다 작은 자연수일 때, 다음 식의 계산 결과가 자연수가 되는 (㉠, ㉡)은 모두 몇 쌍입니까?

$$\frac{2}{5}\times㉠\div㉡$$

3 $a\times b=1$일 때, b는 a의 역수라고 합니다. 역수가 0.019보다 작은 수 중 두 자리 자연수는 모두 몇 개입니까?

4 □ 안에 2, 3, 4, 5, 6, 7을 한 번씩 써넣어 몫이 28 이상인 식을 모두 몇 개 만들 수 있습니까?

5 길이가 1 m인 막대를 다음 그림과 같이 2등분, 3등분, 4등분, … 되는 곳에 표시를 합니다. 4등분 할 때에는 전에 표시한 것과 겹친 표시(△가 붙어 있는 표시)가 1개이고, 6등분 할 때에는 3개가 됩니다. 이와 같은 방법으로 50등분 할 때에는 겹친 표시(△)가 몇 개 붙겠습니까?

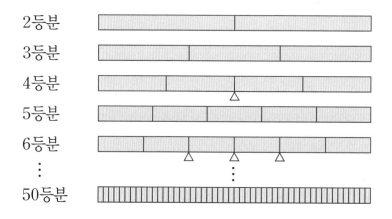

6 반지름이 20 cm인 큰 원 안에 반지름이 10 cm인 작은 원 4개가 오른쪽과 같이 그려져 있습니다. 색칠한 부분의 넓이는 몇 cm²입니까? (원주율 : 3.14)

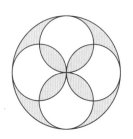

7 효근이는 1번부터 270번까지의 문제가 있는 문제집을 2문제씩 뛰어 하루에 3문제씩 풀기로 하였습니다. 1일째에는 1번, 4번, 7번, 2일째에는 10번, 13번, 16번의 문제를 풀었고, 이것을 (1, 4, 7), (10, 13, 16)과 같이 표시합니다. 문제집을 끝까지 풀면 다음에는 (2, 5, 8), (11, 14, 17), …과 같이 풀어 90일 만에 모두 끝낼 수 있습니다. 70일째 푸는 문제를 표시하시오.

8 꽃밭에서 풀을 뽑기로 하였는데 50명의 학생이 30분 일하고 나서 학생 중 반이 돌아갔고, 그 후 남은 학생이 40분간 일했지만 아직 전체의 3분의 1이 남았습니다. 내일 남은 일을 50분 만에 끝내기 위해서는 몇 명의 학생이 일을 하면 되겠습니까? (단, 한 명의 학생이 1분 동안 하는 일의 양은 모두 같습니다.)

9 버스가 남녀 합해서 30명을 태우고 어떤 정류장을 출발했습니다. 다음 정류장에서 남자 $\frac{1}{3}$과 여자 9명이 내리고, 남녀 합해서 8명이 탔더니 버스 안은 남자가 13명, 여자가 12명이 되었습니다. 처음 30명 중에서 여자는 몇 명이 타고 있었습니까?

10 도로의 폭이 10 m인 건널목이 있습니다. 이 건널목은 상행, 하행 모두 800 m 전방에 기차가 오면 종이 울리기 시작해서 기차가 통과한 후 건널목에서 50 m 멀어지면 종이 멈춥니다. 양 방향에서 1시간에 60 km로 달리는 기차와 90 km로 달리는 기차가 접근하고 있습니다. 한쪽 기차의 길이는 200 m, 반대 방향의 기차의 길이는 120 m일 때, 두 기차에 의해 종이 울리는 시간은 최소 몇 초부터 최대 몇 초까지입니까?

11 오른쪽과 같이 큰 원 안에 지름이 20 cm인 작은 원 6개를 그렸습니다. 색칠한 부분의 넓이는 몇 cm²입니까? (원주율 : 3.14)

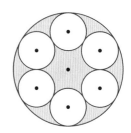

12 어느 창고의 화물을 전부 꺼내는 데 갑은 8시간, 을은 10시간, 병은 12시간이 걸립니다. 똑같은 2개의 창고 A, B로부터 화물을 꺼내게 되어 갑은 A창고를, 을은 B창고를 맡아서 일하기 시작했습니다. 병은 갑을 돕다가 을을 도와서 양쪽 일이 동시에 끝났습니다. 병은 갑, 을의 일을 각각 몇 시간씩 도왔겠습니까?

13 A섬과 B섬을 한 시간에 40 km의 빠르기로 운행하는 배로 왕복하는데 비둘기를 몇 마리 데리고 A섬을 출발하면서 매 30분마다 한 마리씩 놓아 주었습니다. 이 비둘기가 A섬에 돌아오는 시각을 조사한 결과 오른쪽 표와 같이 되었습니다. 배는 B섬에 15분간 머문 후 A섬을 향해 돌아왔고, 어느 비둘기든 날아가는 속도가 같다면 A섬과 B섬 사이의 거리는 몇 km입니까?

⋮	⋮
4번째	오후 12시 30분
5번째	오후 1시 20분
6번째	오후 2시 10분
7번째	오후 3시
8번째	오후 3시 30분
9번째	오후 3시 40분
⋮	⋮

14 다음 식의 ㉠에 들어갈 분수 중에서 분모가 10 이하인 기약분수는 모두 몇 개입니까?

$$\frac{2}{3} \div ㉠ > 1$$

15 1.36에 어떤 자연수를 곱한 뒤, 그 답에 소수점을 찍지 않아서 바른 답보다 1077.12 만큼 크게 되었습니다. 이 경우 1.36에 어떤 자연수를 곱한 것입니까?

16 깊이가 일정한 연못에 2개의 막대를 수직으로 세웠더니 긴 막대는 전체의 $\frac{2}{3}$, 짧은 막대는 전체의 $\frac{5}{6}$가 물에 잠겼습니다. 두 막대의 차가 48 cm일 때, 연못의 깊이는 몇 cm입니까?

17 모서리의 길이의 합이 48 cm인 직육면체들 중에서 겉넓이와 부피가 가장 큰 직육면체의 겉넓이와 부피를 각각 ㉮ cm²와 ㉯ cm³라고 할 때, ㉮＋㉯의 값은 얼마입니까?

18 A, B, C 세 개의 그릇이 있습니다. A에는 물이 300 g, B, C에는 농도가 다른 소금물이 400 g씩 들어 있습니다. 우선, B의 소금물 100 g을 A에 넣은 다음 C의 소금물 100 g을 B에 넣고, 마지막으로 C에 물 100 g을 넣어서 각각 잘 섞으면 A의 소금물의 농도는 4 %가 되고 B와 C의 소금물의 농도는 같아집니다. 처음에 들어 있던 B와 C의 소금물의 농도를 구하시오.

19 밑면이 정사각형인 사각뿔의 서로 다른 전개도를 모두 찾으려고 합니다. 옆면이 모두 떨어져 있는 경우와 옆면이 모두 한쪽에 붙어 있는 경우는 오른쪽과 같습니다. 오른쪽의 전개도를 제외한 나머지 전개도는 몇 가지가 더 있습니까? (단, 돌리거나 뒤집어서 겹쳐지는 전개도는 같은 것으로 합니다.)

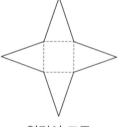

옆면이 모두
떨어져 있는 경우

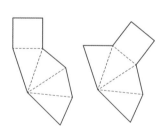

옆면이 모두 한쪽에
붙어 있는 경우

다음 그림과 같이 직육면체에서 2개의 직육면체를 잘라내고, 밑면을 Ⓐ, Ⓑ, Ⓒ, Ⓓ로 하는 모양의 그릇이 있습니다. Ⓑ의 위쪽에서 매분 2.5 L씩 물을 넣기 시작하여 밑면 Ⓑ에서부터 측정한 수면의 높이와 시간과의 관계를 그래프로 나타내었습니다. 물음에 답하시오.

(단, $1\,cm^3 = 1\,mL$입니다.) (**20 ~ 21**)

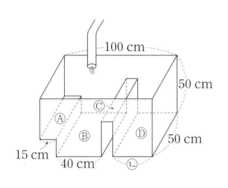

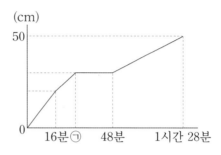

20 ㉠에 알맞은 시간을 구하시오.

21 ㉡에 알맞은 길이는 몇 cm입니까?

22 다음 그림과 같은 이등변삼각형 ㉮, ㉯가 화살표 방향으로 움직입니다. ㉮와 ㉯가 겹친 부분의 넓이가 가장 클 때의 도형 전체의 넓이는 몇 cm^2입니까?

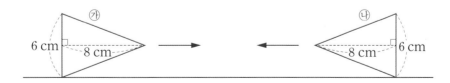

23 직선 상에 2개의 점 A, B가 있습니다. 점 A, B는 각각 일정한 빠르기로 동시에 같은 방향으로 나가기 시작하여 잠시 후 점 A가 멈추었습니다. 그 뒤, 점 A는 전과 같은 빠르기로 나가기 시작했고, 이와 동시에 점 B가 멈추었습니다. 그리고 그 후, 점 B가 전과 같은 빠르기로 또 다시 나아가기 시작했습니다. 오른쪽 그래프는 처음 출발할 때부터의 시간과 두 점 A, B 사이의 거리의 관계를 나타낸 것입니다. 점 A와 점 B 사이의 거리가 9 cm였을 때, 점 B는 처음 위치에서 몇 cm 나아갔겠습니까?

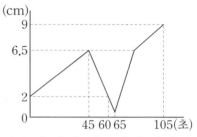

24 어느 과학고등학교 입학 시험의 합격자는 240명입니다. 전체 응시자 중 합격자 수와 남자 응시자 중 합격자 수, 합격자 중 남녀 합격자 수를 각각 조사하여 나타낸 원그래프입니다. 남자 응시자 수와 여자 응시자 수의 차는 몇 명인지 구하시오.

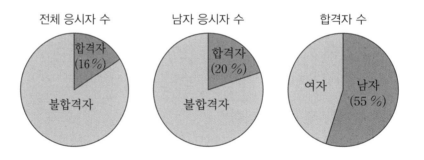

25 다음 **보기** 와 같이 주어진 테두리 안에 쌓기나무를 그릴 때, 가장 적게 그리는 경우의 쌓기나무의 개수를 ㉠개, 가장 많게 그리는 경우의 쌓기나무의 개수를 ㉡개라고 했을 때, ㉠＋㉡은 얼마입니까? (단, 1층에 놓을 쌓기나무는 4개입니다.)

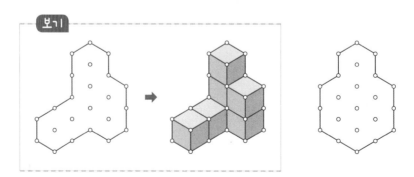

제2회

올림피아드 예상문제

전국예상등위			
대상권	금상권	은상권	동상권
$^{24}/_{25}$	$^{22}/_{25}$	$^{20}/_{25}$	$^{18}/_{25}$

1 어떤 소수 ㉠이 있습니다. ㉠의 소수점을 오른쪽으로 한 자리 옮겨 찍은 수와 ㉠의 소수점을 왼쪽으로 한 자리 옮겨 찍은 수를 더했더니 327.24가 되었습니다. 어떤 소수 ㉠을 구하시오.

2 다음을 만족하는 가장 작은 자연수 ㉠과 ㉡의 합을 구하시오.

$$\frac{3}{4} \times ㉠ = \frac{7}{12} \times ㉡$$

3 분자가 6인 분수 중에서 그 값이 0.051에 가장 가까운 기약분수를 구하시오.

4 배 한 척이 A 항구를 출발하여 B 항구에 도착한 후 $\frac{2}{7}$ 의 사람이 내리고 다시 45명이 탔습니다. C 항구에서 모두 내렸을 때 사람 수는 A 항구를 떠날 때의 사람 수의 $\frac{20}{21}$ 이 었습니다. A 항구에서 배에 탄 사람은 몇 명입니까?

5 예슬이네 학교 6학년 학생 45명에게 남동생과 여동생이 있는지를 조사하였습니다. 남동생이 있는 사람은 19명, 여동생도 남동생도 없는 사람은 14명, 여동생이 있고 남동생이 없는 사람과 남동생도 여동생도 있는 사람의 비는 3 : 2입니다. 여동생과 남동생이 있는 사람은 몇 명입니까?

6 형과 동생이 어머니 생신 선물로 결정한 품목의 가격과 배송료는 다음과 같고, 가지고 있는 할인권을 사용하여 가장 저렴하게 구입하려고 합니다. 선물 구입 비용을 형과 동생이 5 : 3의 비로 나누어 내기로 했을 때 동생이 얼마를 내야 합니까?

〈어머니 생신 선물〉
- 집 앞 제과점에서 생일 날 구입
  케이크 : 32000원 (10 % 할인권 사용)
- 인터넷 쇼핑몰에서 미리 주문
  스카프 : 50000원 (20 % 할인권 사용, 50000원 이하 구입 시 배송료 4000원 추가)

7 A 주머니에 들어 있는 흰 돌과 검은 돌의 개수의 비는 5 : 7이고, B 주머니에 들어 있는 흰 돌과 검은 돌의 개수의 비는 3 : 2입니다. A 주머니에 들어 있는 돌의 개수와 B 주머니에 들어 있는 돌의 개수의 비가 3 : 5라면, 두 주머니에 들어 있는 흰 돌과 검은 돌의 개수의 비를 가장 간단한 자연수의 비로 나타내시오.

8 강 하류의 A 지점에서 강 상류의 B 지점까지 4.5 km 떨어져 있습니다. A를 출발한 배가 1분에 60 m씩 B를 향해 나아가는데, 15분 후에 강 하류에서 올라온 모터보트에게 추월당했고, 그로부터 18분 후에 또다시 내려오는 모터보트와 만났습니다. 모터보트는 B에서 쉬지 않고 되돌아갔으며, 올라가는 빠르기와 내려가는 빠르기의 비가 5 : 7입니다. 잔잔한 물에서의 모터보트는 1분에 몇 m를 가겠습니까?

9 7장의 숫자 카드 중에서 5장을 골라 ☐ 안에 한 번씩만 써넣어 계산 결과가 가장 크게 되도록 식을 만들었습니다. 만든 식의 계산 결과를 기약분수 $\bigcirc\dfrac{\bigcirc}{\bigcirc}$ 으로 나타내었을 때, $\bigcirc+\bigcirc+\bigcirc$의 값을 구하시오.

10 A는 10000원, B는 8000원을 가지고 같은 종류의 지우개와 연필을 샀습니다. A는 지우개 4개와 연필 3자루, B는 지우개 3개와 연필 5자루를 사서 두 사람의 남은 돈의 합계는 3200원이 되었습니다. 지우개 2개의 가격과 연필 3자루의 가격은 같고, A는 거스름돈이 없도록 산다고 할 때, 앞으로 지우개 몇 개와 연필 몇 자루를 더 살 수 있겠습니까?

11 어떤 밭에서 양배추만을 생산하고 있습니다. 만약 밭의 일부인 1400 m²를 상추로 바꾸어 생산하면 수입의 합계가 양배추만 생산할 때보다 10 % 늘고, 밭의 70 %를 상추로 바꾸어 생산하면 수입의 합계가 양배추만 생산할 때의 2.4배가 된다고 합니다. 이 밭의 넓이를 구하시오. (단, 양배추와 상추의 값은 항상 일정한 것으로 합니다.)

12 오른쪽 도형에서 색칠한 부분의 넓이는 몇 cm²인지 구하시오. (단, 곡선 ㄱㄹ은 점 ㄴ을 원의 중심으로 하는 원의 일부분이고 원주율은 3.14입니다.)

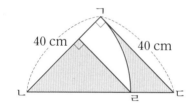

13 A역과 B역의 사이를 10대의 열차가 쉬지 않고 왕복합니다. 이들 열차는 모두 1시간에 80 km의 빠르기로 달리며, 항상 12분 간격으로 1대씩 차례로 A역을 출발하고, A역과 B역에서 각각 6분간 정차합니다. A역과 B역 사이의 거리는 몇 km입니까?

14 오른쪽 그림에서 각 BAD의 크기는 20°이고, 변 AB와 변 AC, 변 AD와 변 AE의 길이가 각각 같을 때, 각 CDE의 크기를 구하시오.

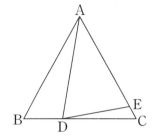

15 오른쪽 직사각형에서 가로와 세로의 길이의 비는 5 : 12이고, 선분 BF와 선분 FC의 길이의 비는 3 : 2입니다. 삼각형 AED와 삼각형 EBF의 넓이의 비가 8 : 5일 때 선분 AE와 선분 EB의 길이의 비를 가장 간단한 자연수의 비로 나타내시오.

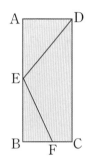

16 오른쪽 사다리꼴에서 삼각형 PBC의 넓이와 삼각형 APD의 넓이의 비가 7 : 4일 때, 선분 PQ의 길이를 구하시오.

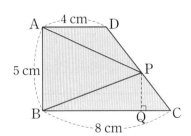

17 한 모서리의 길이가 각각 6 cm, 8 cm, 10 cm인 정육면체 A, B, C가 있습니다. 이것을 가로 30 cm, 세로 20 cm, 높이 20 cm인 직육면체 모양의 수조에 넣고 1초에 20 cm³씩 물을 넣었더니 5분 후에 오른쪽 그림과 같이 3개의 정육면체가 모두 물에 떠 있고, 수면 위로 나와 있는 부분은 A, B, C가 각각 1 cm, 3 cm, 3 cm였습니다. 물을 넣기 시작하여 몇 초 후에 A, B, C가 각각 물에 뜨기 시작하겠습니까?

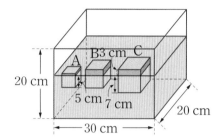

18 오른쪽 그림과 같이 밑면의 반지름이 10 cm, 모선 OA의 길이가 24 cm인 원뿔이 있습니다. 모선 OA의 중점 P에서 점 A까지 실의 길이가 가장 짧도록 감고, 옆면을 직선 AP와 실이 감긴 부분을 따라 자를 때 꼭짓점 O가 포함된 부분의 넓이를 구하시오.

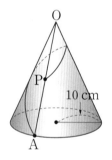

19 오른쪽 그림과 같은 삼각기둥의 전개도가 36개 있습니다. 이 전개도를 접어서 만든 크기가 같은 삼각기둥 36개를 모두 붙여 밑면이 정삼각형인 새로운 삼각기둥을 만들려고 합니다. 새로운 삼각기둥의 겉면에 적힌 수의 합이 가장 작을 때의 값을 구하시오.

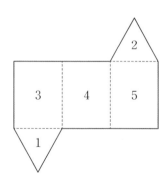

20 오른쪽의 색칠된 도형은 한 변이 6 cm인 정사각형에서 한 변이 3 cm인 정사각형을 잘라낸 모양입니다. 정삼각형 ABC를 미끄러지지 않도록 회전시켜 ㉮의 위치에서 ㉯의 위치까지 움직여 갈 때, 정삼각형이 지나간 부분의 넓이는 몇 cm²입니까?

(원주율 : 3.14)

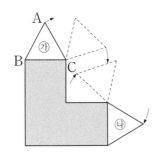

다음 그림과 같은 모양의 종이가 있습니다. 직선 ㉮는 변 AB와 평행한 상태로 좌우로 움직이는 직선입니다. 직선 ㉮와 변 BC가 만나는 점을 P라 하고, 직선 ㉮를 접는 선으로 하여 접었을 때, 겹치는 도형의 넓이와 선분 BP의 길이와의 관계를 그래프로 나타내었습니다. 물음에 답하시오. (**21 ~ 22**)

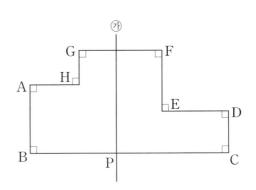

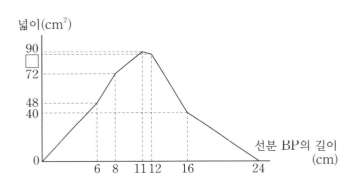

21 변 AH와 변 FG의 길이를 각각 구하시오.

22 □ 안에 알맞은 수를 구하시오.

23 쌓기나무 10개를 쌓아서 가장 높은 층이 3층인 모양을 만들려고 합니다. 위에서 본 모양이 오른쪽과 같이 되도록 쌓는 방법은 모두 몇 가지인지 구하시오.

24 A, B, C, D, E 5명이 크리스마스에 선물을 교환하였습니다. C의 선물을 받은 사람은 누구입니까?

- A가 받은 것은 C의 선물이 아닙니다.
- B가 받은 것은 C의 선물이 아닙니다.
- C는 B나 E의 선물을 받았습니다.
- D는 A나 B의 선물을 받았습니다.
- 어느 두 사람도 선물을 맞바꾸는 경우는 없었습니다.

25 붉은 구슬 18개와 흰 구슬 4개가 있습니다. 이들 모두의 무게는 294 g입니다. 양팔 저울의 왼쪽 접시에 붉은 구슬 18개를 올리고 오른쪽 접시에 흰 구슬 4개를 올려 놓았더니 오른쪽으로 기울어졌습니다. 그래서 오른쪽 흰 구슬 1개를 왼쪽으로 옮겼더니, 왼쪽으로 기울어졌습니다. 다시 왼쪽에 있는 붉은 구슬 3개를 오른쪽으로 옮겨 놓았더니 저울이 평형을 이루었습니다. 이때, 붉은 구슬 3개와 흰 구슬 1개의 무게를 합하면 몇 g이 되겠습니까?

1 5장의 숫자 카드 $\boxed{1}$, $\boxed{3}$, $\boxed{5}$, $\boxed{7}$, $\boxed{9}$ 중에서 4장의 숫자 카드를 뽑아 한 번씩 사용하여 두 개의 진분수 $\frac{ⓒ}{ⓐ}$과 $\frac{ⓔ}{ⓓ}$을 만들었습니다. 이때 $\frac{ⓒ}{ⓐ} \div \frac{ⓔ}{ⓓ}$의 값이 1보다 작은 나눗셈식은 모두 몇 개입니까?

2 사과와 배가 몇 개씩 있는데 사과의 개수는 배의 개수의 3배입니다. 매일 배는 2개씩, 사과는 5개씩 먹는데 배를 다 먹었을 때 사과가 20개 남았다면, 처음에 있었던 배의 개수는 몇 개입니까?

3 다음을 계산하시오.

$$\frac{111}{110} + \frac{133}{132} + \frac{157}{156} + \frac{183}{182} + \frac{211}{210}$$

4 어떤 사람의 죽었을 때의 나이는 그 사람이 태어난 해의 $\frac{1}{37}$이 되는 수와 같다고 합니다. 1950년에 그 사람이 살아 있었다면 1950년에 그의 나이는 몇 살이었겠습니까?

5 영수는 가지고 있던 구슬의 $\frac{1}{4}$을 철수에게 주고, 나머지 구슬의 $\frac{1}{5}$보다 9개 더 많은 구슬을 동민이에게 주었습니다. 그 결과 영수에게 남은 구슬은 처음에 가지고 있던 구슬 수의 $\frac{9}{16}$가 되었습니다. 영수가 처음에 가지고 있던 구슬은 몇 개입니까?

6 A역에서 B역까지 가는 데 지하철로는 35분, 자동차로는 20분이 걸립니다. 어떤 사람이 정오에 B역에 도착할 예정으로 지하철을 타고 A역을 출발하였으나, 도중에 고장으로 지하철이 멈춰서 4분간 기다리다 자동차로 갈아타고 갔습니다. 그랬더니 예정보다 5분 빨리 도착할 수 있었습니다. 지하철이 멈춘 시각은 몇 시 몇 분입니까?

7 효근이와 석기는 A 지역에서 B 지역을 지나 C 지역까지 가게 되었습니다. A 지역에서 B 지역까지의 거리는 10.8 km이며 오르막길이고, B 지역에서 C 지역까지의 거리는 7.2 km이며 내리막길입니다. A 지역에서 C 지역까지 가는 데 효근이는 4시간 20분 걸렸고, 석기는 5시간 42분 걸렸습니다. 효근이와 석기의 걸어 올라가는 빠르기의 비는 3 : 2이고, 걸어 내려가는 빠르기의 비는 9 : 10이었다면, 효근이는 A 지역에서 B 지역까지와, B 지역에서 C 지역까지를 각각 1시간에 몇 km의 빠르기로 갔겠습니까?

8 시계가 지금 7시 몇 분을 가리키고 있습니다. 지금부터 10분 전 짧은바늘의 위치를 긴 바늘이 지금부터 14분 후에 가리키게 됩니다. 지금의 시각은 몇 시 몇 분입니까?

9 A, B 두 종류의 소금물이 있습니다. A와 B의 농도의 비는 2 : 3이며, A 소금물 300 g과 B 소금물 500 g을 섞었더니 10.5 %의 소금물이 되었습니다. A와 B는 각각 몇 %의 소금물입니까?

10 어떤 강을 따라서 A마을과 B마을이 있고, ㉠배는 A마을에서 B마을로, ㉡배는 B마을에서 A마을을 향해서 동시에 출발하였습니다. 두 배는 B마을에서 60 km인 지점 C에서 서로 지나치고, ㉠배가 B마을에 도착하고 나서 2시간 40분 후에 ㉡배가 A마을에 도착하였습니다. 잔잔한 물에서 두 배의 빠르기는 같지만, 강물이 일정한 빠르기로 흐르고 있기 때문에, ㉠배의 빠르기는 ㉡배의 빠르기의 $1\frac{2}{3}$배가 되었습니다. 이 강물은 1시간에 몇 km의 빠르기로 흐르고 있습니까?

11 변 AB는 4 cm, 변 BC는 5 cm, 변 CA는 3 cm인 직각 삼각형 ABC가 있습니다. 이 삼각형의 변을 따라 길이가 1.5 cm인 선분 PQ를 항상 변 BC에 수직이 되도록 하여 한 바퀴 움직였을 때, 선분이 지나간 부분의 넓이를 구하시오. (단, 점 Q는 항상 삼각형의 변과 닿아 있도록 움직입니다.)

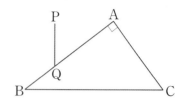

12 오른쪽 그림에서 사각형 ABCD는 한 변이 24 cm인 정사각형입니다. 점 E와 점 F는 변 BC의 3등분점이고, 점 G는 변 CD의 중점입니다. 점 H는 선분 AF와 선분 EG의 교점일 때, 삼각형 AEH의 넓이는 몇 cm²입니까?

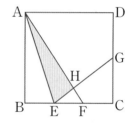

13 오른쪽 그림에서 A, B, C, D, E, F는 원주의 6등분점입니다. 각 ㉠과 각 ㉡의 크기를 구하시오.

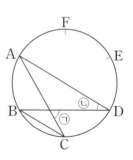

14 넓이가 72 cm^2인 삼각형 ABC가 있습니다. 변 BC를 3등분한 점 D를 잡고 선분 AD를 접는 선으로 하여 접으면 점 B는 점 E의 위치에 옵니다. 이때 색칠한 부분의 넓이가 18 cm^2라면 사각형 ABCE의 넓이는 몇 cm^2입니까?

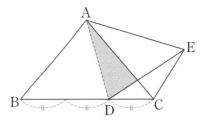

15 오른쪽 그림과 같이 반지름이 10 cm인 원 3개를 한 줄로 고정시킨 후 반지름이 10 cm인 원 C를 이 도형의 바깥을 따라 한 바퀴 이동시킬 때 원 C의 중심이 이동한 거리는 몇 cm입니까? (원주율 : 3.14)

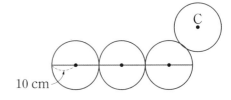

16 작은 것부터 배열한 5개의 수 A, B, C, D, E가 있습니다. C와 B, D와 C, E와 D의 차는 각각 B와 A의 차의 2배, 3배, 4배가 됩니다. 5개의 수의 평균은 44이고, B와 C의 평균은 38일 때, A와 E는 각각 얼마입니까?

올림피아드

17 오른쪽 그림의 입체도형은 길이가 5 cm인 나무막대를 접착제로 붙여서 만든 것으로 가로 10 cm, 세로 5 cm, 높이 5 cm인 직육면체입니다. 이와 같은 방법으로 가로 45 cm, 세로 55 cm, 높이 35 cm인 직육면체를 만들려면 모두 몇 개의 나무막대가 필요합니까?

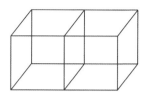

18 상하 좌우에 1 cm씩의 사이를 두고 점이 나열되어 있습니다. 이 중 몇 개의 점을 연결한 선으로 둘러싸인 도형의 넓이는 둘레에 있는 점의 개수와 그 도형의 내부에 있는 점의 개수를 사용해서 아래와 같은 식으로 구할 수 있습니다. ㉠, ㉡에 알맞은 수를 구하시오.

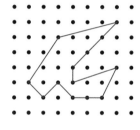

(넓이)＝(둘레의 점의 개수)×㉠＋(내부의 점의 개수)－㉡

19 오른쪽 그림과 같이 9개의 점이 있습니다. 4개 이상의 서로 다른 점을 이어서 직사각형을 만들 때, 무심코 만든 직사각형이 정사각형이 될 가능성을 기약분수로 나타내시오. (단, 가로 또는 세로로 인접된 두 점 사이의 거리는 모두 같습니다.)

20 □ 안에 알맞은 수를 써넣으시오.

> 흰 돌이 2개씩 들어 있는 상자가 □상자, 흰 돌과 검은 돌이 1개씩 들어 있는 상자가 □상자, 검은 돌이 2개씩 들어 있는 상자가 □상자 있습니다. 흰 돌과 검은 돌이 1개씩 들어 있는 상자 수와 검은 돌이 2개씩 들어 있는 상자 수의 비는 3 : 4이고, 상자는 모두 75상자입니다. 그리고, 흰 돌은 모두 84개입니다.

21 유승이네 학교 학생 200명을 대상으로 전교 어린이 회장 선거에 출마하는 A, B, C, D, E 5명의 후보자 중 지지하는 후보자에 대한 설문 조사를 하였습니다. 지지하는 후보자가 없다고 답한 학생은 150명 이상이었고, 다음은 조사 결과를 나타낸 것입니다. 지지하는 학생 수의 비율이 잘못 기록된 곳이 한 군데 있을 때, 지지하는 후보자가 없다고 답한 학생은 몇 명입니까?

> 지지하는 후보가 있다고 답한 학생의 $\frac{1}{3}$ 은 A 후보자, $\frac{1}{4}$ 은 B 후보자, $\frac{1}{5}$ 은 C 후보자, $\frac{1}{8}$ 은 D 후보자, $\frac{1}{10}$ 은 E 후보자라고 합니다.

22 6학년 학생을 대상으로 80점 이상이면 합격하는 수학 시험을 2회 실시하였습니다. 1회째의 시험에서 합격자의 평균은 87점, 불합격자의 평균은 65점이고, 합격자와 불합격자의 수의 비율은 8 : 3이었습니다. 2회째의 시험에서 1회째의 시험보다 학년 전체의 평균은 4.5점, 합격자의 평균은 3점이 올랐고, 합격자의 수는 21명 증가하여 합격자와 불합격자의 수의 비율은 5 : 1이 되었습니다. 2회째의 시험에서 불합격자의 평균을 구하시오.

23 직사각형의 종이를 정사각형 1개와 직사각형 1개로 자릅니다. 새로운 직사각형을 또 다시 정사각형 1개와 직사각형 1개로 자릅니다. 이와 같은 방법으로 계속 잘라나갈 경우 마지막에는 직사각형이 2개의 정사각형으로 잘라집니다. 만들어진 정사각형은 모두 4종류이고 5개라면, 처음 직사각형의 짧은 변과 긴 변의 길이의 비를 구하시오.

24 오른쪽 그림과 같은 직육면체 모양의 빵이 있습니다. 이 빵을 10등분하면 겉넓이가 자르기 전의 겉넓이의 3배가 된다고 합니다. □ 안에 알맞은 수를 구하시오.

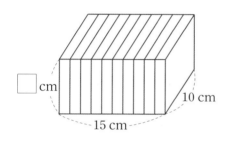

25 아래 조건에 맞게 쌓기나무를 쌓아 모양을 만들려고 합니다. 쌓기나무를 쌓을 수 있는 방법은 모두 몇 가지입니까? (단, 쌓을 때 면끼리는 완전하게 포개어지도록 합니다.)

- 쌓기나무 11개로 만들었습니다.
- 위에서 본 모양은   입니다.
- 3층까지 쌓아 만들었습니다.

1 유승이는 같은 길이의 노란 끈과 파란 끈을 1개씩 가지고 있습니다. 쌓여져 있는 상자의 높이를 재기 위해 노란 끈을 4등분 한 것 중 하나를 위에서부터 늘어뜨렸더니 30 cm가 모자랐고, 파란 끈을 3등분 한 것 중 하나를 위에서부터 늘어뜨렸더니 25 cm가 남았습니다. 쌓여져 있는 상자의 높이는 몇 cm입니까?

2 석기는 자기가 가지고 있는 과자를 반씩 나누어 먹는 버릇이 있습니다. 가지고 있는 과자의 수가 짝수이면 $\frac{1}{2}$을 먹고, 홀수이면 1을 더한 후 반으로 나눈 수만큼 먹는다고 합니다. 7번에 걸쳐 나누어 먹을 예정이라면 석기가 가지고 있는 과자의 수는 몇 개 이상 몇 개 이하입니까?

3 짐을 나르는데 큰 트럭 1대와 작은 트럭 2대로는 한 번에 그 짐의 $\frac{3}{10}$을 나를 수 있고, 또 큰 트럭 4대와 작은 트럭 5대로는 한 번에 그 짐을 모두 꼭 맞게 나를 수 있습니다. 한 가지 트럭으로 이 짐을 모두 나르려면 작은 트럭은 큰 트럭보다 몇 대 더 있어야 합니까?

4 밑면의 반지름이 10 cm인 원기둥 모양의 물통에 15 cm 높이로 물을 넣은 후, 밑면의 반지름이 7 cm이고, 높이가 10 cm인 원기둥 모양의 돌을 넣었더니 물이 흘러 넘쳤습니다. 넣은 돌을 다시 꺼냈더니 물의 높이가 12.1 cm가 되었다면, 이 물통의 높이는 몇 cm입니까? (단, 원주율은 3.14이고, 물통의 두께는 무시합니다.)

5 한솔이는 벽에 페인트 칠을 하고 있습니다. 지난 토요일에는 벽 전체의 $\frac{1}{4}$을 칠했고, 지난 일요일에는 나머지의 0.4를 칠했습니다. 오늘 나머지의 $\frac{1}{3}$을 칠했더니, 아직 색칠하지 않은 벽의 넓이가 52.2 m²였습니다. 한솔이가 색칠하고 있는 벽 전체의 넓이는 몇 m²입니까?

6 A, B, C 세 개의 수도관으로 물통에 물을 가득 넣는데 A만으로는 5시간, A와 B로는 2시간, A와 C로는 3시간이 걸립니다. A, B, C를 동시에 사용해서 물통에 물을 넣다가 중간에 A가 고장났기 때문에 가득 찰 때까지 2시간이 걸렸습니다. A는 물을 넣기 시작해서 몇 분 후에 고장이 났습니까?

7 두 항구 사이를 A 선박은 6시간, B 선박은 4시간이면 모두 항해할 수 있습니다. 그런데 두 선박이 두 항구에서 상대방을 향해 동시에 출발하여 중간점에서 18 km 떨어진 곳에서 만났다고 합니다. 두 항구 사이의 거리는 몇 km입니까?

8 어느 지방의 기온은 위도가 1도 높아지면 1.1 ℃ 내려가고, 해발이 100 m 높아지면 0.6 ℃ 내려갑니다. 이 지방의 세 지점 A, B, C의 기온을 알아냈지만, 각각의 기온이 어느 지점의 기온인지 확실하지 않습니다. 이 기온은 소수 둘째 자리에서 반올림하여 각각 7.5 ℃, 8.2 ℃, 8.7 ℃입니다. A, B, C 각 지점의 위도, 해발은 다음 표와 같다고 할 때, 각각의 기온은 어느 지점의 것인지 A, B, C로 답하시오.

지점	위도	해발
A	35.2°	1000 m
B	37.5°	700 m
C	39.7°	100 m

9 100 m 달리기를 하는 데 A는 14초, B는 16초, C는 18초 걸립니다. 세 사람이 동시에 출발하여 B와 A가 10 m 떨어져 있을 때, B와 C는 몇 m 떨어져 있습니까?

10 오른쪽 그림과 같이 정육면체 30개를 쌓아 놓고 바닥면까지 포함하여 모든 겉면에 물감을 칠하였더니 색칠된 면의 넓이의 합이 648 cm²이었습니다. 정육면체의 각 면 중에서 색칠되지 않은 면의 넓이의 합은 몇 cm²입니까?

11 오른쪽 입체도형은 밑면의 가로가 18 cm, 세로가 14 cm인 직육면체에서 부피가 876 cm³인 직육면체를 잘라 내어 만든 것입니다. 이 입체도형의 겉넓이가 952 cm²일 때, 부피는 몇 cm³입니까?

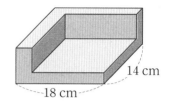

14 cm
18 cm

12 어느 강의 상류의 A 지점과 하류의 B 지점에서 동시에 배가 상대편을 향해 나아갑니다. 강물이 흐르는 빠르기는 1분에 80 m이고, 잔잔한 물에서의 배의 빠르기는 2척 모두 1분에 560 m입니다. 2척의 배가 A, B 양쪽 지점에서 상대편을 향해 동시에 출발했지만 강물의 빠르기가 평상시보다 1.5배 빨라져서 양쪽의 배는 평상시보다 150 m 떨어진 곳에서 만나게 되었습니다. A, B 두 지점 사이의 거리는 몇 m입니까?

13 두 직사각형 A, B에서 A는 세로와 가로의 길이의 비가 1 : 4이고, B는 세로와 가로의 길이의 비가 4 : 9입니다. A, B의 넓이가 같을 때, A, B의 둘레의 길이의 비를 가장 간단한 자연수의 비로 나타내시오.

14 쌓기나무를 오른쪽 그림과 같은 규칙으로 책상 위에 20층까지 쌓으려고 합니다. 쌓은 모양을 여러 방향에서 볼 때, 어느 한 면도 보이지 않는 쌓기나무는 모두 몇 개이겠습니까?

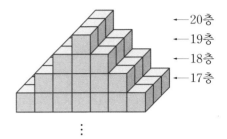

15 오른쪽 그림에서 삼각형 ABC의 넓이와 삼각형 CDE의 넓이의 비가 3 : 10일 때, 변 BD와 변 BC의 길이의 비를 가장 간단한 자연수의 비로 나타내시오.

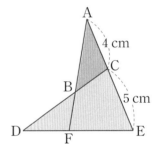

16 오른쪽 그림과 같이 한 변의 길이가 10 cm인 정사각형 ABCD에서 점 E, 점 F는 각각 변 AB, BC의 중점입니다. 이때 사각형 EBGH의 넓이를 구하시오.

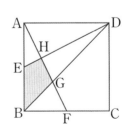

17 오른쪽 도형에서 ㉠ 부분과 ㉡ 부분의 넓이가 같을 때, 선분 AE의 길이는 몇 cm입니까? (원주율 : 3.14)

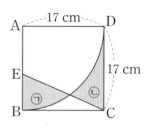

18 오른쪽 도형은 반지름이 6 cm인 2개의 원과 한 변이 6 cm인 정사각형이 겹쳐진 것입니다. 색칠한 부분의 넓이를 구하시오.

(원주율 : 3.14)

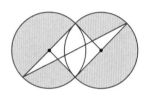

19 오른쪽 그림과 같이 지름이 20 cm인 원판에 길이가 2 cm인 막대 PQ를 아래쪽으로 매달았습니다. 막대 PQ가 RS와 같이 되도록 원판을 시계 반대 방향으로 90°회전시켰을 때, 막대 PQ가 통과한 부분의 넓이를 구하시오. (단, 막대 PQ는 항상 아래쪽의 밑면에 수직으로 이동합니다.)

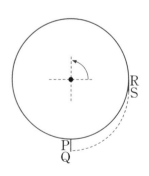

20 오른쪽 그림에서 선분 ㄱㅁ의 길이가 변 ㄱㄷ의 길이의 $\frac{7}{10}$이라고 할 때, 삼각형 ㄱㄹㅁ의 넓이와 사각형 ㄹㄴㄷㅁ의 넓이의 비를 가장 간단한 자연수의 비로 나타내면 ㉠ : ㉡입니다. 이때 ㉠＋㉡의 값을 구하시오.

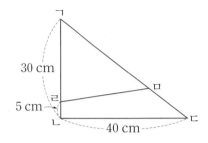

30 cm

5 cm

40 cm

21 같은 크기의 정사각형의 색종이를 오른쪽 그림과 같이 아래로부터 빨강, 주황, 노랑, 초록, 파랑의 순서로 겹쳐서 정사각형 ABCD를 만들었습니다. 이때, 위에서 보이는 부분의 넓이는 노란색이 80 cm², 초록색이 100 cm², 파란색이 120 cm²였습니다. 빨간색과 주황색의 넓이는 각각 몇 cm²입니까?

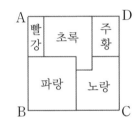

A   D
빨강 초록 주황
파랑 노랑
B   C

22 오른쪽 그림과 같은 관이 있습니다. A에 공을 넣으면 B, C, D, E 중의 어느 한 곳으로 공이 나옵니다. A에 공을 넣을 때, D로 공이 나올 가능성을 기약분수로 나타내시오. (단, 오른쪽 관과 왼쪽 관으로 나누어지는 비율은 같습니다.)

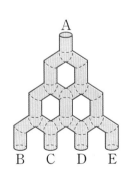

A

B C D E

23 오른쪽 그림과 같이 직육면체의 치즈를 꼭짓점 A에서 2 cm씩 떨어진 세 점 B, C, D를 지나도록 평면으로 자른 후 B, C, D에서 각각 2 cm 떨어진 세 점 E, F, G를 지나는 평면으로 자릅니다. 이와 같은 방법으로 계속 잘라

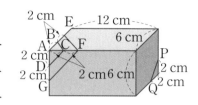

직선 PQ를 지나는 평면까지 자를 때, 몇 개의 부분으로 나누어집니까? 또, 단면이 삼각형, 사각형, 오각형이 되는 경우는 각각 몇 번입니까?

24 한 변이 12 cm인 정사각형 ABCD가 있습니다. 오른쪽 그림과 같이 변 AD 위에 2 cm 간격으로 7개의 점을 찍고, 변 BC 위에 4 cm 간격으로 4개의 점을 찍습니다. 그리고 변 AB, 변 DC의 가운데 점을 각각 M, N이라 하고, M과 N을 연결한 선 위에 3 cm 간격으로 5개의 점을 찍습니다. 세 선분 AD, MN, BC 위

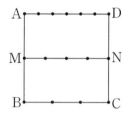

의 점에서 각각 1개씩의 점을 선택하여 삼각형을 만들 때, 넓이가 18 cm^{2}인 삼각형은 몇 개 만들어집니까?

25 한 모서리의 길이가 10 cm인 정육면체 모양의 쌓기나무를 쌓아 오른쪽 그림과 같은 커다란 정육면체를 만들었습니다. 색칠한 쌓기나무의 전체 부피는 몇 cm^{3}입니까? (단, 색칠한 부분은 모두 맞은편까지 같은 색의 쌓기나무로 이루어져 있습니다.)

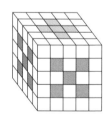

올림피아드 예상문제

1 유승이네 학교 남학생 수는 전체 학생 수의 $\frac{5}{8}$보다 21명이 많고, 여학생 수는 남학생 수의 $\frac{2}{7}$보다 17명이 많다고 합니다. 전체 학생 수는 몇 명입니까?

2 한초네 학교 6학년 남학생과 여학생 수의 비는 13 : 16이었습니다. 그런데, 남학생 몇 명이 전학을 와서 남학생과 여학생 수의 비가 5 : 6이 되었고, 6학년 전체 학생 수는 352명이 되었습니다. 전학 온 남학생은 몇 명입니까?

3 효근이네 집에서는 새장에 앵무새와 비둘기를 합하여 15마리를 기르고 있습니다. 어느 날 모이통에 모이를 가득 넣어두었더니 6일 만에 다 없어졌습니다. 그후 비둘기 한 마리가 늘어서 모이통에 모이를 가득 넣고, 매일 모이통의 $\frac{1}{16}$만큼씩 모이를 더 넣어준 결과 9일 만에 다 없어졌습니다. 먹는 양은 앵무새가 비둘기의 2배이며 둘 다 하루에 일정량씩을 먹는다면 새장 안에 앵무새는 몇 마리 있겠습니까?

4 수직선 위에 있는 5개의 수를 작은 수부터 차례로 $3\frac{3}{5}$, ㉠, ㉡, ㉢, $17\frac{1}{10}$이라 할 때, 오른쪽을 만족하는 ㉢의 값을 구하시오.

$$㉠ - 3\frac{3}{5} = 17\frac{1}{10} - ㉠$$
$$㉡ - ㉠ = ㉢ - ㉡$$
$$17\frac{1}{10} + ㉠ = ㉡ + ㉢$$

5 다음 그림에서 색칠한 부분의 넓이 ㄱ은 87.92 cm², ㄴ은 37.68 cm²입니다. $a : b$의 비율이 $1\frac{1}{3}$일 때, 반지름 b의 길이는 몇 cm입니까? (원주율 : 3.14)

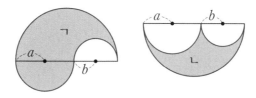

6 A, B, C 세 사람이 100 m 달리기를 하였습니다. 처음 40 m는 세 사람이 같은 속력으로 달렸고, 그 후 A는 속력을 더 내고 B는 같은 속력으로 달리고 C는 속력을 떨어뜨렸기 때문에 A가 결승선에 도착했을 때, B는 A보다 4 m 늦고 C는 B보다 6 m 늦었습니다. A는 100 m를 달리는 데 몇 초 걸렸습니까? (단, B는 A가 도착한 시각보다 0.6초 후에 도착했습니다.)

7 영환이는 가 막대, 인수는 나 막대, 한준이는 다 막대로 연못의 깊이를 각각 재려고 합니다. 이 3개의 막대의 길이의 합은 623 cm입니다. 바닥에 닿도록 막대를 수면에 수직으로 세웠을 때 수면에 나와 있는 막대의 길이는 가의 $\frac{3}{4}$, 나의 $\frac{3}{7}$, 다의 $\frac{2}{5}$입니다. 연못의 깊이는 몇 cm입니까? (단, 막대들의 연못에 잠긴 부분의 길이는 모두 같습니다.)

8 어느 학교의 전교생이 버스를 타고 소풍을 가기로 하였습니다. 버스 회사에는 대형, 중형, 소형의 3종류의 버스가 있고, 각각의 버스에는 정원수대로만 태운다고 합니다. 전교생은 대형이 1대이면 9번, 대형과 중형이 1대씩이면 각각 6번, 중형과 소형이 1대씩이면 각각 12번에 나를 수 있다고 합니다. 회사 사정으로 대형 버스는 1대, 중형 버스는 3대만 운행되고, 나머지는 소형 버스라고 합니다. 어느 버스나 1번씩 전교생을 나른다면 소형 버스는 몇 대 필요합니까? (단, 왕복은 생각하지 않습니다.)

9 1 km²당 같은 양만큼 풀이 나 있는 목장이 3개 있는데, 넓이가 각각 $3\frac{1}{3}$ km², 10 km², 24 km²입니다. 첫째 목장에 소 12마리를 풀어놓으면 4주 만에 풀을 다 먹고, 둘째 목장에 소 21마리를 풀어놓으면 9주 만에 풀을 다 먹습니다. 셋째 목장에 몇 마리의 소를 풀어놓아야 18주 만에 풀을 다 먹겠습니까? (단, 소 한 마리가 1주일 동안 먹는 풀의 양은 같고, 1 km²당 1주일에 자라는 풀의 양도 같습니다.)

10 끊임없이 일정한 양의 물이 흘러나오는 우물이 있습니다. 이 우물의 물을 펌프를 사용해서 전부 퍼내고 새로운 물로 바꾸려고 하는데, 펌프 3대로는 9시간, 4대로는 6시간 걸린다고 합니다. 3시간 36분 동안 물을 모두 퍼내려면 펌프는 몇 대 필요합니까?

11 크기가 같은 2개의 수조 ㉮, ㉯가 있습니다. 한 개의 수조에 물을 가득 채우는데 수도 꼭지 ㉠은 10분, 수도꼭지 ㉡은 12분, 수도꼭지 ㉢은 15분이 걸립니다. 수조 ㉮는 수도꼭지 ㉠으로, 수조 ㉯는 수도꼭지 ㉡으로 동시에 물을 채우면서 수도꼭지 ㉢으로는 처음에는 수조 ㉮의 물을 채우다가 중간에 수조 ㉯를 채웠더니 수조 ㉮, ㉯의 물이 동시에 다 찼습니다. 수도꼭지 ㉢으로 수조 ㉯에 물을 채운 시간은 몇 분입니까?

12 다음 그림과 같이 규칙에 따라 정육면체 모양의 쌓기나무를 붙여 모양을 만들려고 합니다. 여섯 번째 모양을 만들 때 사용되는 쌓기나무는 모두 몇 개입니까?

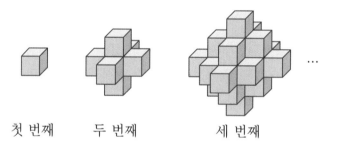

첫 번째   두 번째   세 번째

13 오른쪽 그림과 같이 크기가 다른 6개의 정십이각형 모양으로 거미줄이 쳐져 있습니다. 거미줄의 중심에서 가장 작은 정십이각형까지의 거리와 각 정십이각형 사이의 거리는 모두 1 cm일 때, 색칠한 부분의 넓이의 합을 구하시오.

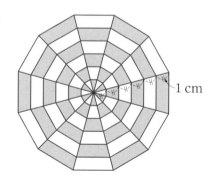

1 cm

14 오른쪽 그림에서 점 A는 원의 중심일 때, 각 ㉮의 크기를 구하시오.

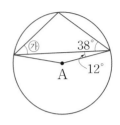

15 한 변의 길이가 10 cm인 정사각형 ABCD가 있습니다. 점 C를 중심으로 하며 반지름이 10 cm인 $\frac{1}{4}$원을 그려 대각선 AC와 만나는 점을 E라고 합니다. 또, 선분 EC를 지름으로 하는 원을 오른쪽 그림과 같이 그렸을 때, 색칠한 부분의 넓이의 합을 구하시오.

(원주율 : 3.14)

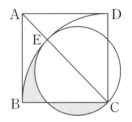

16 다음 그림과 같이 밑면의 지름이 10 cm, 높이가 25 cm인 원기둥이 있습니다. 이 원기둥의 옆면을 따라 밑변의 길이가 157 cm, 높이가 25 cm인 삼각형 모양의 테이프를 감았을 때, 2겹으로 감긴 부분의 넓이는 몇 cm²입니까? (원주율 : 3.14)

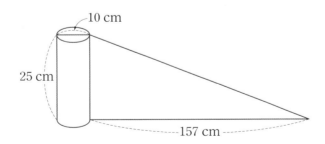

10 cm

25 cm

157 cm

17 오른쪽 도형에서 정육각형 ABCDEF와 오각형 AGHJK의 넓이의 비를 가장 간단한 자연수의 비로 나타내시오.

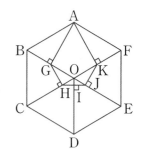

18 오른쪽 그림은 어떤 입체도형의 전개도입니다. 이 입체도형의 부피를 구하시오.

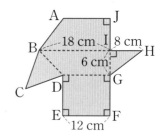

19 짧은 바늘과 긴바늘이 이루는 작은 쪽의 각이 95°이고 긴바늘은 숫자의 눈금과 겹쳐 있을 때, 시계가 가리키는 시각을 모두 구하시오.

다음 그림과 같이 직사각형 ABCD가 있습니다. 점 P는 점 A부터 화살표 방향으로 1분에 8 cm의 빠르기로, 점 Q는 점 B부터 화살표 방향으로 1분에 6 cm의 빠르기로 각각 1분 동안 움직입니다. 물음에 답하시오. (**20 ~ 21**)

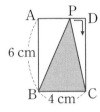
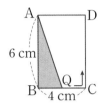

20 삼각형과 PBC와 삼각형 QAB의 넓이의 변화를 그래프로 나타내면 오른쪽과 같습니다. ㄱ, ㄴ, ㄷ, ㄹ에 알맞은 수를 구하시오.

21 삼각형 PBC와 삼각형 QAB의 넓이가 같아지는 것은 몇 분 후입니까?

22 다음 그림에서 ㉮, ㉯는 모두 반원 2개와 직사각형으로 이루어진 도형입니다. ㉮ 1개와 ㉯ 1개를 사용하여 입체도형을 만들었습니다. 만들어진 입체도형의 부피를 구하시오.

(원주율 : 3)

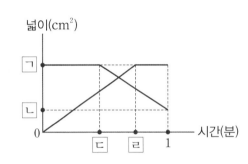

23 그림과 같은 방법으로 쌓기나무를 13층까지 쌓은 후 모든 겉면에 페인트를 칠하였습니다. 한 면도 색칠되지 않은 쌓기나무의 수를 ㉠, 한 면만 색칠된 쌓기나무의 수를 ㉡이라 할 때, ㉠과 ㉡의 차는 얼마입니까? (단, 바닥에 닿는 면은 색칠하지 않습니다.)

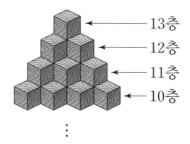

24 ㉮그릇에는 진하기가 20 %인 소금물 600 g이, ㉯그릇에는 진하기가 12 %인 소금물 400 g이 들어 있습니다. ㉮, ㉯ 두 그릇에서 같은 양의 소금물을 퍼내어 서로 바꾸어 넣었더니 두 그릇에 들어 있는 소금물의 진하기가 같아졌습니다. ㉮그릇에서 퍼낸 소금물의 양은 몇 g입니까?

25 비가 온 날의 다음 날에 비가 올 확률은 $\frac{2}{5}$이고, 비가 오지 않은 날의 다음 날에 비가 올 확률은 $\frac{1}{4}$이라고 합니다. 월요일에 비가 내렸다고 할 때, 그 주의 수요일에 비가 올 확률을 구하시오.

올림피아드 예상문제

1 원숭이가 바나나를 먹었습니다. 첫날 전체의 $\frac{1}{30}$을 먹고, 그 다음날부터는 28일 동안 매일 그날 있는 바나나의 $\frac{1}{29}$, $\frac{1}{28}$, $\cdots$, $\frac{1}{3}$, $\frac{1}{2}$을 먹었더니 마지막 날에는 2개가 남았습니다. 처음에 있던 바나나는 모두 몇 개입니까?

2 어떤 상자에 구슬이 있습니다. 형, 나, 동생 세 사람이 그 구슬을 나누어 가졌습니다. 형은 전체의 40 %를 가지고, 나는 형이 가진 것의 0.8만큼 가지고, 동생은 남은 구슬을 가졌습니다. 동생이 가진 구슬이 63개였다면, 형이 가진 구슬은 몇 개입니까?

3 $62\frac{1}{5}$ kg의 쌀을 한 사람에게 1.5 kg씩 나누어 주다가 15명을 주고 나니 쌀이 모자랄 것 같아 나머지는 한 사람에게 $1\frac{9}{20}$ kg씩 주었더니 $\frac{11}{20}$ kg의 쌀이 남았습니다. 쌀을 받은 사람은 모두 몇 명입니까?

4 A, B, C, D는 각각 하루에 똑같은 양의 일을 합니다. D는 2일간 일하고 쉬었기 때문에 A는 7일, B는 6일, C는 5일 일하게 되었습니다. D는 쉰 대신에 120000원을 내놓았습니다. 그 돈을 A, B, C 세 사람이 나누면 A의 몫은 얼마입니까?

5 A 열차와 B 열차의 길이의 비는 2 : 3입니다. 두 대의 열차가 반대 방향으로 달리면 스쳐지나가는 데 $8\frac{1}{3}$초 걸리고, 같은 방향으로 달리면 A 열차가 B 열차를 추월하는 데 1분 15초 걸립니다. 또, 만일 A 열차의 빠르기를 1초에 6 m 늘려 같은 방향으로 달리면 A 열차는 30초 만에 B 열차를 추월하게 됩니다. 1시간에 A열차가 달리는 빠르기와 A 열차의 길이를 구하시오.

6 산에 오르는 데 오른쪽 그림과 같은 3가지 길 ㉠, ㉡, ㉢이 있습니다. 한초가 ㉠ 길로 올라서 ㉡ 길로 내려오는 데 걸리는 시간은 ㉡ 길로 올라서 ㉠ 길로 내려오는 데 걸리는 시간보다 10분 길고, ㉠ 길로 올라서 ㉢ 길로 내려오는 데 걸리는 시간보다 10분 짧다

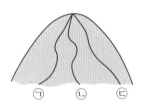

고 합니다. 또, ㉢ 길로 올라서 같은 ㉢ 길로 내려오는 데 걸리는 시간은 1시간 40분입니다. 한초가 오르는 빠르기는 1시간에 2 km, 내려오는 빠르기는 1시간에 3 km입니다. ㉠, ㉡, ㉢ 길의 각각의 거리를 구하시오.

7 영수네 가족은 아버지, 어머니, 영수, 남동생 4명입니다. 올해 부모님의 나이의 합과 영수와 동생의 나이의 합의 비는 19 : 4이지만 2년 후에는 4 : 1이 됩니다. 아버지는 어머니보다 2살 많고, 영수는 동생보다 4살 많다면 올해 아버지와 동생의 나이를 각각 구하시오.

8 길이의 차가 40 cm인 말뚝이 2개 있습니다. 짧은 말뚝의 $\frac{3}{5}$, 긴 말뚝의 $\frac{2}{3}$를 땅에 박 았더니, 땅 위에 남은 부분의 길이가 같았다고 합니다. 땅 위에 남은 부분의 길이는 몇 cm입니까?

9 원의 중심이 O, 지름이 AB인 원주 위를 점 P는 A에서, 점 Q 는 B에서 동시에 출발해서 화살표 방향으로 일정한 빠르기로 돌 고 있습니다. 한 바퀴를 도는 데 점 P는 15분, 점 Q는 20분 걸 린다면, 두 점 P, Q가 출발한 후 세 점 P, O, Q가 처음으로 일 직선이 되는 것은 몇 분 후입니까?

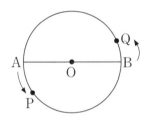

10 크고 작은 두 종류의 컵이 있습니다. 큰 컵에 물을 가득 넣어 작은 컵에 부으면 $2\frac{2}{5}$컵이 됩니다. 어떤 수조에 든 물을 큰 컵으로 쟀을 때에는 세 컵을 가득 채우고 네 번째 컵의 물의 부피는 128 cm³가 되며, 작은 컵으로 쟀을 때에는 $9\frac{1}{3}$컵이 됩니다. 수조의 물은 몇 cm³입니까?

11 오른쪽 그림과 같이 원주 위에 1부터 500까지의 수가 차례로 쓰여 있습니다. 1부터 세어서 화살표 방향으로 12번째마다 반복되는 수에 ○표를 하며 계속 돌았습니다. 이때 몇 번을 돌아도 ○ 표를 하지 않는 수는 몇 개나 있습니까?

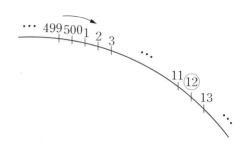

12 [그림 1]과 같이 주사위의 한 면과 크기가 같은 25개의 정사각형으로 만들어진 판의 색칠한 곳에 [그림 2]와 같은 주사위를 올려 놓고 점선을 따라 화살표 방향으로 굴려 나가려고 합니다. 주사위가 A, B, C, D에 위치했을 때, 주사위의 윗면에 나오는 눈의 수의 합을 구하시오. (단, 주사위의 마주 보는 면의 눈의 수의 합은 7입니다.)

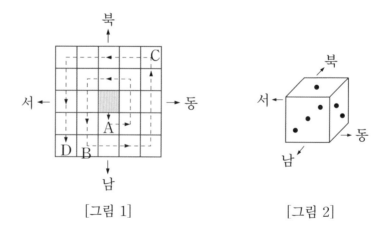

[그림 1]　　　　[그림 2]

13 오른쪽 사다리꼴 ABCD의 넓이는 432 cm^2이고, 점 P는 변 AB의 이등분점, 점 Q는 변 BC의 사등분점, 점 R와 S는 각각 변 CD의 삼등분점, 점 T는 변 AD의 이등분점이며, 변 AD와 변 BC의 길이의 비는 1 : 2입니다. 색칠한 부분의 넓이는 몇 cm^2입니까?

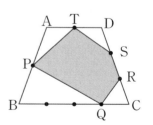

14 위, 앞, 오른쪽 옆에서 본 모양이 다음과 같이 되도록 쌓기나무로 모양을 쌓으려고 합니다. 쌓기나무가 가장 적게 사용될 경우와 가장 많이 사용될 경우의 쌓기나무의 수의 차를 구하시오.

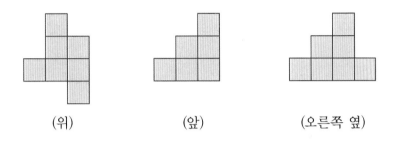

(위)   (앞)   (오른쪽 옆)

15 부피가 1 cm^3인 정육면체 모양의 쌓기나무 몇 개를 이용하여 면과 면이 꼭 맞도록 쌓아 여러 가지 모양을 만들어 보았습니다. 이때 최소의 겉넓이가 48 cm^2이고 최대의 겉넓이가 82 cm^2이었다면 사용한 쌓기나무는 몇 개입니까?

16 다음 그림은 어떤 입체도형의 전개도입니다. 이 전개도를 접어 만든 입체도형의 부피를 구하시오.

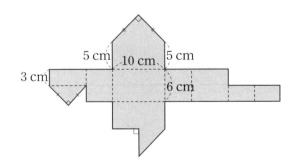

5 cm   10 cm   5 cm

3 cm

6 cm

17 [그림 1]의 주사위는 서로 마주 보는 면의 눈의 수의 합이 7이 되도록 만들어져 있습니다. 이 주사위를 27개 사용해서 접하는 면의 눈의 수가 같게 되도록 만든 입체도형이 [그림 2]입니다. [그림 2]의 ㉠, ㉡, ㉢, ㉣의 눈의 수는 각각 몇입니까?

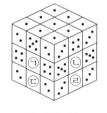

[그림 1]　　　[그림 2]

18 오른쪽 그림은 사다리꼴 ABCD를 화살표 방향으로 $60°$ 회전시킨 것입니다. 색칠한 부분의 넓이는 얼마입니까?

(원주율 : 3.14)

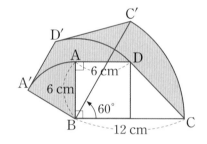

19 오른쪽 그림과 같이 직사각형 ABCD가 있습니다. 점 P는 변 BC 위를 1초에 0.5 cm의 빠르기로, 점 Q는 변 AD 위를 1초에 0.2 cm의 빠르기로 화살표 방향으로 움직입니다. 사다리꼴 ABPQ의 넓이가 처음으로 직사각형의 넓이의 $\frac{1}{4}$이 되는 때는 두 점 P, Q가 A, B를 동시에 출발한 지 몇 초 후입니까?

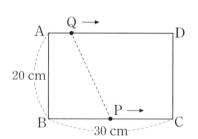

20 오른쪽 그림과 같은 직육면체 모양의 그릇에 물을 가득 넣은 후 변 AB를 중심으로 45° 기울였을 때 쏟아지는 물의 양과 변 BC를 중심으로 45° 기울였을 때 쏟아지는 물의 양의 차는 몇 cm³입니까?

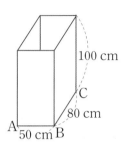

21 다음 그림과 같이 깊이가 28 cm인 직육면체 모양의 그릇 안에 밑넓이가 100 cm²인 원기둥이 들어 있습니다. 수도꼭지를 틀어 매초 0.6 L의 물을 이 그릇에 넣을 때, 시간과 물의 높이와의 관계는 다음 그래프와 같았습니다. 그릇에 물이 가득 찼을 때 원기둥을 빼내면 그릇 속의 물의 높이는 몇 cm가 되겠습니까? (단, 1 mL＝1 cm³이고 물을 넣기 시작한 지 6초 후에는 물통으로 3.4 L의 물을 더 부었습니다.)

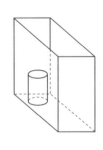
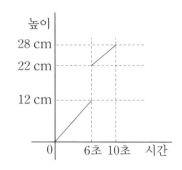

22 높이가 서로 다른 3개의 받침대 ㉮, ㉯, ㉰가 놓여 있고, 받침대 ㉯는 ㉮보다 10 cm 높고, ㉰보다 38 cm 높습니다. 오른쪽 그림과 같이 A에서 ㉮에 공을 떨어뜨렸더니 받침대 ㉮, ㉯, ㉰에 차례로 튀어 올랐다가 바닥에 떨어졌습니다. 이때, 받침대 ㉯에서 튀어 오르고 나서 가장 높았을 때의 높이는 A의 높이보다 88 cm 낮다면, 점 A는 받침대 ㉮보다 몇 cm 높습니까? (단, 이 공은 떨어진 높이의 80 %만큼 튀어 오릅니다.)

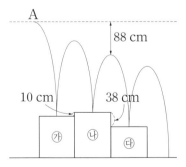

olympiad

올림피아드

[그림 1]과 같이 가로 50 cm, 세로 50 cm, 높이 5 cm인 직육면체의 나무판에 가로와 세로를 각각 10등분 하는 직선을 그었습니다. 이 직선을 따라 가로 또는 세로로 자르면 [그림 2], [그림 3]과 같이 여러 개의 직육면체로 나누어집니다. 물음에 답하시오. (**23** ~ **24**)

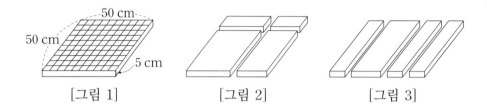

[그림 1]   [그림 2]   [그림 3]

23   20개의 직육면체로 나누려면 자르는 횟수는 몇 회인지 가능한 경우를 모두 쓰시오.

24   잘라진 직육면체의 모양이 모두 같도록 자르려고 합니다. 이때 모두 몇 종류의 직육면체가 나올 수 있습니까?

25   오른쪽 그림에서 선분 AB는 작은 원의 지름으로 길이는 20 cm이며, 큰 원의 중심은 작은 원의 원둘레 위에 있습니다. 색칠한 부분의 넓이는 몇 cm²입니까? (원주율 : 3.14)

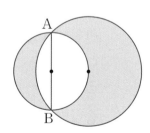

1 윤수가 가지고 있는 사탕 수는 기환이가 가지고 있는 사탕 수의 $\frac{1}{3}$이었습니다. 윤수는 가지고 있는 사탕의 $\frac{5}{8}$를 먹고, 기환이는 가지고 있는 사탕의 $\frac{3}{4}$을 먹었더니, 두 사람이 먹고 남은 사탕 수의 합이 72개가 되었습니다. 윤수가 처음에 가지고 있던 사탕은 몇 개입니까?

2 유승이네 학교 6학년 학생 300명을 대상으로 남동생과 여동생이 있는 학생을 조사하였습니다. 남동생과 여동생이 모두 있는 학생은 남동생이 있는 학생의 $\frac{1}{8}$, 여동생이 있는 학생의 $\frac{1}{6}$이고, 동생이 없는 학생은 40명이었습니다. 유승이네 학교 6학년 학생 중 여동생이 있는 학생은 몇 명입니까?

3 한초의 나이는 삼촌의 7년 후의 나이의 $\frac{1}{2}$입니다. 14년 후 한초의 나이는 삼촌의 현재 나이의 $\frac{6}{7}$이 된다면 한초의 나이가 삼촌의 나이의 $\frac{1}{2}$이었을 때, 삼촌의 나이는 몇 살이었습니까?

4 남학생과 여학생의 비가 7 : 5인 학원에서 수학 시험을 보았습니다. 그 결과 70점 이상을 받은 남학생과 여학생의 비는 8 : 7이고, 70점 미만을 받은 남학생과 여학생의 비는 2 : 1입니다. 70점 이상을 받은 남학생과 여학생 수의 합이 30명일 때, 이 학원의 학생 수는 모두 몇 명입니까?

5 720장의 색종이를 색깔별로 조사하여 나타낸 원그래프입니다. 주황색과 빨간색 색종이를 합한 것과 녹색 색종이의 비가 11 : 15이고, 노란색 색종이는 연두색 색종이의 $1\frac{5}{8}$배라고 할 때, 연두색 색종이는 모두 몇 장입니까?

색깔별 색종이 수

6 어떤 공사를 매일 500명이 일하도록 계획을 세웠습니다. 공사를 시작해서 100일간은 예정대로 하였으나 101일째부터는 매일 400명이 일을 하여 예정보다 50일 늦게 끝냈습니다. 처음 계획으로는 며칠 만에 끝낼 예정이었습니까? (단, 한 사람이 하루에 하는 일의 양은 같습니다.)

7 A, B, C 3종류의 펌프가 2대씩 있습니다. 이 펌프를 사용하여 어떤 물통의 물을 전부 퍼낼 때, A 2대와 B 1대로는 56분, B 2대와 C 1대로는 40분, C 2대와 A 1대로는 35분이 걸립니다. 6대의 펌프를 모두 사용하여 이 물통의 물을 전부 퍼낸다면, 몇 분이 걸리겠습니까?

8 공 ㉮와 ㉯를 똑바로 떨어뜨리면 ㉮는 떨어진 높이의 $\frac{2}{3}$ 만큼 튀어오르고, ㉯는 떨어진 높이의 0.4배만큼 튀어오릅니다. 두 공 ㉮, ㉯를 같은 높이에서 떨어뜨렸더니 두 번째 튀어오른 높이의 차가 $4\frac{4}{15}$ m였습니다. 처음에 공을 떨어뜨린 높이는 몇 m입니까?

9 어떤 농가의 밭과 논의 넓이의 비는 3 : 7입니다. 논의 일부를 밭으로 하였을 때 밭과 논의 넓이의 비가 7 : 8이 되었습니다. 논에서 밭으로 만든 넓이는 처음 논의 몇 분의 몇입니까?

10 지난달 가계부는 식료품비 $\frac{2}{5}$, 주거비 $\frac{1}{6}$, 의복비 $\frac{1}{3}$, 기타 $\frac{1}{10}$ 의 비율로 되어 있습니다. 이번 달은 주거비와 기타의 비율은 그대로 하고 식료품비의 비율을 지난달보다 20 % 더 증가시키면 의복비의 비율은 지난달보다 몇 % 감소하겠습니까?

11 모형배를 만들었습니다. 이 배는 잔잔한 물에서 1초에 10 cm의 빠르기로 4초간 전진하고 1초간 정지한 뒤, 1초에 10 cm의 빠르기로 4초간 후진하고 1초간 정지하는 동작을 반복합니다. 이 배를 강물의 빠르기가 1초에 5 cm인 강에 배가 움직이는 방향과 강물이 흐르는 방향이 같도록 띄워서 작동시켰습니다. 배가 처음에 띄운 장소에서 5.65 m 하류 지점을 지날 때는 배를 띄운 지 몇 분 몇 초 후인지 가능한 경우를 모두 구하시오.

12 야구부원이 2개의 운동장을 정비했습니다. 큰 운동장의 넓이는 작은 운동장의 넓이의 2배가 되고, 처음에는 80분간 전체 부원이 큰 운동장의 정비를 했습니다. 그 후 부원이 반씩 2개 조로 나누어져 제 1조는 큰 운동장의 나머지 정비를 60분 만에 끝낼 수 있었습니다. 제 2조는 작은 운동장의 정비를 60분간 했지만 끝낼 수 없어서 나머지 정비는 5명의 부원만으로 2시간 더 일을 해서 끝낼 수가 있었습니다. 야구부원은 모두 몇 명입니까?

13 오른쪽 그림과 같이 사각형 ABCD와 사각형 AEFG는 정사각형으로 점 G는 대각선 BD 위의 점이고 대각선 BD의 길이는 6 cm입니다. 삼각형 ABG의 넓이가 4.2 cm^{2}일 때, 선분 EB의 길이는 몇 cm입니까?

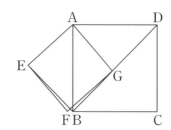

14 변 AC 위에 변 AB와 똑같은 길이의 선분 AD를 만들고, 점 D에서 변 BC에 수선을 그려 만난 점을 점 E라 할 때, 선분 DE의 길이를 구하시오.

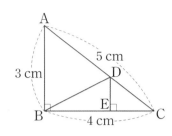

15 반지름이 2 cm, 중심각이 120°인 2개의 부채꼴 BAC, POQ가 오른쪽 그림과 같이 있습니다. 부채꼴 POQ가 부채꼴 BAC의 둘레를 미끄러지지 않게 화살표 방향으로 회전하여 점 O가 다시 점 A에 닿을 때까지 점 O가 지나간 거리는 몇 cm인지 반올림하여 소수 첫째 자리까지 구하시오. (원주율 : 3.14)

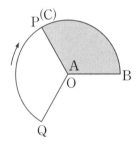

16 오른쪽 그림은 반지름이 10 cm인 원을 겹쳐 놓은 것입니다. 굵은 선으로 둘러싸인 부분의 넓이를 구하시오. (원주율 : 3.14)

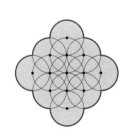

17 오른쪽 그림의 직각삼각형에서 가장 긴 변인 c와 다른 두 변 사이의 관계는 $c \times c = a \times a + b \times b$입니다. 이것을 이용하여 오른쪽 그림에서 서로 다른 세 정사각형으로 둘러싸인 삼각형 ABC의 넓이를 구하시오.

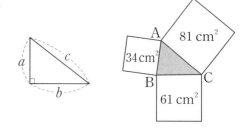

18 다음 그림과 같이 원기둥과 높이가 7 cm인 원뿔을 포갠 모양의 그릇이 있습니다. 이 그릇에 [그림 1]과 같이 a cm 깊이로 물을 넣은 후 [그림 2]와 같이 가로로 뉘었을 때, 수면은 원뿔의 꼭짓점과 원기둥의 밑면의 중심을 지났고, [그림 3]과 같이 하였더니 수면이 원기둥의 높이의 $\dfrac{1}{4}$까지 올라왔습니다. 이때 a의 값을 구하시오. (단, 원뿔의 부피는 밑면과 높이가 같은 원기둥의 부피의 $\dfrac{1}{3}$입니다.)

[그림 1]　　　　　[그림 2]　　　　　[그림 3]

19 오른쪽 그림과 같이 원기둥을 반으로 자른 모양의 물통이 있습니다. 이 물통의 들이는 1320 L이고, 선분 AB를 축으로 하여 회전시킬 수 있습니다. 물을 가득 넣고 ㉯ 부분을 아래쪽으로 45° 기울였을 때 물통에 남아 있는 물의 양은 몇 L입니까? (단, 원주율은 $3\dfrac{1}{7}$로 계산합니다.)

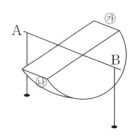

20 오른쪽 그림과 같이 크기가 같은 정육면체 모양의 쌓기 나무를 책상 위에 가로, 세로, 높이로 5개씩 쌓아 놓은 후 3개 이상의 면이 보이는 쌓기나무를 밖으로 집어내려합니다. 첫 번째로 오른쪽의 색칠한 쌓기나무를 집어냅니다. 두 번째도 마찬가지 방법으로 집어냅니다. 이와 같은 방법으로 다섯 번째까지 집어내었을 때, 모두 몇 개의 쌓기나무가 남겠습니까?

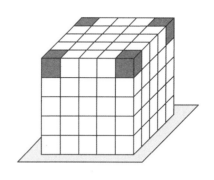

21 밑면은 한 변의 길이가 4 cm인 정사각형이고, 높이는 2 cm인 직육면체를 쌓아 놓은 것을 위에서 본 모양과 정면에서 본 모양을 다음과 같이 나타내었습니다. 쌓아 놓은 직육면체는 몇 개 이상 몇 개 이하입니까?

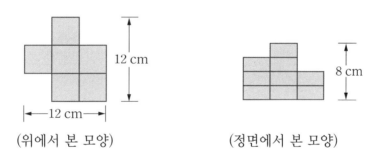

(위에서 본 모양)　　　　　　(정면에서 본 모양)

22 면이 4개인 입체도형을 4면체, 면이 5개인 입체도형을 5면체라고 합니다. 오른쪽 그림과 같은 정육면체를 3개의 면 AEGC, BFHD, CDEF로 자릅니다. 이때, 4면체와 5면체는 각각 몇 개씩 만들어집니까?

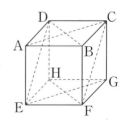

23 [그림 1]과 같이 60 cm 높이의 칸막이가 있는 수조의 ㉮ 부분과 ㉯ 부분에 다른 양의 물이 매분 일정량씩 나오는 A, B 두 수도꼭지를 사용하여 동시에 물을 넣기 시작하였습니다. [그림 2]는 시간과 높이의 관계를 나타낸 그래프입니다. A, B 수도꼭지에서 나오는 물의 양은 각각 매분 몇 L씩입니까? (단, 1 L = 1000 cm³입니다.)

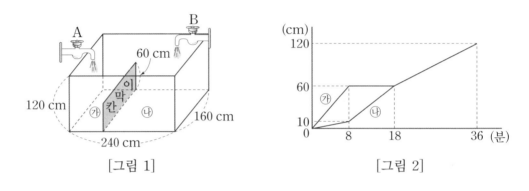

[그림 1]　　　　　　　　　　[그림 2]

24 어느 극장에서 입장권의 판매시작 몇 분 전부터 사람들이 줄을 서기 시작하여 일정한 속도로 줄이 늘어납니다. 이때 입장권 판매창구를 하나로 하면 판매 시간 40분 만에 줄이 없어지지만, 입장권 판매창구를 2개로 하면 10분 만에 줄이 없어집니다. 판매 몇 분 전부터 줄을 서기 시작했겠습니까?

25 아래 그림과 같이 반지름이 1 cm인 원기둥 A, B가 있고, 원기둥 A의 주위에 테이프가 감겨져 있습니다. 이것을 일정한 빠르기로 원기둥 B에 감았습니다. 감기 시작해서 10분 후 원기둥 A, B에 감긴 테이프의 두께는 각각 5 cm, 3 cm였습니다. 원기둥 A, B의 회전 속도의 비가 3 : 1이 되는 것은 감기 시작하고 나서 약 몇 분 후입니까? (단, 원주율은 3으로 하며, 소수 첫째 자리에서 반올림하여 답하시오.)

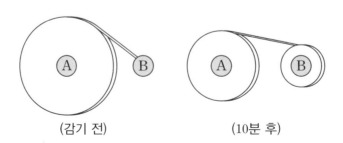

(감기 전)　　　　　　　(10분 후)

올림피아드 예상문제

1 초롱이는 도매상에서 1개에 800원 하는 사과를 사 와서 다시 팔았습니다. 사 온 사과 중 50개가 썩어서 버리고, 나머지 사과에 25 %의 이익을 붙여 팔았더니 전체적으로 10000원의 이익을 얻었습니다. 초롱이가 처음에 사 온 사과는 모두 몇 개입니까?

2 효근이와 석기가 각자 가지고 있는 구슬의 $\frac{1}{5}$씩을 교환하면 효근이가 가지고 있는 구슬의 개수는 석기가 가지고 있는 구슬의 개수의 3배가 됩니다. 만약, 두 사람이 각자 가지고 있는 구슬의 $\frac{1}{3}$씩을 교환하면 효근이의 구슬 수는 석기의 구슬 수의 몇 배가 되겠습니까?

3 왕수학 시험에서 시험을 본 남학생 수와 여학생 수의 비는 4 : 3이고, 합격자는 남녀 합해서 91명으로 남녀의 비는 8 : 5입니다. 또, 불합격자의 남녀의 비는 3 : 4일 때, 시험을 본 학생은 모두 몇 명입니까?

4 다음과 같은 규칙으로 분수를 계속하여 곱해 갑니다. 곱한 결과가 처음으로 $\frac{1}{100}$보다 작을 때, 마지막에 곱한 분수의 분자와 분모의 합은 얼마입니까?

$$\frac{3}{5} \times \frac{5}{7} \times \frac{7}{9} \times \frac{9}{11} \times \cdots$$

5 농도가 다른 두 종류의 소금물 A, B가 있습니다. A 소금물 30 g, B 소금물 20 g을 섞으면 6 %의 소금물이 되고, A 소금물 20 g, B 소금물 30 g을 섞으면 8 %의 소금물이 됩니다. A, B 소금물을 같은 양씩 섞으면 몇 %의 소금물이 되겠습니까?

6 길이가 145 m인 기차가 서쪽을 향하여 1시간에 72 km의 빠르기로 달리고, 길이가 287 m인 화물 열차가 동쪽을 향하여 1시간에 43.2 km의 빠르기로 달리고 있습니다. 기차와 화물 열차가 어느 철교의 동쪽 끝에서 만나 서쪽 끝에서 떨어졌다면 이 철교의 길이는 몇 m입니까?

7 연못의 둘레에 3개의 지점 A, B, C가 있습니다. 효근이는 시계 반대 방향으로 일정한 빠르기로 걸어 A에서 B까지는 22분, B에서 C까지는 20분, C에서 A까지는 18분 걸렸습니다. 효근이는 A를 출발하여 시계 반대 방향으로 걷고, 가영이는 동시에 A를 출발하여 시계 방향으로 걸어 C에서 만났다면 가영이가 이 연못을 한 바퀴 도는 데는 몇 분이 걸리겠습니까?

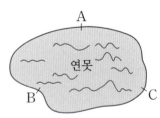

8 정삼각형 ABC의 둘레 위를 점 P가 움직입니다. A에서 B까지는 1초에 1 cm씩, B에서 C까지는 1초에 2 cm씩, C에서 A까지는 1초에 3 cm씩 이동하여 한 바퀴 도는 데는 55초 걸렸습니다. 이 정삼각형의 둘레의 길이를 구하시오.

9 □는 1보다 큰 자연수일 때, □ 안에 알맞은 수를 구하시오.

$$\left(\frac{1}{\square}+\frac{2}{\square}+\frac{3}{\square}+\cdots+\frac{\square-1}{\square}\right)\times\frac{1}{10}=10\frac{1}{4}$$

10 오른쪽 그림과 같이 정육면체의 모든 꼭짓점에 대하여 각 꼭짓점에 모인 세 모서리의 한 가운데 점을 지나는 평면으로 잘랐을 때, 잘라 내고 난 후 생긴 입체도형의 모서리의 수와 꼭짓점의 수의 합은 얼마입니까?

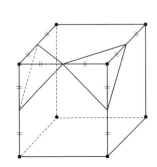

11 효근이는 A 지점을 1시간에 54 km의 빠르기로 달리는 자동차로 출발해서 B 지점을 향하였습니다. 석기는 효근이가 출발하고 나서 30분 후에 A 지점을 어떤 빠르기의 자동차로 출발하여 B 지점을 향하였습니다. 석기는 B 지점의 84 km 뒤인 곳에서 효근이를 추월하고 B 지점에 먼저 도착하였습니다. 도착한 후 바로 같은 빠르기로 되돌아서 B 지점의 12 km 뒤인 곳에서 효근이와 다시 만났다면 A 지점에서 B 지점까지의 거리는 몇 km입니까?

12 1부터 9까지의 자연수가 하나씩 적힌 9장의 카드가 들어 있는 주머니 속에서 A, B 두 사람이 교대로 한 장씩 뽑아 그 수를 두 사람이 동시에 색을 칠하는 방법으로 빙고 게임을 하는 중입니다. 가로, 세로, 대각선 중 먼저 세 줄을 칠하는 사람이 이기는 것으로 할 때, 현재 상황은 아래 그림과 같습니다. 다음에 남은 카드 중 한 장을 뽑을 때 A, B가 각각 이길 가능성을 구하시오. (단, 동시에 세 줄이 칠해지는 것은 비기는 것으로 합니다.)

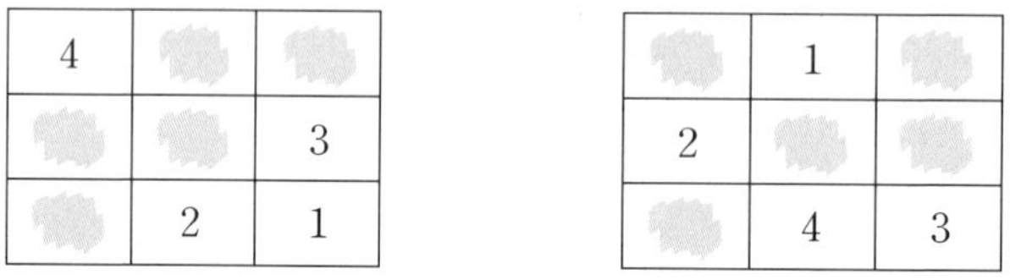

4		
		3
	2	1

A

	1	
2		
	4	3

B

13 오른쪽 직사각형 ABCD의 변 BC 위에 점 P, 변 DC 위에 점 Q를 취하고 대각선 AC와 선분 PQ가 만나는 점을 R라 합니다. (선분 PR)=(선분 RQ)이고, 삼각형 ARQ와 삼각형 RPC의 넓이의 비가 3 : 1일 때, 삼각형 ARQ의 넓이는 직사각형 ABCD의 넓이의 몇 배입니까?

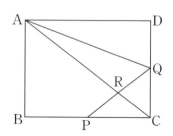

14 한솔이네 학교의 지난해 학생은 1200명이었습니다. 올해에는 지난해 남학생의 $\frac{1}{50}$, 여학생의 $\frac{1}{25}$이 증가하여 전체 학생이 35명 늘어났습니다. 지난해 여학생은 몇 명이었습니까?

15 가운데가 비어 있지 않은 두루마리 화장지의 지름이 6 cm이고 화장지가 300번 감겨 있을 때, 이 화장지의 길이는 몇 m인지 소수 첫째 자리에서 반올림하여 답하시오.

(원주율 : 3.14)

16 오른쪽 그림에서 삼각형 ABC, DBC, ABE는 합동이고 각 ㉠, 각 ㉡, 각 ㉢의 크기의 비는 4 : 21 : 5입니다. 이때 각 ㉣과 각 ㉤의 크기를 각각 구하시오.

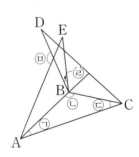

17 오른쪽 삼각형 ABC는 한 각이 직각인 이등변삼각형입니다. 삼각형 S_1과 삼각형 S_2 중 어느 것이 몇 cm^2 더 넓은지 구하시오.

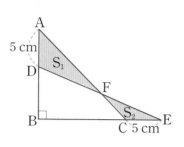

18 오른쪽 그림에서
(선분 EP) : (선분 PF) = (선분 DS) : (선분 SC) = 2 : 1,
(선분 FQ) : (선분 QG) = (선분 GR) : (선분 RC) = 1 : 1
입니다. 직육면체를 평면 APQRS로 잘라 두 개의 입체도형으로 나눌 때 점 D를 포함하는 입체도형의 부피를 구하시오. $\left(\text{단, (각뿔의 부피)} = \dfrac{1}{3} \times \text{(밑넓이)} \times \text{(높이)입니다.}\right)$

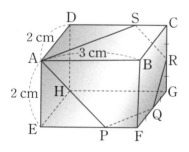

19 오른쪽 그림과 같은 직사각형 ABCD에서 네 점 E, F, G, H는 변 AD를 5등분 한 점입니다. 삼각형 가, 나, 다, 라, 마의 넓이의 비를 가장 간단한 자연수의 비로 나타내시오.

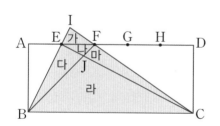

20 오른쪽 그림에서 삼각형 ABC의 넓이는 삼각형 CFG의 넓이의 몇 배입니까? (단, 선분 FD와 선분 CE는 평행합니다.)

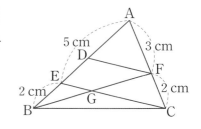

21 다음 그림과 같이 직육면체 모양의 물탱크 안에 똑같은 사각기둥 10개를 넣고, 1분에 400 L씩 물을 넣었습니다. 그래프는 물을 넣기 시작하고부터 50분 후까지의 수면의 높이와 시간의 관계를 나타낸 것입니다. □ 안에 알맞은 수는 무엇입니까?

(단, 물탱크의 두께는 생각하지 않고, $1 \text{ m}^3 = 1000 \text{ L}$입니다.)

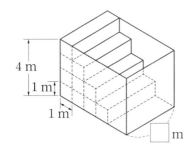
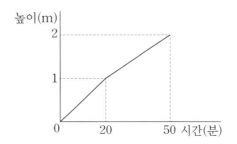

22 크기가 같은 정육면체 모양의 쌓기나무를 이용하여 오른쪽 그림과 같은 입체도형을 만들었습니다. 정사각형 가나다라에서 2개의 대각선의 교점을 자라 하면 세 점 자, 마, 바를 지나는 평면과 세 점 자, 사, 아를 지나는 평면으로 자를 때 두 평면에 의해 잘려지는 쌓기나무는 모두 몇 개입니까?

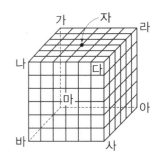

23 투명한 작은 정육면체 27개를 쌓아 오른쪽과 같은 큰 정육면체를 만들었습니다. 작은 정육면체 몇 개인가에 붉은 구슬이 하나씩 들어 있으며, 위, 정면, 오른쪽에서 보았을 때 구슬이 보이는 곳에 ○표를 하였습니다. 구슬이 들어 있는 작은 정육면체는 몇 개 이상 몇 개 이하입니까?

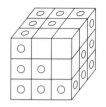

24 A, B, C, D 4팀이 서로 경기를 여러 번 하는 피구 대회가 있습니다. 4팀 모두 참가한 상대팀과 1번씩 경기를 치루었고, 이미 2번 경기를 치룬 팀도 있었습니다. 지금까지의 승패는 A가 4승, B가 1승 3패, C가 2승 1패이고, 이 경기에 무승부는 없다면 D는 현재 몇 승 몇 패라고 생각할 수 있습니까? 여러 가지 경우이면 모두 쓰시오.

25 오른쪽 그림과 같이 25개의 점이 규칙적으로 나열되어 있습니다. 이 점들 중 3개를 이어 정삼각형을 만들 때 크기에 따라 ㉮, ㉯, ㉰, ㉱ 네 종류의 정삼각형이 만들어집니다. 정삼각형의 넓이가 ㉮ > ㉯ > ㉰ > ㉱일 때, ㉮, ㉯, ㉰, ㉱의 넓이의 비를 구하시오. (단, 세 점 A, B, C를 연결하면 정삼각형이 되며 새로 만든 정삼각형의 세 변은 꼭 짓점 이외의 점은 통과하지 않습니다.)

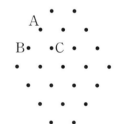

1 다음 분수에서 규칙을 찾아 물음에 답하시오.

$$\frac{1}{1}, \ \frac{2}{3}, \ \frac{3}{5}, \ \frac{1}{7}, \ \frac{2}{9}, \ \frac{3}{11}, \ \frac{1}{13}, \ \frac{2}{15}, \ \frac{3}{17}, \ \frac{1}{19} \cdots$$

⑴ 100번째 분수는 무엇입니까?

⑵ $\frac{1}{40}$보다 큰 분수는 모두 몇 개입니까?

2 오른쪽 그림과 같이 자연수를 나열해 갈 때, 왼쪽에서 세 번째, 위쪽에서 두 번째인 수를 (3, 2)=9로 나타냅니다. (8, 13)은 어떤 수를 나타냅니까?

1	3	4	10	11	21	·
2	5	9	12	20	·	·
6	8	13	19	·	·	
7	14	18	·	·		
15	17	·				
16	·					
·	·					

3 세 자연수 가, 나, 다가 있습니다. 다를 나로 나누면 $\frac{3}{7}$이고, 나를 가로 나누면 $\frac{2}{5}$입니다. 가를 다로 나누면 $⊙\frac{©}{©}$이라고 할 때, $⊙+©+©$의 최솟값은 얼마입니까?

4 물이 얼면 부피의 $\frac{1}{11}$만큼 늘어납니다. 지금 240 cm³의 얼음을 녹이기 시작해 도중에 재어 보니, 녹아서 물이 된 부분의 부피와 아직 녹지 않고 남아 있는 얼음의 부피의 합이 228 cm³였습니다. 몇 %의 얼음이 녹았습니까?

5 같은 길이의 A, B 2개의 양초가 있습니다. A, B의 재료가 달라서 일정한 속도로 타서 A는 3시간 만에 모두 타고 B는 4시간 만에 모두 탑니다. A, B 두 개의 양초에 동시에 불을 붙여 오후 4시에 타고 남은 부분은 B가 A의 2배가 되었습니다. 양초에 불을 붙인 시각은 몇 시 몇 분입니까?

6 어떤 직육면체의 밑면의 가로, 세로의 길이와 높이를 각각 1.5배, $\frac{3}{4}$배, 0.6배 하여 만든 직육면체는 처음 직육면체의 부피보다 260 cm³만큼 작아집니다. 이때 처음 직육면체의 부피는 몇 cm³입니까?

7 어느 초등학교 축구부원 중 절반이 졸업을 하고 중학교에 진학했습니다. 신학기가 시작되자 25명의 학생이 축구부원으로 새로 가입을 해서 전체 축구부원의 절반보다 2명이 더 많은 학생이 6학년 학생이고, 나머지 36명은 5학년 학생입니다. 6학년 학생이 졸업하기 전 축구부원은 모두 몇 명이었습니까?

8 A, B, C 3명의 형제가 가지고 있는 용돈의 비는 10 : 5 : 3입니다. 그런데 A가 C에게 4000원을 주고, B도 C에게 얼마를 주었더니 용돈의 비가 7 : 4 : 4가 되었습니다. B는 C에게 얼마를 주었습니까?

9 A지점에서 50 km 떨어진 D지점까지 7사람이 가는데, 4인승 자동차가 1대밖에 없습니다. 한 사람이 운전해서 세 사람을 태우고, 나머지 세 사람은 걸어서 A지점을 동시에 출발했습니다. 자동차가 도중에 C지점에서 멈춰 세 사람은 내려 D지점으로 향하여 걷고 자동차는 곧 되돌아가서 B지점에 있는 나머지 세 사람을 태우고 출발하여 세 사람과 동시에 D지점에 도착했습니다. 걷는 속도는 시속 6 km, 자동차의 속도는 시속 57 km일 때, A지점에서 D지점까지 가는 데 얼마만큼의 시간이 걸렸겠습니까?

10 1개에 1200원 하는 물건을 몇 개 사와서 1개에 1600원으로 정가를 매겨서 팔면 전체 개수의 반보다 15개 더 팔았을 때가 본전입니다. 사온 물건의 개수와 그 물건을 전부 팔았을 때의 이익을 구하시오.

11 신영이는 학교에서 공원까지 4.55 km를 걸어서 소풍을 갔습니다. 공원에 가는 도중 평지에서는 시간당 4.2 km를 가는 빠르기로, 내리막길에서는 평지보다 20 % 증가한 빠르기로, 오르막길에서는 평지보다 10 % 감소한 빠르기로 걸었습니다. 내리막길과 오르막길은 합하여 15분 걸렸고, 평지는 모두 50분 걸렸다면, 내리막길과 오르막길은 각각 몇 m입니까?

12 반지름이 5 cm, 중심각이 132°인 부채꼴을 오른쪽 그림과 같이 선분 AC를 접는 선으로 하여 접었을 때, 호 AC와 선분 AB의 교점을 D라 합니다. 각 a와 각 b는 각각 몇 도입니까? (단, 선분 AD의 길이와 반지름 AO의 길이는 서로 같습니다.)

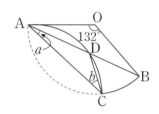

13 한 모서리의 길이가 60 cm인 정육면체가 있습니다. 이 정육면체의 모서리 위를 3마리의 달팽이 갑, 을, 병이 각각 매분 4 cm, 5 cm, 6 cm를 가는 빠르기로 동시에 점 A를 출발했습니다. 달팽이 갑은 A → B → C → D → A → B…, 을은 A → E → F → B → A → E…, 병은 A → D → H → E → A → D…의 순으로 움직일 때, 85분 후에 3마리의 달팽이가 있는 점을 연결하여 생기는 삼각형의 넓이는 몇 cm²입니까?

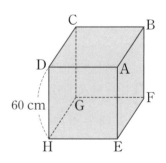

14 오른쪽 그림과 같이 반지름이 10 cm인 원주 위에 12개의 점을 같은 간격으로 잡고 이들을 연결하여 정십이각형을 만들었습니다. 정십이각형의 넓이를 구하시오.

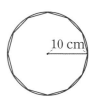

15 오른쪽 그림과 같이 지름이 30 cm인 공을 책상 위에 올려놓고, 공의 중심의 위쪽에서 전등이 비추고 있습니다. 책상 위에 생긴 그림자의 넓이를 구하시오. (단, 직각삼각형의 세 변의 길이의 비는 3 : 4 : 5이고 원주율은 3.14입니다.)

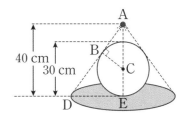

16 한솔이는 가지고 있는 색종이를 색깔별로 조사하여 원그래프로 나타내었습니다. 주황색과 빨간색 색종이를 합한 것과 초록색 색종이와의 수의 비는 11 : 15, 연두색과 노란색 색종이의 수의 비는 2 : 3입니다. 이 원그래프를 30 cm의 띠그래프로 나타낼 때, 노란색 색종이가 차지하는 길이는 몇 cm입니까?

색깔별 색종이 수

17 오른쪽 그림과 같은 삼각형 ABC가 있습니다. 선분 AP가 3 cm, 선분 BP가 6 cm, 선분 AR이 4 cm, 선분 RC가 2 cm이고, 삼각형 APR과 삼각형 BPQ의 넓이의 비가 1 : 2일 때, 삼각형 PQR과 삼각형 ABC의 넓이의 비를 가장 간단한 자연수의 비로 나타내시오.

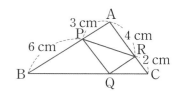

18 오른쪽 도형에서 삼각형 ABC는 정삼각형이고 점 E는 변 DC의 중점입니다. 정삼각형 ABC의 넓이를 1이라 할 때, 색칠한 부분의 넓이를 구하시오.

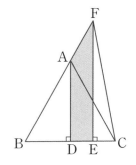

19 오른쪽 그림은 원의 중심이 같은 3개의 원을 그린 것입니다. 원의 반지름이 각각 4 cm, 5 cm, 6 cm일 때 반지름이 5 cm인 원주의 길이를 a cm라 하면 색칠한 부분의 넓이는 $a \times \square$ (cm^2)입니다. $\square$ 안에 알맞은 수를 구하시오. (원주율 : 3.14)

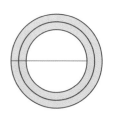

20 오른쪽 그림과 같이 원뿔 모양과 원기둥 모양의 그릇이 있습니다. 원뿔 모양의 그릇에는 $125\,\text{cm}^3$, 원기둥 모양의 그릇에는 $108\,\text{cm}^3$의 물을 각각 넣었더니 수면의 넓이의 비는 $5:3$이 되었고, 수면의 높이의 차는 $3\,\text{cm}$가 되었습니다. 원뿔 모양의 그릇의 수면의 넓이를 구하시오. $\left(\text{단, (원뿔의 부피)}=\dfrac{1}{3}\times(\text{밑넓이})\times(\text{높이})\text{입}\right.$

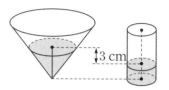

니다.$\Big)$

그림과 같이 큰 직육면체에서 작은 직육면체를 떼어낸 모양의 입체도형이 있습니다. 이 입체도형을 한 모서리가 $60\,\text{cm}$인 정육면체 모양의 그릇 속에 넣고 그릇에 일정한 비율로 물을 넣되, 물이 입체도형의 파여진 부분에는 직접 들어가지 않도록 합니다. 그래프의 [꺾은선 Ⅰ]은 입체도형을 ㉮ 면을 위로 하여 놓았을 때, [꺾은선 Ⅱ]는 ㉯ 면을 위로 하여 놓았을 때, 물의 깊이와 시간과의 관계를 나타낸 것입니다. 물음에 답하시오. (**21 ∼ 22**)

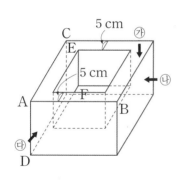

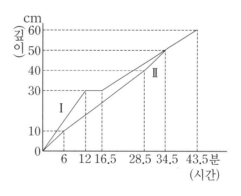

21 입체도형의 파여진 부분의 깊이 EF의 길이는 몇 cm입니까?

22 빈 그릇에 입체도형을 ㉰의 면이 위가 되도록 넣었을 때, 물을 넣기 시작하여 9분 뒤 물의 깊이는 몇 cm가 되겠습니까?

23 오른쪽 그림과 같은 병이 있습니다. 이 병의 들이는 1125 mL이며 [그림 1]에서 점선 부분의 아래쪽은 원기둥 모양입니다. 이 병에 물을 [그림 1]의 ㉠까지 넣은 후 뚜껑을 막고 거꾸로 세우면 [그림 2]의 ㉡까지 물이 찹니다. 이 병에 들어 있는 물의 양은 몇 mL입니까?

(단, 1 cm³＝1 mL이고 원주율은 3으로 계산합니다.)

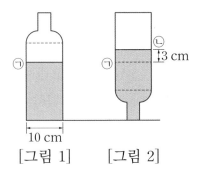

[그림 1]   [그림 2]

24 오른쪽 그림과 같은 육각뿔이 있습니다. 꼭짓점 ㄱ에서 출발하여 모서리를 따라 움직여서 다시 점 ㄱ으로 돌아오는 서로 다른 방법은 모두 몇 가지입니까?

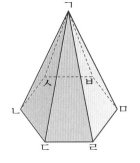

약속

- 모서리를 따라 움직이며 한 번 지난 꼭짓점은 다시 지나갈 수 없습니다.
- (점 ㄱ→ 점 ㄴ→ 점 ㄷ→ 점 ㄱ)과 (점 ㄱ→ 점 ㄷ→ 점 ㄴ → 점 ㄱ)은 서로 다른 방법입니다.

25 A, B, C, D, E, F 6사람이 여행을 갔습니다. 호텔 방은 대, 중, 소 3개의 방이 있고, 각각의 방에 들어가는 사람의 수는 3명, 2명, 1명입니다. A와 B는 같은 방, C와 D는 다른 방으로 방 배정을 한다면 방의 배정 방법은 모두 몇 가지입니까?

올림피아드 예상문제

1 ㉠÷㉡÷㉡$=\dfrac{1}{20}$을 만족시키는 가장 작은 자연수 ㉠, ㉡을 찾아 ㉠+㉡의 값을 구하시오.

2 배 한 척이 A 항구를 출발하여 B 항구에 도착한 후 $\dfrac{3}{8}$의 사람이 내리고 다시 15명이 탔습니다. C 항구에서 모두 내렸을 때 내린 사람 수는 A 항구를 떠날 때의 사람 수의 $\dfrac{2}{3}$였습니다. A 항구에서 배에 탄 사람은 몇 명입니까?

3 다음에서 숫자 ■와 ▲에 알맞은 (■, ▲)의 쌍은 모두 몇 개입니까?

$$43.\blacksquare 5 > 8\blacktriangle.78 \div 2$$

4 1부터 연속하는 자연수를 칠판에 적어 두었습니다. 그 중 한 수를 지우고 평균을 내었더니 $35\dfrac{7}{17}$이었습니다. 지워진 수를 구하시오.

5 고급과 일반 2종류의 커피가 있습니다. 고급 커피와 일반 커피를 1 : 2의 비율로 섞으면 1 kg당 15000원이 되고, 2 : 3의 비율로 섞으면 1 kg당 15300원이 됩니다. 고급 커피 1 kg, 일반커피 1 kg의 가격은 각각 얼마입니까?

6 어느 사회사업가는 모교를 방문하기 위해 선물을 준비하였습니다. 5학년 학생에게는 3000원짜리 선물을, 6학년 학생에게는 5000원짜리 선물을 준비하였습니다. 5학년에게 줄 선물의 개수는 꼭 맞았지만 6학년 학생 수를 잘못 세어 6학년 어린이의 60 %에게만 선물을 줄 수 있었습니다. 결석생 없이 5학년, 6학년 전체 학생 수가 530명이라면, 이 사회사업가가 쓴 돈은 얼마입니까?

7 석기는 자전거를 타고 할아버지 댁에 가려고 합니다. 할아버지 댁에 도착하는 시간을 계산해 보았더니 시속 8 km로 달리면 9시 20분에 도착하고, 시속 12 km로 달리면 8시 40분에 도착하게 됩니다. 9시에 할아버지 댁에 도착하려면 시속 몇 km로 달려야 하겠습니까?

8 아버지가 세 아들에게 유언을 했습니다. 「만일 내가 죽거든 재산 6천만 원을 너희들 나이에 비례해서 나누어 갖도록 하여라.」 그런데 지금 당장 나눈다면 둘째 아들은 2천 만 원을 받을 수 있지만, 아버지는 그 후 10년을 더 살다가 돌아가셨습니다. 그래서 유언 대로 6천 만 원을 배분하게 되었는데 큰 아들은 2천 3백만 원을 받았다면, 둘째와 셋째 아들은 얼마씩 받았겠습니까?

9 A, B, C 3명이 각자 보트를 타고 15 km의 강을 거슬러 올라가는 데 A는 2시간 30분, B는 3시간 20분이 걸렸습니다. A, B, C가 잔잔한 물에서 보트의 빠르기의 비가 6 : 5 : 8일 때, C가 보트를 타고 이 강을 거슬러 올라가는 데 걸리는 시간은 몇 시간 몇 분입니까?

10 어떤 미니 앨범에 6곡의 노래가 있습니다. 이 중에는 한 곡의 연주 시간이 3분 30초인 것과 4분인 것이 있고, 5분인 것이 한 곡 있습니다. 곡과 곡 사이에는 15초씩 쉬고, 첫 곡이 시작되어 마지막 곡이 끝날 때까지는 25분 15초가 소요된다고 합니다. 이 미니 앨범에는 3분 30초인 것과 4분인 것이 각각 몇 곡씩 있겠습니까?

11 어떤 회사의 운동회에서는 참가하는 사람을 위해서 처음에 2000병의 주스를 준비하였습니다. 그런데 빈 병을 10개 돌려줄 때마다 주스를 1병 무료로 받는다면 최종적으로 마신 주스는 최대 몇 병이고, 이때 몇 개의 빈 병이 남았습니까?

12 ㉮, ㉯에 알맞은 수를 각각 구하시오.

> 시속 ㉮ km의 자동차가 속도를 20 % 떨어뜨리고 24분간 달렸을 때, 목적지까지의 거리 ㉯ km의 23 %에 해당하는 18.4 km의 지점에 도착하였습니다.

13 A, B, C 세 개의 막대가 있습니다. 이 세 개의 막대의 길이의 합은 360 cm입니다. 연못에 3개의 막대를 똑바로 세우면 수면에 나와 있는 막대의 길이는 A의 $\frac{3}{4}$, B의 $\frac{4}{7}$, C의 $\frac{2}{5}$입니다. 연못의 깊이는 몇 cm입니까?

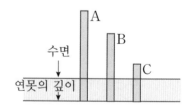

14 효근이네 학교의 여학생 수는 남학생 수의 96 %입니다. 봄소풍에서 여자 불참자는 여학생의 5 %이며 24명이고, 남자 불참자는 여자 불참자보다 6명 적다고 합니다. 봄소풍에서 남자 참가자는 남학생 수의 몇 %입니까?

15 오른쪽 그림에서 색칠한 부분의 넓이를 구하시오.

(원주율 : 3.14)

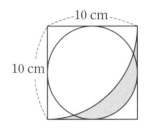

16 오른쪽 그림은 선분 AB는 8 cm, 선분 BC는 6 cm인 직사각형이고 선분 AB를 지름으로 하는 반원의 지름을 선분 AB에서 선분 EF로 이동했을 때 반원이 선분 DC와 만납니다. 색칠한 부분의 넓이를 구하시오.

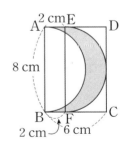

17 [그림 1]을 직선 AB를 회전축으로 하여 1회전 시켜 [그림 2]의 입체도형을 만들었습니다. 입체도형의 겉넓이를 구하시오. (원주율 : 3.14)

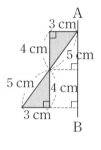

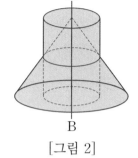

[그림 1]　　　　[그림 2]

18 오른쪽 직사각형 ABCD에서 색칠한 부분 ㉮와 ㉯의 넓이가 같을 때, 변 AD의 길이는 몇 cm입니까? (원주율 : 3.14)

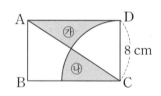

19 오른쪽 그릇은 사각뿔의 일부분을 밑면에 평행하게 잘라낸 모양으로 그릇의 깊이는 10 cm입니다. 1시간당 50 mm의 비가 계속 내릴 때, 이 그릇에 비가 가득차는 데 걸리는 시간은 몇 시간 몇 분입니까? $\left(\text{단, (각뿔의 부피)}=\dfrac{1}{3}\times\text{(밑넓이)}\times\text{(높이)입니다.}\right)$

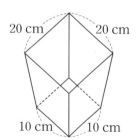

20 무게에 비례해서 늘어나는 용수철 A, B 2종류가 있습니다. 오른쪽 그래프는 이 용수철에 저울추를 매달았을 때의 추의 무게와 용수철의 길이와의 관계를 각각 나타낸 것입니다. 용수철 B에 매달은 무게보다 2배 무거운 추를 용수철 A에 매달 때, A와 B의 용수철의 길이가 같게 되는 것은 A에 몇 g의 추를 매달았을 때입니까?

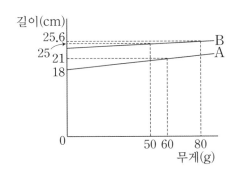

21 한 모서리의 길이가 4 cm인 정육면체 16개를 오른쪽과 같이 쌓았습니다. 이 입체도형의 겉넓이와 같은 겉넓이를 가진 정육면체의 부피는 몇 cm^{3}입니까?

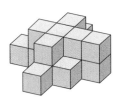

22 원기둥 모양의 그릇에 물이 들어 있습니다. A, B 2개의 철로 된 원기둥이 있고 그 밑넓이와 높이는 각각 30 cm^2, 75 cm^{2}와 10 cm, 15 cm입니다. 그림과 같이 그릇에 A를 세우면 A와 물의 높이가 같아지고, A, B를 동시에 세우면 B와 물의 높이가 같아집니다. 들어 있는 물의 부피는 몇 cm^{3}입니까?

 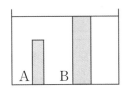

23 50 L들이의 두 그릇 A, B에 각각 20 L, 15 L의 물이 들어 있습니다. A로부터는 매분 몇 L씩 물을 빼내고, 동시에 B에는 매분 몇 L씩 물을 넣기 시작하여 오른쪽 그래프에 시간과 A, B 각각에 들어 있는 물의 양과의 관계를 나타내었습니다. A그릇에 들어 있는 물의 양이 B 그릇에 들어 있는 물의 양의 $\frac{5}{8}$가 되는 것은 몇 분 몇 초 후입니까?

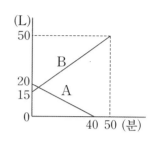

24 오른쪽 그림과 같이 한 변의 길이가 30 cm인 정삼각형의 꼭짓점에 길이가 10 cm인 막대 ㄱㄴ의 한 끝점 ㄱ이 일치하도록 놓았습니다. 이 막대를 삼각형의 변 위에서 미끄러지지 않도록 회전시켜 점 ㄱ이 원래의 위치에 올 때까지 점 ㄱ이 움직인 거리와 점 ㄴ이 움직인 거리의 합은 몇 cm입니까? (단, 원주율은 3으로 계산하고 막대의 두께는 없는 것으로 합니다.)

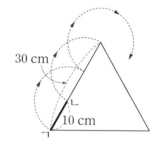

25 한초, 용희, 동민, 상연 4명이 친구네 집에 놀러가서 돌아올 때 4명 모두 모자를 바꿔 쓰고 말았습니다. 집에 돌아가 그 사실을 깨달은 4명은 각각 자기가 쓰고 온 모자의 주인의 집으로 전화를 하여 나중에 이런 사실을 알게 되었습니다. 4명은 각각 누구의 모자를 쓰고 돌아간 것입니까?

- 동민이는 한초의 집에 전화를 하지 않았습니다.
- 상연이가 전화한 상대는 마침 한초와 통화 중이었습니다.

1 어떤 수의 자연수 부분을 ㉠, 소수 부분을 ㉡이라고 할 때, $8 \times ㉠ + 4 \times ㉡ = 145$가 된다고 합니다. 이때 ㉠ ÷ ㉡의 몫을 구하시오.

2 선생님께서 주신 구슬을 6명의 학생이 차례로 나누어 가지는데 A는 3개와 그 나머지의 $\frac{1}{7}$을 갖고, B는 6개와 그 나머지의 $\frac{1}{7}$을 갖고, C는 9개와 그 나머지의 $\frac{1}{7}$을 갖고, D는 10개와 그 나머지의 $\frac{1}{7}$을 갖고, E는 15개와 그 나머지의 $\frac{1}{7}$을 갖고, F는 그 나머지의 전부를 가졌습니다. 이때, 6명 모두 같은 개수를 가지게 된다면 선생님께서 주신 구슬은 모두 몇 개입니까?

3 두 개의 자연수 A, B(A>B)에 대하여 A를 B로 나누어 나머지가 있으면 그것을 〈나머지 1번〉으로 하고, B를 〈나머지 1번〉으로 나누어 나머지가 있으면 그것을 〈나머지 2번〉이라고 합니다. 또, 〈나머지 1번〉을 〈나머지 2번〉으로 나누어 나머지가 있으면 그것을 〈나머지 3번〉, …이라 하여 나머지가 0이 될 때까지 반복합니다.
예를 들어 A를 36, B를 28이라고 하면 $36 \div 28 = 1 \cdots 8$에서 〈나머지 1번〉은 8, $28 \div 8 = 3 \cdots 4$에서 〈나머지 2번〉은 4, $8 \div 4 = 2 \cdots 0$입니다. 이때 몫의 합은 $1 + 3 + 2 = 6$이 됩니다. A는 60이고 나눗셈의 몫의 합이 4가 될 때, B는 어떤 수인지 모두 구하시오.

4 A와 B 두 종류의 물건을 사기 위해 효근이는 마트에 갔습니다. 마침 세일을 하는 날이어서 A는 정가보다 18 % 싸게 사고, B는 정가보다 15 % 싸게 사서 평균 16.8 %를 싸게 샀습니다. 지불한 돈이 모두 133120원일 때, A와 B의 정가는 각각 얼마입니까?

5 세로가 가로의 $\frac{1}{2}$인 어떤 직사각형 모양의 타일을 오른쪽 그림과 같이 나열하여 커다란 정사각형을 만들었더니 타일이 300장 남았습니다. 또, 세로로 6줄, 가로로 3줄 늘려서 다시 커다란 정사각형을 만들려고 했더니 246장이 부족했습니다. 타일은 몇 장 있습니까?

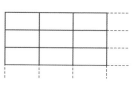

6 20명이 보트를 타러 갔지만 전원이 탈 수 있는 보트가 없었기 때문에 3인용 보트 2척과 2인용 보트 4척을 각각 1시간 빌려서 교대로 타는 것으로 했습니다. 전원이 같은 시간씩 타도록 한다면 한 사람이 몇 분 동안 탈 수 있겠습니까? (단, 보트를 타고 내리는데 걸리는 시간은 생각하지 않습니다.)

7 어느 시험에서 A, B, C, D 4명의 점수를 비교하였더니 A는 B보다 12점 높고, A와 B의 평균 점수는 A, B, D의 평균 점수보다 4점 높다고 합니다. B, C, D의 평균 점수가 81점이고, B와 C의 평균 점수가 83.5점일 때, 4명의 평균 점수는 몇 점입니까?

8 오른쪽 그림과 같이 원형의 시계판에 같은 간격으로 1부터 10까지의 눈금이 적혀 있습니다. 이 시계의 분침이 한 바퀴 도는데 걸리는 시간은 60분이고, 시침이 한 바퀴 도는데 걸리는 시간은 10시간입니다. 이 시계로 8시와 9시 사이에서 시침과 분침이 일치하는 시각은 8시 몇 분입니까?

9 리본을 잘라 책과 학용품을 포장하고 있습니다. 책을 포장하는 데 전체 길이의 0.23보다 10.53 cm 더 짧게 리본을 사용하고, 나머지의 0.75보다 7.5 cm 더 길게 잘라 학용품을 포장하는데 사용하였습니다. 남은 리본의 길이가 132 cm일 때, 책을 포장한 리본의 길이는 몇 cm입니까?

10 길이가 160 m인 A열차와 길이가 92 m인 B열차가 같은 방향으로 달려 B열차가 A열차를 추월하는 데 28초가 걸렸습니다. 잠시 후 B열차의 맨 뒷부분이 A열차의 선두보다 90 m 앞으로 나아갔을 때, B열차의 속도를 $\frac{3}{8}$으로 낮추었더니 이번에는 A열차가 B열차를 추월하는 데 57초가 걸렸습니다. A열차의 속도는 시속 몇 km입니까?

11 A, B, C의 소금물이 있습니다. A의 농도는 10 %이고, A, B, C의 용액을 각각 200 g, 300 g, 400 g 섞으면 8 %의 소금물이 됩니다. 또 A, B, C의 용액을 각각 400 g, 300 g, 100 g 섞으면 10 %의 소금물이 된다고 할 때, B, C의 소금물의 농도는 각각 몇 %입니까?

12 A상품 1개의 무게와 B상품 1개의 무게의 비는 2 : 3이고, A상품 3개와 B상품 5개의 가격은 서로 같습니다. A와 B를 같은 무게만큼 샀을 때의 값을 가장 간단한 자연수의 비로 나타내시오.

13 A, B, C 3종류의 수도관이 있습니다. 빈 탱크를 가득 채우기 위해서는 A만을 사용하면 30분, B만을 사용하면 24분, C만을 사용하면 20분 걸립니다. 빈 탱크에 A, B, C를 동시에 사용해서 물을 넣기 시작했지만, 도중에 A의 물이 6분 동안 나오지 않게 되고, C도 몇 분 동안인가 나오지 않게 되었기 때문에 물을 넣기 시작하고 나서 가득 차게 되기까지 14분이 걸렸습니다. C의 물이 나오지 않은 것은 몇 분 동안입니까?

14 서쪽을 향해서 아래로 내려가는 층계가 있는데 햇빛이 서쪽으로부터 비치고 있습니다. 이 층계로부터 6 m 떨어진 곳에 기둥이 있고 그림자의 끝은 마침 층계의 3단째(화살표)에 이르고 있습니다. 이때, 길이가 140 cm인 막대를 곧바로 세워 그림자의 길이를 재어 보니 3 m 50 cm가 되었습니다. 기둥의 높이는 몇 m입니까? (단, 층계의 각 단의 높이와 폭은 모두 50 cm입니다.)

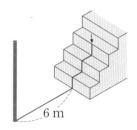

15 오른쪽 그림에서 사각형 ABCD가 정사각형일 때, 색칠한 부분의 넓이를 구하시오. (원주율 : 3.14)

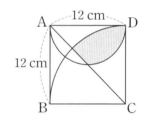

16 오른쪽 그림과 같이 한 변의 길이가 6 cm인 정사각형의 변 위에 한 변의 길이가 3 cm인 정오각형이 놓여 있습니다. 이 정오각형을 정사각형의 변을 따라 ㉮의 위치에서 ㉯의 위치로 이동하는 데 12초가 걸렸다면 정사각형의 변을 따라 처음의 위치까지 한 바퀴 도는 데는 몇 분 몇 초가 걸리겠습니까? (단, 회전 속도는 일정합니다.)

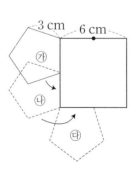

17 길이가 10 cm인 4개의 막대의 끝부분을 묶어 놓고 오른쪽 그림처럼 평행사변형을 만듭니다. 변 AB를 고정하고 평행사변형 모양을 유지하며 점 D가 점 A의 둘레를 1회전 할 때 세 변도 함께 움직입니다. 이때, 3개의 변이 지나가서 생기는 도형의 둘레의 길이를 구하시오. (원주율 : 3.14)

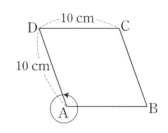

18 2개의 다각형이 있는데 1개의 꼭짓점에서 그은 대각선의 수의 비는 3 : 5이고, 변의 수의 차는 18개입니다. 이 2개의 다각형은 각각 몇 각형입니까?

19 오른쪽 그림에서 사각형 ABCD는 평행사변형이고
(선분 BC) : (선분 CE)＝3 : 1,
(선분 AF) : (선분 FD)＝3 : 1입니다. 또한 점 G, 점 H는 각각 선분 AE, 선분 FE와 대각선 BD와의 교점입니다. 선분 BD의 길이가 19 cm일 때, 선분 GH의 길이를 구하시오.

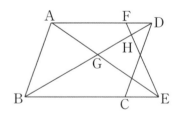

20 삼각형 ABC는 넓이가 15 cm²인 이등변삼각형입니다. 변 AB와 변 AC의 길이는 각각 6 cm이고, 선분 DE와 선분 DF의 길이의 비는 3 : 2입니다. 선분 DE와 선분 DF의 길이의 합은 몇 cm입니까?

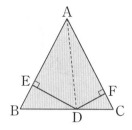

21 오른쪽 그림과 같은 오각형이 있습니다. 오각형을 선분 AB를 회전축으로 하여 1회전 시켰을 때 만들어지는 입체도형의 부피를 구하시오. $\left(\text{단, (원뿔의 부피)} = \dfrac{1}{3} \times \text{(밑넓이)} \times \text{(높이)}\text{이고 원}\right.$

주율은 3으로 계산합니다. $\Big)$

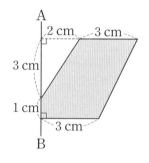

22 그림에서 사각형 ABCD와 사각형 AEFD는 직사각형입니다. 점 P와 점 S는 변 AD 위를, 점 Q와 점 R은 변 BC 위를 각각 그림의 위치에서 동시에 출발하여 매초 1 cm의 속도로 화살표 방향으로 움직였습니다. 선분 PQ와 선분 SR가 선분 EF 위의 한 점에서 만났을 때, 세 선분 AD, PQ, SR로 둘러싸인 삼각형의 넓이를 구하시오.

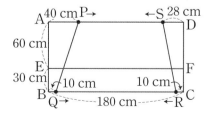

23 A, B, C 세 개의 원기둥 모양의 그릇이 있습니다. 그릇의 높이는 낮은 쪽부터 A, B, C의 순서로 되어 있고, 그림과 같이 A와 B를 C 속에 넣고 일정한 양의 비율로 물을 넣으면 64분 만에 가득 찹니다. 그래프는 물을 넣기 시작하면서부터의 시간과 높이와의 관계를 나타낸 것이라고 할 때, A, B, C 세 그릇의 높이의 비를 구하시오. (단, 각각의 두께는 생각하지 않습니다.)

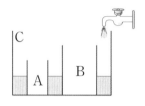
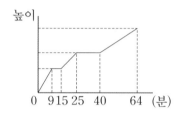

24 오른쪽은 높이가 25 cm, 모서리 ㅇㄱ의 길이가 30 cm인 정오각뿔입니다. 이때, 개미 한 마리가 그림과 같이 꼭짓점 ㄱ을 출발하여 옆면의 화살표를 따라 같은 기울기로 올라갑니다. 개미가 모서리 ㅇㄴ을 지날 때는 밑면으로부터 높이가 5 cm인 점 ㅂ을 지난다고 합니다. 모서리 ㅇㄷ을 지날 때는 밑면으로부터 개미의 높이를 A라 하고, 오각뿔을 한 바퀴 돌아 모서리의 ㅇㄱ을 지날 때 밑면으로부터 개미의 높이를 B라 하면, A＋B는 몇 cm입니까?

(단, 반올림하여 일의 자리까지 나타냅니다.)

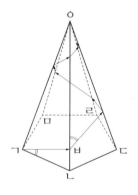

25 입체도형의 꼭짓점 A에서 출발하여 1초마다 옆의 꼭짓점으로 옮겨지는 점이 있습니다. 같은 꼭짓점을 여러 번 지나도 상관없을 때, 이 점이 5초 후에 꼭짓점 G에 놓이는 방법은 몇 가지입니까?

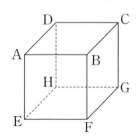

올림피아드 예상문제

1 다음 나눗셈의 몫을 각각 구했을 때 (몫)×1000>4를 만족하는 나눗셈식은 모두 몇 개 입니까?

$$\frac{1}{6} \div 7, \ \frac{1}{7} \div 8, \ \frac{1}{8} \div 9, \ \frac{1}{9} \div 10, \ \cdots$$

2 1보다 큰 4개의 소수 ㉠, ㉡, ㉢, ㉣이 있습니다. ㉠<㉡<㉢<㉣이고, ㉠+㉡, ㉡ +㉢, ㉢+㉣, ㉠+㉢, ㉡+㉣, ㉠+㉣의 6가지 경우의 총합은 767.4이며 ㉠+㉣이 ㉡+㉢보다 큽니다. 또, 6가지 경우를 작은 것부터 차례로 나열하면 3씩 커집니다. 이 때 ㉠의 값을 구하시오.

3 A, B 두 개의 상자에 흰 돌과 검은 돌이 들어 있습니다. A 상자에는 2700개가 들어 있었는데 그중 30 %가 검은 돌이었고, B 상자에는 1200개가 들어 있었는데 그중 90 %가 검은 돌이었습니다. B 상자에서 몇 개의 돌을 A 상자로 옮기고 나니 A 상자에는 검은 돌이 40 %, B 상자에는 검은 돌이 90 % 들어 있었습니다. 옮긴 돌은 모두 몇 개입니까?

4 어떤 소금물에 20 g의 소금을 넣으면 농도가 3.2 % 짙어지고, 20 g의 물을 넣으면 농도가 0.8 % 옅어집니다. 이 소금물은 몇 %이고, 몇 g 있습니까?

5 A 마을에서 B 마을까지 가는 데 자동차로는 24분, 자전거로는 1시간 48분, 도보로는 3시간 36분이 걸립니다. A 마을에서 B 마을까지 가는 데 자동차, 자전거, 도보로 각각 같은 시간씩 갈 경우의 걸리는 시간과 각각 같은 거리씩 갈 경우의 걸리는 시간의 차는 몇 분입니까?

6 운동장의 트랙을 갑, 을, 병 3명이 같은 장소에서 동시에 출발하여 같은 방향으로 달렸습니다. 갑이 분속 190 m로 가장 빠르고, 을이 분속 160 m로 가장 느립니다. 갑이 출발한지 4분 후에 처음으로 을을 따라잡았습니다. 갑이 을을 따라잡은 지 3분 만에 병도 을을 따라잡았습니다. 갑이 처음으로 병을 따라잡은 것은 출발한 지 몇 분 만이겠습니까?

7 3개의 기약분수 A, B, C가 있습니다. A, B, C의 분자의 비는 3 : 2 : 4이고, 분모의 비는 5 : 9 : 15입니다. A, B, C의 합이 $\frac{196}{315}$일 때, A, B, C 중에서 가장 작은 기약분수는 무엇이며, 얼마입니까?

8 어떤 목장에서 소를 36마리 넣으면 8일 만에 풀이 없어지고, 24마리 넣으면 16일 만에 풀이 없어집니다. 소를 44마리 넣으면 며칠 만에 풀이 없어지겠습니까? (단, 소 한 마리가 하루 동안 먹는 풀의 양은 같고, 풀은 매일 일정하게 자랍니다.)

9 서로 다른 세 수 가, 나, 다가 있습니다. 가, 나, 다의 합은 $10\frac{2}{5}$이고, 가의 $\frac{17}{4}$, 나의 $\frac{1}{4}$, 다의 $\frac{1}{4}$의 합은 $9\frac{7}{10}$입니다. 이때 가를 기약분수로 나타내면 $\bigcirc\frac{\bigcirc}{\bigcirc}$이라 할 때, $\bigcirc+\bigcirc+\bigcirc$의 값을 구하시오.

10 음악회를 열기 위해 긴 의자를 준비했습니다. 긴 의자 하나에 4명씩 앉으면 참석자 전원이 빈 자리 없이 딱 맞게 앉을 수 있는데, 당일 참석자가 예정보다 30 % 늘었기 때문에 긴 의자 하나에 5명씩 앉고서도 3명이 앉지 못했습니다. 이 음악회의 참석자는 모두 몇 명입니까?

11 오른쪽 그림과 같이 정사각형을 8개의 직사각형과 한 개의 정사각형으로 나누었습니다. 직사각형의 긴 변과 짧은 변의 길이의 비는 모두 4 : 1이고 처음의 정사각형과 나누어진 작은 정사각형의 넓이의 차는 2176 cm²입니다. 처음의 정사각형과 나누어진 작은 정사각형의 한 변의 길이는 각각 몇 cm입니까?

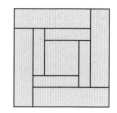

12 오른쪽 그림에서 이등변삼각형 ABC의 넓이는 168 cm²이며, 점 P는 점 A를 출발하여 선분 AD 위를, 점 Q는 점 B를 출발하여 선분 BE 위를 각각 왕복하고, 점 R는 점 C를 출발하여 삼각형 ABC의 둘레를 돌고 있습니다. 세 점 P, Q, R의 속력이 모두 같을 때, 각각의 출발점에서 동시에 출발하여 처음으로 동시에 각각의 출발점으로 되돌아오는 것은 점 P와 점 Q가 각각 몇 번 왕복하고 점 R가 몇 바퀴 돌았을 때입니까?

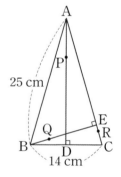

13 오른쪽 그림과 같은 옆면으로 이루어진 각뿔의 모든 모서리의 길이의 합이 400 cm일 때, 이 각뿔의 이름을 쓰시오.

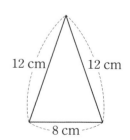

14 오른쪽 그림과 같은 직각삼각형에서 세 변 AB, BC, CA 의 길이는 각각 4 cm, 5 cm, 3 cm입니다. 점 D와 점 E 는 점 A와 점 C로부터 각각 1 cm씩 떨어진 점일 때, 선 분 BF와 선분 FE의 길이의 비를 가장 간단한 자연수의 비로 나타내시오.

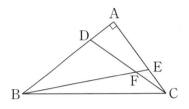

15 오른쪽 그림과 같은 삼각형 ABC에서 (선분 AF) : (선분 FB)=5 : 6, (선분 AE) : (선분 EC)=2 : 3입니다. 또, 선분 BE와 선분 CF의 교점을 점 P라 하고, 선분 AP의 연장선과 변 BC의 교점을 D라 할 때, (선분 BD) : (선분 DC)를 가장 간단한 자연수의 비로 나타내시오.

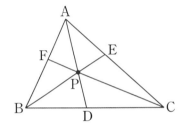

16 가로와 세로의 길이가 각각 2 m, 1 m인 직사각형의 바닥 에 오른쪽 그림과 같이 한 변의 길이가 10 cm인 타일을 깔았습니다. 이 바닥에 깔린 타일 중 정육각형 타일(자르 지 않은 타일)은 몇 개입니까? (단, 한 변의 길이가 10 cm 인 정삼각형의 넓이는 43.3 cm²입니다.)

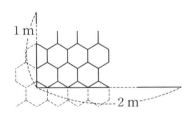

17 오른쪽 그림과 같이 지름의 길이가 20 cm인 반원과 겹쳐지도록 정삼각형을 그렸을 때, 색칠한 부분의 넓이를 반올림하여 소수 둘째 자리까지 구하시오. (원주율 : 3.14)

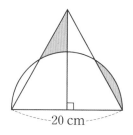

18 오른쪽 그림과 같이 중심이 O인 원 안에 세 선분 AB, BC, CD의 길이가 각각 1 cm인 이등변삼각형 3개와 세 선분 DE, EF, FA의 길이가 각각 2 cm인 이등변삼각형 3개를 그렸습니다. 6개의 삼각형으로 만든 육각형 ABCDEF의 넓이는 한 변의 길이가 1 cm인 정삼각형의 넓이의 몇 배가 됩니까?

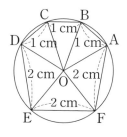

19 초등학교 6학년 학생 500명을 대상으로 제일 가 보고 싶은 도시를 조사하여 나타낸 비율그래프입니다. 파리에 가 보고 싶어 하는 남학생 수는 뉴욕에 가 보고 싶어 하는 여학생 수의 $\frac{1}{5}$일 때, 파리에 가 보고 싶어 하는 여학생은 몇 명입니까?

가 보고 싶어하는 도시별 학생 수   뉴욕에 가 보고 싶어하는 학생 수

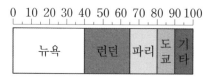   

20 1부터 차례로 번호를 붙인 같은 크기의 쌓기나무가 있습니다. 이 쌓기나무를 다음과 같은 규칙으로 9층까지 쌓았을 때, 위에서 내려다 보았을 때 보이는 쌓기나무의 번호의 합은 얼마입니까?

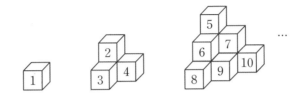

[그림 1]과 같이 중심이 같은 2개의 원 위를 점 P와 점 R는 A로부터, 점 Q는 B로부터 동시에 출발해서 화살표 방향으로 돕니다. 점 P와 점 Q의 빠르기는 매초 1 cm, 점 R의 속력은 매초 2 cm입니다. 10초 후에 각 POQ는 처음으로 90°가 되고 각 ROQ는 처음으로 180°가 됩니다. 물음에 답하시오. (**21** ~ **22**)

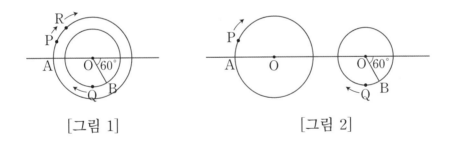

[그림 1]   [그림 2]

21 점 P와 점 Q가 처음으로 가장 멀어지는 것은 출발한 지 몇 초 후입니까?

22 [그림1]의 2개의 원을 [그림 2]와 같은 위치로 분리하여 놓았을 때, 점 P와 점 Q가 3번째로 가장 가까워지는 것은 몇 분 몇 초 후입니까?

3개의 직육면체 A, B, C를 조합한 모양의 그릇이 있습니다. [그림 1]과 같이 그릇을 만들어 매초 2 cm³씩 물을 넣으면 물을 넣은 시간과 깊이와의 관계는 [그래프 1]과 같고, [그림 2]와 같이 그릇을 만들어 매초 3 cm³씩 물을 넣으면 물을 넣은 시간과 깊이와의 관계는 [그래프 2]와 같습니다. 물음에 답하시오. (23 ~ 24)

(정면에서 본 모양)

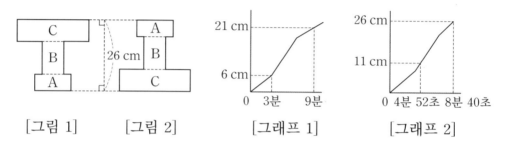

[그림 1]   [그림 2]   [그래프 1]   [그래프 2]

23 C 직육면체의 밑넓이는 몇 cm²입니까?

24 B 직육면체의 높이는 몇 cm입니까?

25 오른쪽 그림과 같이 모든 모서리의 길이가 같은 삼각뿔의 각 모서리를 4등분한 지점을 점으로 표시하였습니다. 꼭짓점을 제외한 모든 점들 중에서 세 점으로 만들어지는 정삼각형은 모두 몇 개입니까?

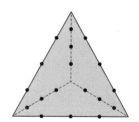

1 다음 분수를 소수로 나타내면 소수점 아래 몇 자리 수가 됩니까?

$$\frac{3\times 7}{\underbrace{2\times 2\times \cdots \times 2}_{80개}\times \underbrace{5\times 5\times \cdots \times 5}_{50개}}$$

2 $\frac{3}{4}\div \bigcirc >1$에서 ⊙에 들어갈 분모가 10보다 작은 기약분수는 모두 몇 개입니까?

3 어떤 사람이 36 km의 거리를 일정한 속도로 걸어 여행하기로 하였습니다. 그러나 총 거리의 $\frac{1}{3}$지점까지 왔을 때, 속도를 처음 속도의 $\frac{1}{4}$만큼 줄여 걸었기 때문에 예정보다 2시간 늦게 목적지에 도착하였습니다. 속도를 줄이기 전에는 한 시간에 몇 km씩 걸었 습니까?

4 어떤 물통에 물을 가득 채우는 데 A 수도관으로는 10분이 걸립니다. 또 이 물통에 가 득 채워진 물은 B 배수관을 열면 12분 만에 비울 수 있습니다. 처음 몇 분 동안은 A 수 도관으로 물을 넣은 뒤, 나머지 30분 동안은 B 배수관도 함께 열어 물통에 물이 가득 채워지도록 하였습니다. 물을 가득 채우는 데 걸린 시간은 몇 분입니까?

5 효근이는 매일 같은 시간씩 일하여 5일간 전체 일의 $\frac{7}{18}$ 을 하였고, 남은 일을 7일과 6시간에 걸려서 끝냈습니다. 효근이는 12일간 하루에 몇 시간씩 일을 하였습니까?

6 1시간에 3분씩 빨리 가는 시계가 있습니다. 이 시계는 정확한 시계가 오후 ㉠시 ㉡분을 가리킬 때 오후 1시 30분을 가리키고 있었고, 그날 오후 5시에는 정확한 시각을 가리키고 있었습니다. ㉠과 ㉡에 알맞은 수를 각각 구하시오.

7 어떤 강에서 상류의 A지점과 하류의 B지점에서 동시에 배가 마주 보고 나아갑니다. 보통 때 물의 속력은 매분 38 m이고, 흐르지 않는 물에서의 배의 속력은 두 척 모두 매분 525 m입니다. 어느 날 두 척의 배가 A, B 양쪽 지점에서 마주 보고 동시에 출발했지만 이때 강물의 속력이 보통 때의 1.5배로 변해 있었기 때문에 두 배가 만난 지점은 언제나 만나는 지점으로부터 95 m 떨어진 곳이 되었습니다. A, B 두 지점 사이의 거리를 구하시오.

8 등산로 입구 A에서 정상 C까지 용희는 B쪽으로, 규성이는 D 쪽으로 동시에 출발하였고, 동시에 정상 C에 도착하였습니다. 규성이의 평지 속도는 용희의 평지 속도의 $\frac{3}{4}$ 이고, 두 사람이 오르는 속도는 모두 평지 속도의 $\frac{4}{5}$ 입니다. A → B, A → D는 평지, B → C, D → C는 오르는 길이라고 하면 D → C의 거리는 몇 km입니까?

(단, B부터 C까지의 거리는 8 km입니다.)

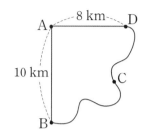

9 크고 작은 2개의 그릇이 있고 두 그릇의 들이의 비는 3 : 2입니다. 큰 그릇에는 A관으로, 작은 그릇에는 B관으로 물을 넣었더니 큰 그릇은 2시간 만에, 작은 그릇은 3시간 만에 가득 차게 되었습니다. 반대로 큰 그릇에는 B관을 이용하고, 작은 그릇에는 A관을 이용하면 각각 몇 시간 몇 분 만에 가득 차게 되겠습니까?

10 오른쪽 그림과 같이 선분 ㄱㄴ의 길이는 15 cm입니다. 선분 ㄴㄷ의 길이는 선분 ㄱㄴ의 길이의 80 %, 선분 ㄷ ㄹ의 길이는 선분 ㄴㄷ의 길이의 80 %, …가 되도록 규칙적으로 한없이 그려 나갈 때, 그려지는 선분의 길이의 합은 몇 cm입니까?

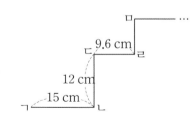

11 어느 공장에서는 매일 300 kg의 원료를 구입합니다. 하루 5000개의 제품을 계속 생산하면 원료의 재고량은 변하지 않으나, 만일 생산량을 20 % 늘리면 18일 만에 원료가 없어집니다. 생산량을 20 % 늘려서 30일간 생산을 계속하려면 매일 구입하는 원료의 양을 적어도 몇 % 늘려야 합니까? (단, 처음에 몇 kg인가 원료의 재고량이 있었습니다.)

12 똑같은 크기의 직육면체 4개를 면끼리 어어 붙인 것입니다. ㉮ 지점에서 ㉯ 지점까지 모서리를 따라 갈 수 있는 가장 가까운 길은 모두 몇 가지입니까?

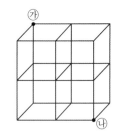

13 오른쪽 그림과 같이 한 변의 길이가 20 cm인 정사각형의 4개의 귀퉁이를 부채꼴 모양으로 자른 도형이 있습니다. 이 도형의 둘레를 따라 반지름이 5 cm이고, 중심각의 크기가 90°인 부채꼴이 미끄러지지 않고 처음의 위치까지 한 바퀴 돌 때, 점 O가 움직인 거리는 몇 cm입니까? (원주율 : 3.14)

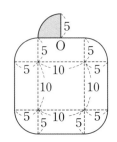

14 직사각형 ㄱㄴㄷㄹ에서 (선분 ㄱㄹ) : (선분 ㄱㄴ)＝3 : 2이고 점 ㅁ은 선분 ㄱㄴ의 중점입니다. 선분 ㄴㅂ과 선분 ㅂㄷ의 길이의 비는 2 : 1일 때 각 ㄹㅁㅂ의 크기는 몇 도입니까?

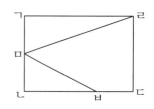

15 오른쪽 그림과 같은 삼각형 ABC의 내부의 점 P를 지나, 각 변에 평행한 선분을 그었습니다. 선분 HI와 선분 FG의 길이가 4 cm일 때, 선분 DE의 길이를 구하시오.

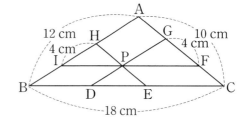

16 오른쪽 그림은 원기둥 모양의 나무토막에서 원뿔대 모양으로 구멍을 뚫은 입체도형입니다. 이 입체도형의 부피를 구하시오. (단, 원뿔의 부피는 반지름의 길이와 높이가 같은 원기둥의 부피의 $\frac{1}{3}$이고 원주율은 3.14로 계산합니다.)

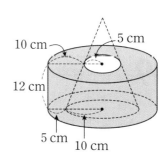

17 직각삼각형 ABC의 두 변 AB, AC를 지름으로 하는 반원이 변 BC 위에서 만나고 있습니다. 이때 색칠한 부분의 넓이는 몇 cm²입니까? (원주율 : 3.14)

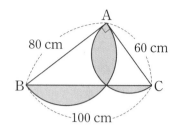

18 직사각형 ABCD의 변 위를 움직이는 2개의 점 P, Q가 있습니다. 점 P는 변 AD 위를 초속 3 cm로 왕복 운동을 하고, 점 Q는 변 DC 위를 초속 5 cm로 왕복 운동을 합니다. 2개의 점 P, Q가 점 A와 점 D를 동시에 출발하여 16초 후에는 오른쪽 그림의 위치에 있을 때 삼각형 DRQ의 넓이는 $4\frac{4}{11}$ cm²가 되었습니다. 이때 삼각형 BRP의 넓이를 구하시오.

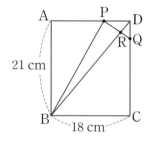

19 반지름의 길이가 5 cm인 원 A와 10 cm인 원 B를 오른쪽 그림과 같은 계단 모양의 도형 바깥쪽을 따라 미끄러지지 않게 1회전 시켰습니다. 원의 중심이 지나간 거리를 비교할 때 원 A의 중심이 이동한 거리가 원 B의 중심이 이동한 거리보다 길게 되려면 계단의 개수를 최소한 몇 개 이상으로 해야 합니까? (원주율 : 3.14)

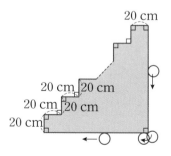

20 오른쪽 그림과 같이 변 ㄱㄴ의 길이는 6 cm, 변 ㄴㄷ의 길이는 10 cm, 각 ㄱㄴㄷ의 크기는 90°인 직각삼각형 ㄱ ㄴㄷ이 있습니다. 이 직각삼각형의 변 ㄱㄷ과 변 ㄴㄷ을 한 변으로 하는 정사각형을 그렸습니다. 변 ㄹㄷ의 연장 선과 변 ㅂㅅ이 만나는 점을 ㅇ, 변 ㄴㄷ의 연장선과 선분 ㄹㅅ이 만나는 점을 ㅈ이라 할 때, 삼각형 ㄹㄷㅈ의 넓이 는 몇 cm²입니까?

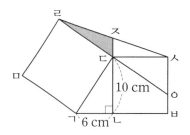

21 [그림 1]과 같이 큰 직육면체 모양에서 작은 직육면체 모양으로 홈이 파여진 입체도형 A가 있습니다. A를 그릇 B에 넣은 모양이 각각 [그림 2], [그림 3]과 같을 때, 그릇 B 에 들어 있던 물의 부피는 몇 cm³입니까?

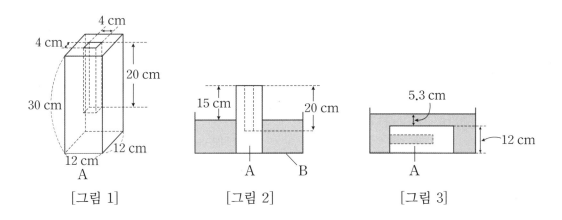

[그림 1]   [그림 2]   [그림 3]

22 한 모서리가 1 cm인 정육면체 모양의 쌓기나 무를 빈틈없이 쌓아 올린 뒤, 겉면에 노란 색종 이를 붙여 하나의 입체도형을 만들었습니다. 오 른쪽 그림은 이 입체도형을 각 방향에서 바라본 모양입니다. 이 입체도형의 겉넓이는 몇 cm²입 니까?

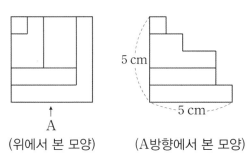

A
(위에서 본 모양)   (A방향에서 본 모양)

23 다음 그림과 같이 반지름이 10 cm인 원의 $\frac{1}{4}$인 도형이 가의 위치에서 처음으로 나의 위치의 모양이 될 때까지 미끄러지지 않게 회전합니다. 도형이 가의 위치에서 나의 위치에 올 때까지 지나간 부분의 넓이는 몇 cm²입니까? (원주율 : 3.14)

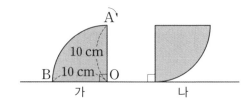

24 오른쪽 그림과 같이 바닥에 수직으로 세워진 출입문이 있습니다. 전등의 빛이 출입문의 정사각형 구멍을 통과하여 바닥을 비추고 있을 때, 바닥을 비추고 있는 부분의 넓이를 구하시오. (단, 출입문의 두께는 생각하지 않습니다.)

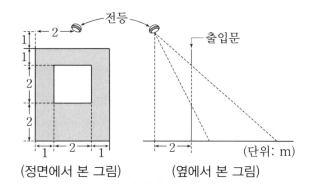

25 한 모서리의 길이가 1 cm인 정육면체의 쌓기나무를 쌓아올려 오른쪽 그림과 같은 직육면체를 만들었습니다. 색칠한 부분은 검은색 쌓기나무이며, 반대편의 옆면까지 같은 줄에는 같은 색의 쌓기나무로 쌓여 있습니다. 검은색 쌓기나무는 모두 몇 개입니까?

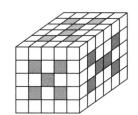

1 다음 각 식의 □에는 1부터 9까지의 자연수가 있었는데 지워진 것입니다. 분명하게 계산이 잘못된 것이 4개 있을 때, 그 번호를 쓰시오.

① $136 \times 3\square 1 \times 6\square 3 = 306\square 4245$

② $487 - 4\square \div 2 + 4\square \times 7 = 7\square 4$

③ $\left\{16 - 2 \times \left(\dfrac{\square}{9} + 6\dfrac{2}{3}\right)\right\} \times 3 + 3\dfrac{\square}{6} \times 4 = 22\dfrac{2}{3}$

④ $(2.\square - 1.2 \times \square.3) \div 0.13 = 8$

⑤ $6\dfrac{\square}{12} \div 1\dfrac{7}{15} \times \dfrac{4}{7} = 6\dfrac{1}{\square}$

⑥ $6\dfrac{3}{\square} \div 9 + \dfrac{\square}{6} \times \dfrac{1}{2} = 1\dfrac{1}{\square}$

⑦ $1.6 + 2.\square \times 99 + 5.1 = 42\square.2$

⑧ $15.\square 1 \div 9 + 1.\square 7 - 1.23 = 4.\square 3$

2 진호는 ㉮ 마을에서 ㉯ 마을까지 일정한 빠르기로 걸어 갔습니다. 민수는 진호보다 매시간 $\dfrac{1}{2}$ km씩 더 걸어서 진호가 걸린 시간보다 $\dfrac{1}{5}$이 단축되었고, 용희는 진호보다 매시간 $\dfrac{1}{2}$ km씩 덜 걸어서 진호가 걸린 시간보다 2시간 30분이 더 걸렸다고 합니다. ㉮ 마을에서 ㉯ 마을까지의 거리는 몇 km입니까?

3 A와 B 두 종류의 콩이 있습니다. A 콩은 3 kg에 15000원, B 콩은 4 kg에 16000원일 때, A와 B를 1 : 3으로 섞은 콩 100 g은 얼마입니까?

4 A 그릇에는 10 %의 설탕물이 400 g 들어 있고, B 그릇에는 6 %의 설탕물이 300 g 들어 있습니다. A, B 두 그릇에서 같은 양의 설탕물을 꺼내어 A 그릇에서 꺼낸 설탕물은 B 그릇에, B 그릇에서 꺼낸 설탕물은 A 그릇에 각각 넣었더니 A 그릇의 설탕물의 농도는 9 %가 되었습니다. 이때, B 그릇의 설탕물의 농도는 몇 %가 되겠습니까?

5 토끼와 거북이가 경주를 했습니다. 같은 지점에서 동시에 출발했지만 토끼는 중간에 낮잠을 3시간 잤습니다. 토끼가 잠에서 깨어 보니 거북이에게 추월당하여 빨리 뒤따라갔지만 마지막 120 m 지점에서 거북이가 결승점에 도착하는 것을 보았습니다. 토끼와 거북이는 모두 빠르기가 일정하고, 빠르기의 비는 20 : 1입니다. 또, 거북이가 결승점에 도착할 때까지 토끼가 달린 시간은 모두 9분간이었습니다. 토끼가 잠에서 깼을 때 거북이와의 거리의 차가 1640 m였다고 한다면, 토끼가 낮잠을 자기 시작한 것은 출발해서 몇 분 후입니까?

6 A와 B 2종류의 원액이 있습니다. A와 B를 2 : 1의 비로 섞으면 1 kg당 1600원이 되고, 3 : 2의 비로 섞으면 1 kg당 1620원이 됩니다. A 원액 1 kg, B 원액 1 kg의 가격의 차를 구하시오.

7 효근이와 석기는 A에서 B까지 자전거를 타고 갔다 오기로 하였습니다. 효근이는 1시간에 30 km의 빠르기로, 석기는 1시간에 20 km의 빠르기로 달렸습니다. 효근이가 B에 도착하여 되돌아오기 시작한 지 15분 만에 석기를 만났습니다. 석기가 A에서 B까지 갔다오는 데 걸리는 시간은 몇 시간입니까?

8 신영이네 학교 6학년 학생들의 평균키는 152.5 cm이고 가장 큰 학생은 172 cm입니다. 가장 큰 학생의 키와 6학년 학생들의 각각의 키의 차를 모두 더하면 780 cm입니다. 신영이네 학교 6학년 학생 수는 몇 명입니까?

9 A 혼자서 하면 24일, B 혼자서 하면 30일, C 혼자서 하면 40일 걸리는 일이 있습니다. 이 일을 우선 A와 B가 함께, 다음으로 B와 C가 함께, 그 다음은 C와 A가 함께 일하여 끝냈으며, A, B, C 모두 일한 기간은 같았습니다. 며칠 걸려 이 일이 끝났겠습니까?

10 A역과 B역의 사이를 4대의 전철이 쉬지 않고 왕복합니다. 이들 전철은 모두 시속 80 km로 달리며, 항상 12분 간격으로 1대씩 차례로 A역을 출발하고, A역과 B역에서 각각 6분간 정차합니다. A역과 B역 사이의 거리는 몇 km입니까?

11 빨간색 구슬과 초록색 구슬의 개수의 비가 7 : 4로 들어 있는 주머니가 있습니다. 이 주머니에서 구슬을 꺼낼 때마다 빨간색 구슬 4개와 초록색 구슬 3개를 동시에 꺼냈습니다. 이와 같은 과정을 몇 번 반복했더니 주머니 속에는 빨간색 구슬만 15개가 남았습니다. 맨 처음 주머니 속에 들어 있던 빨간색 구슬은 모두 몇 개였습니까?

12 오른쪽 그림과 같이 둘레가 560 m인 원을 따라 A, B, C 3명이 동시에 출발하여 각자 일정한 빠르기로 달리고 있습니다. A와 B는 같은 방향으로, C는 반대 방향으로 각각 달린다고 할 때, C는 210 m를 달려서 A와 만나고 다시 30 m를 달려서 B와 만났습니다. A가 한 바퀴 돌아서 출발선에 도착했을 때, B는 A보다 몇 m 뒤쳐져 있습니까?

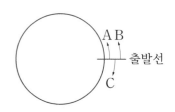

13 오른쪽 그림과 같이 반지름이 3 cm인 큰 원의 주위를 반지름이 1 cm인 작은 원이 미끄러지지 않게 회전하고, 또 큰 원은 화살표 방향으로 매분 2회전 합니다. 처음에 작은 원의 중심은 그림 A의 위치에 있고, 큰 원이 회전을 시작하고 20초 후에 작은 원이 40°만큼 진행한다고 할 때, 작은 원은 매분 몇 회전하고 있습니까?

(원주율 : 3.14)

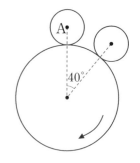

14 오른쪽 그림은 넓이가 120 cm²인 평행사변형 ABCD입니다. 사각형 GBEF의 넓이는 몇 cm²입니까?

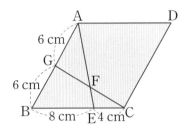

15 오른쪽 그림과 같이 정육각형의 종이가 있고 각 변에 ㄱ~ㅂ의 6개의 점을 찍습니다. 그림에서 분수는 정육각형의 한 변의 길이를 1로 보았을 때의 길이를 나타낸 것입니다. 구각형 AㄱㄴCㄷㄹEㅁㅂ의 넓이는 처음 정육각형의 넓이의 얼마입니까?

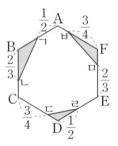

16 그림과 같은 원기둥에 밑변의 길이가 100 cm, 높이가 20 cm인 직각삼각형 모양의 종이를 계속 감을 때 2번 겹쳐서 감긴 부분의 넓이를 구하시오. (단, 원주율은 3으로 계산합니다.)

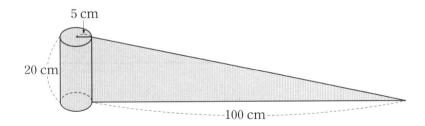

17 점 O을 중심으로 하는 반지름이 10 cm인 원이 있습니다. 이 원의 색칠한 부분의 넓이의 합을 구하시오. (원주율 : 3.14)

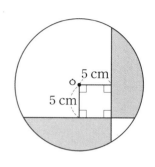

18 가로 50 cm, 세로 40 cm인 직사각형의 안쪽과 바깥쪽에 그림과 같이 반지름이 10 cm인 2개의 원이 있습니다. 2개의 원을 직사각형의 변을 따라 한 바퀴 굴려 제자리에 오게 했을 때, 원의 중심이 이동한 거리의 차는 얼마입니까? (원주율 : 3.14)

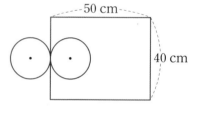

19 오른쪽 그림과 같은 직육면체의 그릇 A에 3 L의 물이 들어 있습니다. 여기에 직육면체와 삼각기둥을 이어 만든 입체도형 B를 화살표 방향으로 바닥에 닿도록 넣으면 물의 깊이는 몇 cm가 되겠습니까? (단, 1 L=1000 cm³입니다.)

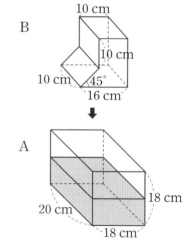

20 오른쪽 [그림 1]은 밑면의 반지름이 4 cm인 원기둥의 일부를 잘라낸 입체도형입니다. [그림 2]와 같이 밑면의 반지름이 6 cm, 높이가 10 cm인 그릇에 3 cm 깊이까지 물을 넣은 후 [그림 1]의 입체도형을 밑바닥이 닿도록 넣으면 수면의 높이는 몇 cm가 되겠습니까? (원주율 : 3.14)

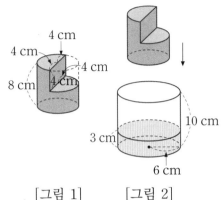

[그림 1]　　[그림 2]

21 사각기둥 모양의 그릇 속에 원기둥을 세워 놓고 매초 일정량의 물을 넣으면, 오른쪽 그림과 같이 시간에 따라 물의 높이가 변해갑니다. 물의 높이가 원기둥의 높이와 같아지는 때는 물을 넣기 시작하고부터 몇 분 몇 초 후입니까?

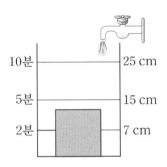

22 그림과 같은 직육면체 ABCD−EFGH 위를 점 P는 A를 출발하여 점 B와 점 C를 지나 점 D까지 왕복합니다. 그래프는 점 P가 A를 출발하고부터 삼각뿔 E−APQ의 부피의 변화를 나타낸 것입니다. 이때 직육면체 ABCD−EFGH의 부피는 몇 cm³입니까?

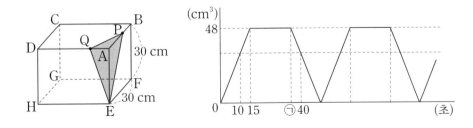

23 오른쪽 그림과 같이 정육면체의 6개의 면에 색이 칠해져 있습니다. 이 정육면체의 가로, 세로, 높이를 각각 같은 횟수로 잘라 작은 정육면체를 만들 때 한 면도 색이 칠해지지 않은 정육면체의 개수와 한 면만 색이 칠해진 정육면체의 개수가 같아지게 하려고 합니다. 정육면체의 가로, 세로, 높이를 각각 몇 번씩 잘라야 합니까?

24 오른쪽 그림은 한 변의 길이가 8 cm인 정사각형의 각 변을 4등분한 후 점들을 연결한 것입니다. 색칠한 부분의 넓이는 몇 cm² 입니까?

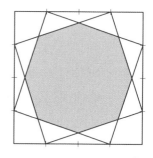

25 그림과 같이 칸막이가 있는 수조가 있습니다. 그래프는 칸막이의 왼쪽에 일정한 빠르기로 물을 넣을 때, 물을 넣는 시간과 칸막이 왼쪽 부분에서의 물의 높이의 관계를 나타낸 것입니다. 수조의 모서리 ㄱㄴ의 길이를 소수 첫째 자리에서 반올림하여 나타내면 몇 cm입니까? (단, 칸막이의 두께는 생각하지 않습니다.)

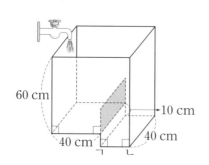

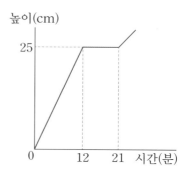

1 유승이가 갖고 있는 색종이의 수의 $\frac{1}{6}$, $\frac{1}{12}$, $\frac{1}{20}$, $\frac{1}{30}$의 합은 한솔이가 갖고 있는 색종이의 수와 같고, 한솔이가 갖고 있는 색종이의 $\frac{1}{20}$, $\frac{1}{30}$, $\frac{1}{42}$, $\frac{1}{56}$의 합은 근희가 갖고 있는 색종이의 수입니다. 유승이가 갖고 있는 색종이의 수는 근희가 갖고 있는 색종이 수의 몇 배입니까?

2 어느 학교의 6학년 남학생은 여학생보다 8명 더 많습니다. 그런데 남학생이 2명 전학 가고 여학생이 3명 전학온 후 남학생과 여학생의 비가 9 : 8이 되었습니다. 처음에 있던 6학년 학생은 몇 명이었습니까?

3 식당 안에 남자와 여자가 4 : 3의 비로 있었습니다. 잠시 후에 여자가 몇 명 더 와서 남자와 여자 수의 비가 8 : 9가 되었습니다. 현재 식당에 있는 사람이 모두 34명이라면, 나중에 온 여자는 몇 명입니까?

4 길이가 80 m인 열차가 1000 m의 터널을 통과하였습니다. 열차의 앞 부분이 터널의 입구에서 300 m 나아간 곳에서 속도를 $\frac{1}{2}$로 줄였더니 열차가 터널을 들어서서 완전하게 나올 때까지 1분 33초 걸렸습니다. 열차의 처음 속도는 시속 몇 km였습니까?

5 한초네 학교 5학년 학생과 6학년 학생은 각각 230명, 246명입니다. 이 중 안경을 끼고 있는 학생 수를 조사했더니 6학년 학생은 5학년 학생보다 10 % 적고, 안경을 끼고 있지 않은 학생 수는 5학년 학생 수보다 6학년 학생 수가 20 % 많습니다. 6학년 학생 중 안경을 끼고 있지 않은 학생은 몇 명입니까?

6 A, B 2종류의 추와 양팔저울이 있습니다. 15 %의 소금물 100 g을 넣은 그릇은 A 1개, B 2개와 평형을 이루었고, 이 그릇에 6 %의 소금물 200 g을 더 넣었더니 A 3개, B 3개와 평형을 이루었습니다. 다시 이 그릇에 물을 부어 5 %의 소금물이 되었을 때 A 5개, B 5개와 평형을 이루었습니다. 추 A, B의 무게는 각각 몇 g입니까?

7 수입된 목재를 운반하는 데 대형트럭과 소형트럭을 사용합니다. 대형트럭으로 1회와 소형트럭으로 1회 운반하면 전체의 $\dfrac{1}{36}$을 운반할 수 있고, 대형트럭으로 30회와 소형트럭으로 45회 운반하면 모두 운반할 수 있습니다. 대형트럭과 소형트럭은 각각 매회 같은 양만큼 운반한다고 할 때, 소형트럭 1대만으로 모든 목재를 운반하려면 몇 회 날라야 합니까?

8 철도 선로와 평행하게 나 있는 길을 같은 방향으로 가고 있는 버스와 사람이 있습니다. 사람의 속도는 시속 5 km, 버스의 속도는 시속 30 km일 때, 뒤따라 오고 있는 열차가 사람과 버스를 추월하는 데 각각 13.5초, 36초가 걸렸습니다. 열차의 길이와 시속을 구하시오. (단, 사람과 버스의 길이는 생각하지 않기로 합니다.)

9 똑바른 선로를 시속 72 km로 달리고 있는 기차가 건널목으로부터 1 km 떨어진 지점부터 건널목쪽을 향해 달리며 10초 동안 경적을 울렸습니다. 건널목에 서 있는 사람은 경적을 몇 초 동안 들었습니까? (단, 소리의 속도는 초속 340 m입니다.)

10 10 %의 소금물 500 g에서 소금물을 일부 따라 버리고, 버린 소금물의 양만큼 물을 다시 부은 다음 5 %의 소금물 100 g과 섞었더니 7.5 %의 소금물이 되었습니다. 이때 버린 소금물의 무게를 구하시오.

11 2개의 시계 ㉮, ㉯가 있습니다. ㉮ 시계는 5시간에 8분이 늦어지고, ㉯ 시계는 5시간에 2분이 빨라집니다. 어느 날 저녁 ㉮ 시계가 10시 10분을 가리키고 있을 때, ㉯ 시계는 9시 56분을 가리키고 있었습니다. ㉯ 시계의 자명 시각을 오전 8시에 맞춘 뒤 다음 날 아침 자명종이 울리는 순간 ㉮ 시계과 ㉯ 시계의 시각의 차는 몇 분이겠습니까?

12 오른쪽 그림과 같이 선분 ㄱㄴ을 원의 중심 ㅇ를 중심으로 화살표 방향으로 120°만큼 회전시켰습니다. 선분 ㄱㄴ이 지나간 부분의 넓이를 구하시오. (단, 원주율은 3이고 선분 ㄱㅇ의 길이는 14 cm로 계산합니다.)

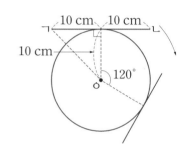

13 오른쪽 그림의 색칠한 부분을 밑면으로 하는 기둥이 있습니다. 이 기둥의 높이가 5 cm일 때, 이 기둥의 부피는 몇 cm^{3}입니까? (원주율 : 3)

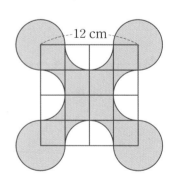

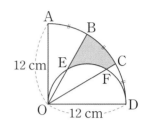

14 오른쪽 도형에서 점 B와 점 C는 호 AD를 3등분 한 점이고, 점 E와 점 F는 반원과 선분 OB와 선분 OC가 만난 점입니다. 색칠한 부분의 넓이를 구하시오. (원주율 : 3.14)

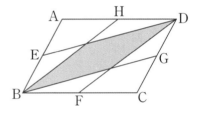

15 사각형 ABCD는 넓이가 $108\,\text{cm}^2$인 평행사변형입니다. 네 변 AB, BC, CD, DA의 중간의 점 E, F, G, H와 꼭짓점 B, D를 오른쪽 그림과 같이 선분으로 연결하였습니다. 이때 색칠된 평행사변형의 넓이는 몇 cm^2입니까?

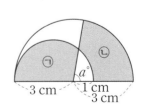

16 오른쪽 그림과 같이 2개의 반원이 겹쳐 있습니다. ㉠과 ㉡의 넓이가 같을 때, a의 값을 구하시오. (원주율 : 3.14)

17 아래 그림과 같이 반지름이 6 cm인 원 안에 크기가 같은 정사각형을 그렸을 때, 71번째에 그려지는 정사각형의 넓이의 합을 구하시오.

첫 번째　　　　　두 번째　　　　　세 번째

18 오른쪽 그림과 같이 ABCDEFG는 담장을 나타내며 점 E에 9 m의 줄로 소가 매어 있습니다. 소가 움직일 수 있는 범위의 넓이를 구하시오. (원주율 : 3)

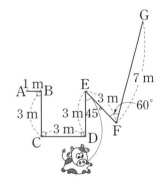

19 다음 그림과 같이 한 모서리의 길이가 4 cm인 정육면체 모양의 그릇이 있습니다. 책상 위에 [그림 1], [그림 2], [그림 3]과 같이 빈틈없이 그릇을 쌓은 후 가장 위의 그릇에 16 L의 물을 모두 부을 때, 책상 위로 물이 넘치지 않도록 하려면 그릇을 적어도 몇 층까지 쌓아야 합니까? (단, 1 mL=1 cm^{3}이고 그릇의 두께는 생각하지 않습니다.)

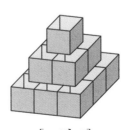

[그림 1]　　　　[그림 2]　　　　　[그림 3]

20 각 면에 1부터 6까지의 숫자가 한 번씩 쓰여 있고 마주 보는 면에 쓰여 있는 두 수의 합이 7인 쌓기나무가 있습니다. 이 쌓기나무를 다음과 같은 규칙으로 쌓았습니다. 보이는 모든 면에 쓰인 수의 합이 가장 크게 되도록 쌓았을 때 20번째 모양에서 보이는 모든 면에 쓰인 수의 합을 구하시오. (단, 바닥은 보이지 않는 면입니다.)

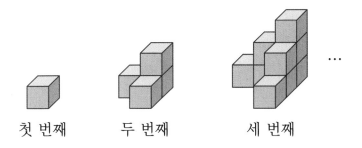

첫 번째   두 번째   세 번째

21 [그림 1]과 같이 가로, 세로, 높이가 각각 20 cm, 20 cm, 50 cm인 직육면체를 놓았을 때 그림자의 넓이는 600 cm²입니다. 같은 시각에 [그림 1]의 직육면체 위에 밑면의 가로, 세로가 각각 20 cm이고, 높이가 50 cm인 정사각뿔을 올려놓은 [그림 2]의 입체도형의 그림자의 넓이는 몇 cm²입니까?

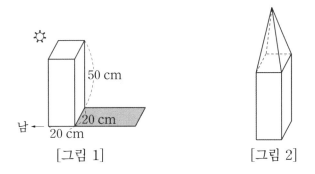

[그림 1]   [그림 2]

22 오른쪽 그림과 같이 높이가 같은 직육면체 모양의 그릇 A, B, C 3개가 있습니다. 각각의 그릇에 높이의 $\frac{1}{3}$씩 물을 넣은 후 A와 C의 물을 모두 B에 넣으면 B의 수면의 높이는 B 그릇의 높이의 몇 분의 몇이 됩니까?

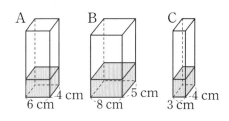

오른쪽은 정사각형 안에 반지름의 길이가 같은 부채꼴 4개를 그린 것입니다. 점 O는 정사각형의 두 대각선이 만나는 점이고, 2개의 점 P, Q는 점 A를 출발하여 곡선 위를 B, C, D, A, B, C, D, …의 순서로 일정한 빠르기로 돕니다. P는 30분 만에, Q는 2시간 만에 한 바퀴 돌며, P가 출발한 지 5분 후에 Q가 출발합니다. 물음에 답하시오. (23 ~ 24)

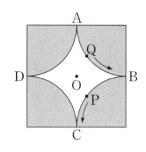

23 P가 출발한 지 20분이 되었을 때, 각 POQ의 작은 쪽의 각은 몇 도입니까?

24 3번째로 각 POQ가 90°가 되는 것은 P가 출발한 지 몇 분 후입니까?

25 가로가 60 cm, 세로가 45 cm인 직사각형 모양의 종이 2장이 꼭맞게 겹쳐져 있습니다. 그중의 한 장을 대각선의 방향으로 일정한 속도로 옮겨갔더니, 2장의 종이가 떨어지기 1분 전에 겹쳐져 있는 부분의 둘레의 길이는 28 cm이었습니다. 또한 옮겨가고 있는 도중의 1분 동안 겹쳐져 있는 부분의 넓이는 336 cm²만큼 줄었습니다. 옮기기 시작해서 몇 초 후부터의 1분 동안입니까?

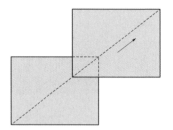

10 10 10 10 10 10 10 10 10 10 10 10 10 10 10 10 10
10 10 10 10 10 10 10 10 10 10 10 10 10 10 10 10
10 10 10 10 10 10 10 10 10 10 10 10 10 10 10 10 10 1
10 10 10 10 10 10 10 10 10 10 10 10 10 10 10 10
10 10 10 10 10 10 10 10 10 10 10 10 10 10 10 10 10
10 10 10 10 10 10 10 10 10 10 10 10 10 10 10 10 10

기출문제

올림피아드

올림피아드 기출문제

1 $\frac{47}{59}$ 의 분모와 분자에서 같은 수를 뺀 후 소수로 고쳤더니 0.75가 되었습니다. 분모와 분자에서 공통으로 뺀 수는 얼마입니까?

2 규형이는 정사각형 모양의 카드를 여러 장 가지고 있습니다. 이 카드를 겹치지 않게 빈 틈없이 늘어놓아 정사각형 모양을 만들었더니 5장의 카드가 남았습니다. 만든 정사각 형의 가로와 세로를 각각 2열씩 늘려 큰 정사각형 모양을 만들려면 39장의 카드가 더 필요하다고 합니다. 규형이는 카드를 몇 장 가지고 있습니까?

3 길이가 160 m이고 1시간당 64 km씩 달리는 화물 열차와 길이가 120 m인 여객 열차 가 마주 보면서 오다가 서로 만났다가 떨어지기까지 7초가 걸렸습니다. 여객 열차는 1 시간에 몇 km를 갑니까?

4 오른쪽 그림은 (선분 ㄱㄹ) : (선분 ㄹㄴ)＝4 : 3, (선분 ㄴㅁ) : (선분 ㅁㄷ)＝2 : 5가 되도록 삼각형 ㄱㄴㄷ을 ㉮, ㉯, ㉰로 나눈 것입니다. ㉮의 넓이가 280 cm²일 때, ㉯와 ㉰의 넓이의 차는 몇 cm²입니까?

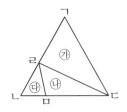

5 찰흙을 이용하여 오른쪽 그림과 같은 정육면체를 만든 후, 각 면에 한 변이 1 cm인 정사각형을 그리고, 검게 색칠한 부분을 앞면부터 뒷면까지 구멍을 뚫어 놓았습니다. 이 입체도형의 부피는 몇 cm³입니까?

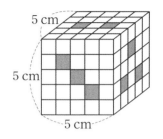

6 기차 요금과 고속버스 요금을 합하면 20000원입니다. 며칠 후 기차 요금이 8 %, 고속 버스 요금이 10 % 올라서 두 요금의 합이 21700원이 되었습니다. 인상되기 전의 고속 버스 요금은 얼마였습니까?

7 어제 과일 가게에 배와 사과를 합하여 534개가 있었습니다. 오늘 그중에서 몇 개를 팔고 나니 배와 사과의 개수가 같아졌습니다. 이때, 배의 개수는 어제보다 9개 줄었고 사과의 개수는 어제의 $\frac{7}{8}$이 되었습니다. 어제 배는 몇 개 있었습니까?

8 한 시간에 21.6 km씩 가는 배가 큰 절벽 쪽으로 가면서 기적을 울렸습니다. 5초 뒤 이 배 위에 서 있던 사람의 귀에 기적 소리가 메아리쳐 왔습니다. 기적을 울린 지점은 절벽 으로부터 몇 m 떨어진 지점이겠습니까? (단, 소리의 빠르기는 매초 340 m입니다.)

9 사과, 귤, 배 한 개씩의 값은 각각 700원, 200원, 850원입니다. 이것들을 각각 몇 개씩 사고 13500원을 지불했습니다. 만일 사과와 귤의 개수를 반대로 하여 산다면 16500원이 되고, 귤과 배의 개수를 반대로 하여 산다면 18700원이 됩니다. 귤은 몇 개 샀습니까?

10 두 개의 자연수 A, B에 대하여 기호 $\left[\dfrac{A}{B}\right]$는 B를 ■배 했을 때 A와 가장 가까운 값이 되게 하는 자연수 ■를 모두 $\left[\dfrac{A}{B}\right]$로 나타냅니다. 즉, $\left[\dfrac{7}{3}\right]$은 $3 \times 2 = 6$, $3 \times 3 = 9$에서 6이 9보다 7에 더 가까운 수이므로 $\left[\dfrac{7}{3}\right] = 2$가 됩니다. 또, $\left[\dfrac{7}{2}\right]$은 $2 \times 3 = 6$, $2 \times 4 = 8$에서 6과 8은 모두 7에 가장 가까운 수이므로 $\left[\dfrac{7}{2}\right] = 3$ 또는 $\left[\dfrac{7}{2}\right] = 4$가 됩니다. $\left[\dfrac{56}{B}\right] = 6$일 때 B가 될 수 있는 수들의 합은 얼마입니까? (단, ■는 자연수입니다.)

11 오른쪽 그림과 같이 정육면체 모양의 쌓기나무를 가로, 세로, 높이에 각각 6개씩 쌓은 입체도형이 있습니다. 정사각형 ABCD에서 2개의 대각선의 교점을 P라고 합니다. 세 점 P, E, F를 지나는 평면으로 자를 때 평면에 의해 잘려지는 쌓기나무는 모두 몇 개입니까?

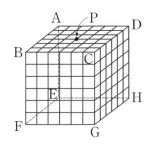

올림피아드

12 직육면체 모양의 수조에 한 모서리의 길이가 10 cm인 정육면체 모양의 쇠 도막 4개가 들어 있습니다. 이 수조에 매분 8 L씩 물을 넣었더니 [그림 1]은 12분 후에 물의 높이가 40 cm가 되었습니다. [그림 1]에서와 같은 빠르기로 물을 넣을 때, [그림 2]에서 7분 후에 물의 높이는 몇 cm가 되겠습니까? (단, 1 L＝1000 cm³입니다.)

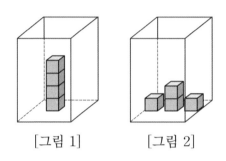

[그림 1]   [그림 2]

13 다음과 같이 성냥개비를 나열하였을 때 n번째에 사용된 성냥개비의 개수는 $(n+1)$번째에 사용된 성냥개비의 개수보다 58개가 적습니다. n의 값을 구하시오.

첫 번째   두 번째   세 번째   네 번째

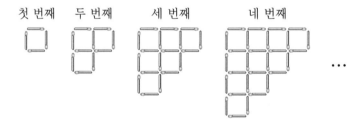

14 2개의 시계 A, B가 있습니다. A 시계는 5시간에 6분씩 늦어지고, B 시계는 3시간에 2분씩 빨라집니다. 어느 날 오후 A 시계는 5시 4분을 가리키고, B 시계는 5시 정각을 가리켰습니다. 몇 시간 뒤 B 시계의 자명종이 오전 6시에 울리도록 맞추었더니 다음날 아침 B 시계의 자명종 소리가 났습니다. 그 때, A 시계는 5시 몇 분을 가리키고 있습니까?

15 석기와 영수가 각각 가지고 있는 구슬의 $\frac{1}{6}$씩 서로 교환하면 석기가 가지고 있는 구슬의 개수는 영수가 가지고 있는 구슬의 개수의 3배가 된다고 합니다. 만일 두 명이 각각 가지고 있는 구슬의 $\frac{1}{4}$씩 서로 교환한다면 석기가 가진 구슬의 개수는 영수가 가진 구슬 개수의 몇 배가 되는지 기약분수로 나타내면 ■$\frac{★}{▲}$입니다. ■＋▲＋★은 얼마입니까?

16 A 그릇에는 3 %의 소금물이 400 g, B 그릇에는 7 %의 소금물이 100 g 들어 있습니다. A와 B 그릇에 각각 같은 양의 물을 넣어 농도를 같게 만들려고 합니다. A 그릇에는 몇 g의 물을 넣어야 합니까?

17 40명의 학생이 A, B 두 문제로 된 20점 만점의 시험을 보았습니다. A를 15점, B를 5점으로 채점하면 평균 점수는 소수 둘째 자리에서 반올림해서 11.8점이 됩니다. A를 12점, B를 8점으로 채점하면 평균 점수는 10.7점이 됩니다. A를 맞힌 사람은 몇 명입니까?

18 효근이네 집에서는 큰 새장에 꿩과 비둘기를 합하여 9마리를 기르고 있습니다. 어느 날 모이통에 모이를 가득 넣어 두었더니 8일 만에 다 없어졌습니다. 다음날 비둘기가 한 마리 늘어서 모이통에 모이를 다시 가득 넣고 그 날부터 매일 모이통의 $\frac{1}{21}$ 만큼 일정량을 더 넣어 준 결과 12일 만에 다 없어졌습니다. 먹는 양은 꿩이 비둘기의 3배이며, 둘 다 하루에 일정량씩을 먹는다면 새장 안에 꿩은 몇 마리 있겠습니까?

19 위, 아래로 호스가 연결되어 있는 물탱크가 있습니다. 지금 물탱크 안에는 어느 정도의 물이 들어 있습니다. 각각 일정한 비율로 위의 호스를 통하여 물탱크 안으로 물을 넣는 동시에, 아래의 호스를 통하여 물을 사용하면, 얼마 만에 다 사용하게 됩니다. 만일 넣는 물의 양을 20 %씩 증가시키고, 사용하는 물의 양을 10 %씩 증가시켜도 물을 사용할 수 있는 시간은 처음과 변화가 없습니다. 그러나 넣는 물의 양을 50 %씩 증가시키고, 사용하는 물의 양을 20 %씩 증가시키면 물을 사용하는 시간은 처음보다 2시간 길어집니다. 이때, 넣는 물의 양을 40 %씩 증가시키고, 사용하는 물의 양을 그대로 한다면 물을 사용할 수 있는 시간은 몇 시간입니까?

20 오른쪽 그림과 같이 작은 정육면체가 8개가 되도록 철사로 입체 모양을 만들어 놓았습니다. 점 ㉮에서 점 ㉯로 철사를 따라 가장 짧은 거리로 갈 수 있는 방법은 모두 몇 가지입니까? (단, 철사의 굵기는 생각하지 않습니다.)

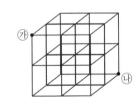

21 같은 크기의 정사각형의 색종이를 오른쪽 그림과 같이 아래로부터 빨강, 주황, 노랑, 초록, 파랑의 순서로 겹쳐서 정사각형 ABCD 를 만들었습니다. 이때 위로부터 보이는 부분의 넓이는 노란색이 $128 \, cm^2$, 초록색이 $160 \, cm^2$, 파란색이 $192 \, cm^2$였습니다. 빨간 색과 주황색의 보이는 면의 넓이의 합은 몇 cm^2입니까?

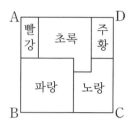

22 네 면이 모두 정삼각형인 삼각뿔의 정면에는 1, 뒷면에는 각각 2, 3, 밑면에는 4가 쓰여 있습니다. 삼각뿔을 오른쪽 그림에서 어두운 부분에 올려 놓고 미끄럼없이 굴려갈 때 3이 쓰여진 면이 바닥에 닿게 되는 경우는 모두 몇 번 있습니까?

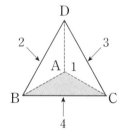 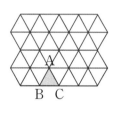

23 오른쪽 그림과 같이 한 모서리의 길이가 16 cm인 정육면체가 있습니다. 점 ㅈ은 모서리 ㄴㅂ의 중점이고, 점 ㅊ은 모서리 ㅁㅇ을 4등분 한 점 중 하나입니다. 이 정육면체의 겉면에 점 ㅈ과 점 ㅊ을 연결하는 2개의 실을 각각 팽팽하게 이었습니다. 이때 직육면체의 겉면에서 실로 나누어진 부분 중 꼭짓점 ㄱ을 포함하는 쪽의 넓이는 몇 cm^2입니까?

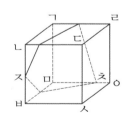

24 왼쪽 그림과 같이 둘레의 길이가 48 cm인 사다리꼴 ABCD가 있습니다. 점 E는 변 AD 위에 있고 (선분 AE) : (선분 ED) = 2 : 1입니다. 또한 (선분 AD) : (선분 BC) = 1 : 2입니다. 지금 점 P는 점 A를 출발하여 A → B → C → D의 순서로 일정한 속력으로 이동합니다. 오른쪽 그래프는 시간과 삼각형 APE의 넓이의 관계를 나타낸 것입니다. 물음에 답하시오.

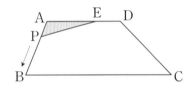
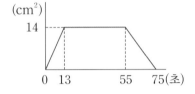

(1) 점 P는 매초 몇 cm의 빠르기로 움직입니까?

(2) 선분 BC의 길이는 몇 cm입니까?

(3) 사다리꼴 ABCD의 넓이는 몇 cm²입니까?

25 [그림 1]은 바둑돌을 화살표 방향으로 차례대로 늘어놓은 것입니다. [그림 2]는 바둑돌의 중심과 중심을 연결하여 넓이가 1 cm²인 작은 정삼각형을 만든 것입니다. 물음에 답하시오.

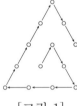
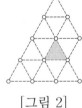

[그림 1]   [그림 2]

(1) 18개의 바둑돌을 늘어놓았을 때 만들어지는 작은 정삼각형의 넓이의 합을 구하시오.

(2) 작은 정삼각형의 넓이의 합이 198 cm²가 되려면 바둑돌은 몇 개를 놓아야 합니까?

(3) 600개의 바둑돌을 늘어놓았을 때 작은 정삼각형의 넓이의 합을 구하시오.

1 $2 \times 2 = 2^2$, $2 \times 2 \times 2 = 2^3$, $2 \times 2 \times 2 \times 2 = 2^4$, …과 같이 나타낼 때, 다음 계산 결과의 일의 자리의 숫자를 구하시오.

$$(457^{457} - 338^{338}) \times 143^{143}$$

2 길이가 서로 다른 2개의 철사가 있습니다. 2개의 철사에서 각각 ㉮ cm씩을 잘라내었더니 남은 철사의 길이의 비가 3 : 2가 되었습니다. 다시 남은 2개의 철사에서 각각 ㉮ cm씩 잘라내었더니 남은 길이의 비가 3 : 1이 되었습니다. 처음에 두 철사 중 길이가 긴 철사의 길이가 900 cm라면 짧은 철사의 길이는 몇 cm입니까?

3 둘레의 길이가 같은 A, B 2개의 직사각형이 있습니다. 직사각형 A의 가로와 세로의 길이의 비는 3 : 2이고, 직사각형 B의 가로와 세로의 길이의 비는 7 : 3입니다. 직사각형 A의 넓이가 144 cm²일 때, 직사각형 B의 넓이는 몇 cm²입니까?

4 한초는 동민이가 가지고 있는 사탕 수의 3배만큼, 석기는 한초가 가지고 있는 사탕 수의 2배만큼 가지고 있었습니다. 석기는 사탕을 10개 더 샀고, 한초는 6개를 먹었으며, 동민이는 3개를 먹었더니 석기가 가지고 있는 사탕 수는 한초가 가지고 있는 사탕 수의 3배보다 7개 더 많았습니다. 처음 동민이가 가지고 있던 사탕은 몇 개입니까?

5 A, B, C, D는 각각 하루에 똑같은 양의 일을 합니다. D가 4일만 일하고 쉬었기 때문에 A는 9일, B는 8일, C는 7일 일하게 되었습니다. 일을 하고 받은 돈을 네 사람이 똑같이 나눈 후 D는 쉰 대신에 180000원을 내놓았습니다. 그 돈을 A, B, C 세 사람이 더 일한 날수만큼 나누어 가지면 A의 몫은 ▲만 원입니다. ▲를 구하시오.

6 왕수학 경시대회에서 시험을 본 남학생 수와 여학생 수의 비는 4 : 5이고, 입상자는 남녀 합해서 108명으로 남녀의 비는 5 : 7입니다. 또, 입상하지 못한 사람의 남녀의 비는 5 : 4일 때, 왕수학 경시대회 시험을 본 학생은 모두 몇 명입니까?

7 ■, ▲에 알맞은 수를 찾아 그 합을 구하시오.

> 시속 ■ km의 자동차가 계획했던 것보다 속력을 20 % 떨어뜨려 출발하여 25분간 달렸더니, 출발점부터 목적지까지의 거리인 ▲ km의 15 %에 해당하는 24 km의 지점에 도착하였습니다.

8 두 자연수 A, B에 대하여 기호 $\left\langle \dfrac{A}{B} \right\rangle$는 B를 a배 했을 때 A와 가장 가까운 값이 되는 자연수 a를 나타냅니다. 즉, $\left\langle \dfrac{7}{3} \right\rangle$은 $3 \times 2 = 6$, $3 \times 3 = 9$에서 6이 9보다 7에 가장 가까운 수이므로 $\left\langle \dfrac{7}{3} \right\rangle$은 2가 됩니다. 또 $\left\langle \dfrac{15}{6} \right\rangle$는 $6 \times 2 = 12$, $6 \times 3 = 18$에서 12와 18은 모두 15에 가장 가까운 수이므로 $\left\langle \dfrac{15}{6} \right\rangle$는 2 또는 3이 됩니다. $\left\langle \dfrac{86}{B} \right\rangle = 4$일 때, B의 최댓값은 얼마입니까?

9 오른쪽은 어느 지역의 도로를 나타낸 것입니다. 화살표 방향을 따라갈 때, 각 갈림길에서는 교통량이 $\frac{1}{2}$씩 나누어 집니다. A 지점에 동시에 들어온 차가 256대일 때, 이 차들 중 B 지점으로 나가게 되는 차는 몇 대입니까?

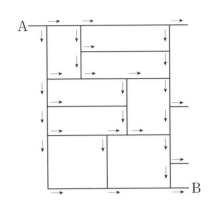

10 예슬이는 1080장의 색종이를 색깔별로 조사하여 오른쪽과 같이 원그래프를 그렸습니다. 빨간색과 보라색 색종이를 합한 것과 파란색 색종이와의 수의 비가 8 : 9가 된다고 할 때, 보라색 색종이는 몇 장입니까?

색깔별 색종이 수

11 다음과 같이 성냥개비를 사용하여 크기가 같은 정사각형을 만들었습니다. □번째에 사용된 성냥개비의 개수가 (□+1)번째에 사용된 성냥개비의 개수보다 112개 적습니다. □ 안에 알맞은 수를 구하시오.

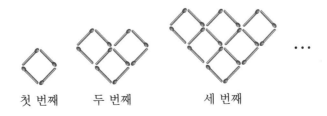

첫 번째   두 번째   세 번째

12 오른쪽 그림에서 직사각형의 넓이는 500 cm²보다 작은 자연수이고, 가, 나, 다, 라는 모두 한 변의 길이가 자연수인 네 개의 정사각형입니다. 나의 한 변의 길이는 직사각형의 가로의 길이의 $\frac{10}{27}$이고, 다의 한 변의 길이는 나의 한 변의 길이의 $\frac{3}{5}$이고, 라의 한 변의 길이는 직사각형의 세로의 길이의 $\frac{5}{16}$입니다. 색칠한 부분의 넓이는 몇 cm²입니까?

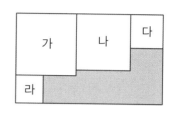

13 오른쪽 그림은 삼각형 OAB의 변 OA를 6등분, 변 OB를 7등분 한 것입니다. 변 OA, 변 OB를 각각 12등분, 13등분 하여 오른쪽 그림과 같이 선을 그은 후 선을 따라 모두 자르면 삼각형 OAB는 몇 개의 평면으로 나누어집니까?

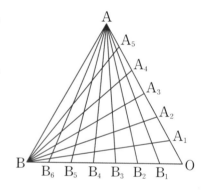

14 모서리의 길이가 모두 같은 사각뿔에서 각 모서리의 삼등분 점을 나타내었습니다. 표시된 점들 중 네 점을 꼭짓점으로 하여 만들 수 있는 직사각형은 모두 몇 개입니까?

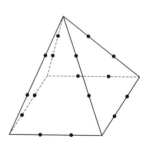

15 [그림 1]과 같이 칸막이가 있는 수조의 ㉮ 부분과 ㉯ 부분에 일정한 시간에 나오는 물의 양이 다른 A와 B 수도관을 사용하여 동시에 물을 넣기 시작하였습니다. [그림 2]는 ㉯ 부분의 수면의 높이와 시간의 관계를 나타낸 그래프입니다. ㉮와 ㉯ 부분의 밑넓이가 각각 80 cm², 40 cm²일 때 칸막이의 높이는 몇 cm입니까?

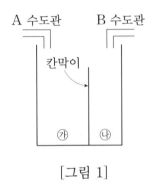

[그림 1]

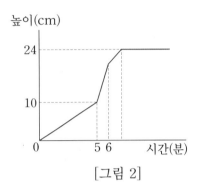

[그림 2]

16 오른쪽 전개도로 만들 수 있는 입체도형의 꼭 짓점의 수와 모서리의 수의 합을 구하시오.

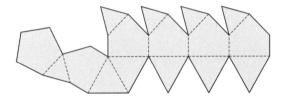

17 크기가 다른 3개의 정사각형이 있습니다. 이 정사각형을 [그림 1], [그림 2]와 같이 늘 어놓았을 때, 둘레의 길이(굵은 선)는 각각 132 cm, 144 cm입니다. 이 정사각형을 [그림 3]과 같이 늘어놓았을 때, 3개의 꼭짓점 A, B, C를 연결한 삼각형 ABC의 넓이 는 몇 cm²입니까?

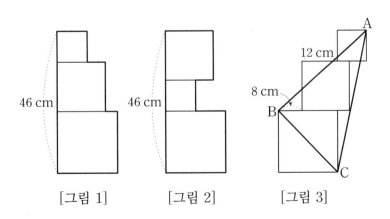

[그림 1]   [그림 2]   [그림 3]

18 오른쪽 도형에서 삼각형 ABC와 삼각형 AED는 정삼각형이고, 점 M은 선분 AC의 중점이며, 선분 EF와 선분 FD의 길이의 비는 4 : 1입니다. 정삼각형 ABC의 넓이가 72 cm²일 때, 사각형 AEBD의 넓이는 몇 cm²입니까?

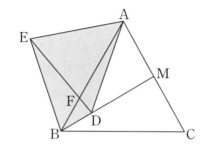

19 넓이가 112 cm²인 삼각형 ABC가 있습니다. 변 BC를 4등분 한 점 중 한 점 D를 잡고 선분 AD를 접는 선으로 하여 접으면 점 B는 점 E의 위치에 옵니다. 이때 색칠한 부분의 넓이가 21 cm²라면 사각형 ABCE의 넓이는 몇 cm²입니까?

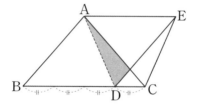

20 다음은 한 모서리의 길이가 1 cm인 투명한 정육면체와 검은색 정육면체를 왼쪽 그림과 같이 직육면체 모양으로 쌓은 후 앞과 옆에서 본 모양입니다. 작은 정육면체 중 검은색 정육면체의 개수가 최대일 때, 점 ㄱ, ㄴ, ㄷ을 지나는 평면으로 직육면체를 자르면 몇 개의 검은색 정육면체가 잘리는지 구하시오.

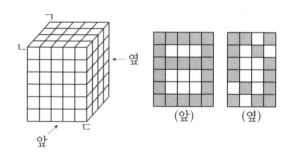

21 삼각형 ABC에서 (선분 AD) : (선분 DB)=3 : 2, (선분 AE) : (선분 EC)=2 : 1이고, 선분 BE와 선분 CD 의 교점은 점 F입니다. 삼각형 ABC의 넓이가 $135\ cm^2$일 때, 삼각형 CEF의 넓이는 몇 cm^2입니까?

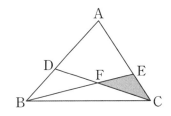

22 오른쪽 사다리꼴 ABCD의 넓이는 $432\ cm^2$이고, 점 P는 변 AB의 삼등분점, 점 Q는 변 BC의 삼등분점, 점 R과 S는 각 각 변 CD의 사등분점, 점 T는 변 AD의 이등분점이며, 변 AD와 변 BC의 길이의 비는 2 : 3입니다. 오각형 TPQRS 의 넓이는 몇 cm^2입니까?

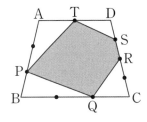

23 오른쪽 그림은 어떤 입체도형의 전개도로 1개의 정사각형, 4개의 합동인 마름모, 4개의 합동인 삼 각형으로 되어 있습니다. 이 전개도로 입체도형을 만들어 정사각형이 밑면이 되도록 하면 높이는 8 cm입니다. 만들어진 입체도형의 부피는 몇 cm^3입니까? (단, 세 변의 길이가 3 cm, 4 cm, 5 cm인 삼각형은 직각삼각형입니다.)

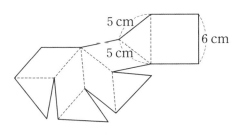

24 보기 와 같이 평면 위에 길이가 1 cm인 선분 2개를 일직선 또는 직각이 되도록 붙여서 그릴 수 있는 모양은 2가지입니다. 길이가 1 cm인 선분 4개를 일직선 또는 직각이 되도록 붙여서 그릴 수 있는 모양은 몇 가지인지 모두 그려 보시오. (단, 도형 움직이기에 의해서 겹쳐지는 것은 같은 것입니다.)

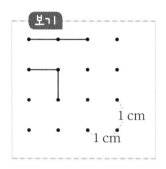

25 가로가 20 cm, 세로가 10 cm인 직사각형 모양의 벽돌로 다음과 같이 세로가 20 cm인 직사각형 모양을 만들어 나가려고 합니다. 물음에 답하시오.

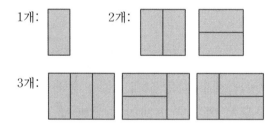

(1) 4개의 벽돌을 배열하여 만들 수 있는 직사각형 모양을 모두 그려 보시오.

(2) 위에서 규칙을 찾아 벽돌 10개를 사용하여 직사각형을 만드는 방법은 모두 몇 가지인지 구하시오.

올림피아드 기출문제

1 물통에 물이 $\frac{3}{5}$만큼 들어 있습니다. 이 물통에 나머지의 $\frac{3}{4}$만큼 물을 채우고, $2\frac{1}{3}$ L의 물을 더 넣었더니 남은 부분이 전체의 $\frac{1}{15}$이 되었습니다. 이 물통의 들이는 몇 L입니까?

2 지혜네 학교의 도서실에 가, 나, 다 세 책장이 있고, 도서실에 있는 전체 책의 수는 1520권입니다. 가 책장에서 50권의 책을 다 책장으로 옮기고, 나 책장에서는 $\frac{1}{6}$의 책을 뽑아냈더니 가 책장과 나 책장의 책의 수가 같아지고, 다 책장의 책의 수는 가 책장의 1.6배가 되었습니다. 처음에 가 책장에는 몇 권의 책이 꽂혀 있었습니까?

3 10원짜리 동전 4개, 50원짜리 동전 3개, 100원짜리 동전 3개, 500원짜리 동전 7개로 나타낼 수 있는 금액은 모두 몇 가지입니까?

4 오른쪽 그림과 같이 크기가 같은 3장의 직사각형 모양의 종이를 겹쳐 놓았을 때, 3장이 모두 겹쳐진 부분은 넓이가 432 cm²인 정육각형이라면, 색칠한 부분의 넓이는 몇 cm²입니까?

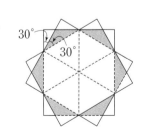

5 다음은 한 모서리의 길이가 2 cm인 쌓기나무를 쌓은 후 위, 앞, 옆에서 보았을 때의 모양을 나타낸 것입니다. 쌓기나무는 최대 몇 개를 쌓은 것입니까?

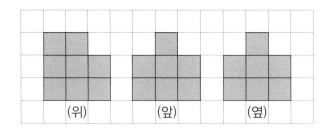

6 남자 5명과 여자 4명으로 이루어진 모임에서 대표 1명과 남, 여 부대표 각각 1명을 선출하는 방법은 모두 몇 가지입니까?

7 다음과 같이 일정한 규칙에 따라 소수를 늘어놓았습니다. 첫 번째 소수부터 24번째 소수까지의 합을 구했을 때, 소수 둘째 자리의 숫자는 무엇입니까?

$$3.3, \quad 3.33, \quad 3.333, \quad 3.3333, \quad \cdots$$

8 오른쪽 그림은 평행사변형 3개를 붙여서 만든 육각형입니다. 평행사변형 가, 나, 다의 둘레가 각각 36 cm, 46 cm, 34 cm일 때, 육각형에서 가장 긴 변과 가장 짧은 변의 길이의 합은 몇 cm입니까?

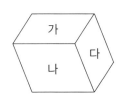

9 오른쪽 그림과 같이 한 모서리의 길이가 6 cm인 정육면체의 각 모서리를 삼등분 한 후 앞쪽부터 뒤쪽까지 한 변의 길이가 2 cm인 정사각형 모양으로 구멍을 3개 뚫었습니다. 이 입체도형의 겉넓이는 몇 cm²입니까?

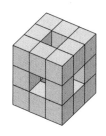

10 높이가 다른 세 개의 계단 가, 나, 다가 있습니다. 나는 가보다 30 cm 높고, 다보다 75 cm 높습니다. 이때 떨어진 높이의 $\frac{8}{10}$만큼 튀어 오르는 공을 A 지점에서 떨어뜨렸더니 오른쪽 그림과 같이 되었습니다. 계단 가의 높이는 몇 cm입니까?

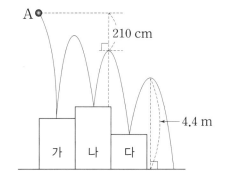

11 오른쪽 그림과 같은 직육면체 모양의 그릇에 물을 가득 넣은 후 모서리 AB를 중심으로 45° 기울였을 때 쏟아지는 물의 양과 모서리 BC를 중심으로 45° 기울였을 때 쏟아지는 물의 양의 차는 몇 L입니까? (단, 1 L=1000 cm³입니다.)

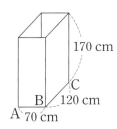

12 한 모서리의 길이가 1 cm인 정육면체 모양의 쌓기나무를 여러 개 쌓아서 큰 정육면체를 만든 후 큰 정육면체의 6개의 면에 붉은색 페인트를 칠하였습니다. 한 면이 붉게 칠해진 쌓기나무의 개수가 두 면이 붉게 칠해진 쌓기나무의 개수의 2.5배였다면 쌓기나무를 몇 개 쌓은 것입니까?

13 오른쪽 그림과 같이 20곳으로 나누어진 주차장에 흰색과 검은색 두 대의 차가 주차하려고 합니다. 색칠한 곳에는 이미 파란색 차가 주차되어 있다고 할 때, 흰색과 검은색 차가 주차할 곳의 가로줄과 세로줄이 같지 않게 주차할 수 있는 방법은 모두 몇 가지입니까? (단, 20곳에는 각각 1대의 차만 주차할 수 있습니다.)

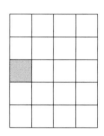

14 6학년을 대상으로 80점 이상이면 합격하는 수학 시험을 2회 실시하였습니다. 1회째의 시험에서 합격자의 평균은 87점, 불합격자의 평균은 65점이고, 합격자와 불합격자의 수의 비율은 3 : 8이었습니다. 2회째의 시험에서 1회째의 시험보다 학년 전체의 평균은 9점, 합격자의 평균은 2점이 올랐고, 합격자의 수는 78명 증가하여 합격자와 불합격자의 수의 비율은 2 : 1이 되었습니다. 2회째의 시험에서 불합격자의 평균은 얼마입니까?

15 오른쪽 그림에서 도형 ABCD는 직사각형이고 각 BAC는 60°, 각 FAE는 90°입니다. 또한 직선 AE 는 각 CAD를 이등분하고, 대각선 AC의 길이가 6 cm입니다. 이때 삼각형 AFE의 넓이는 몇 cm²입 니까?

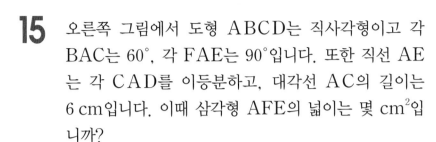

16 다음과 같이 분수가 규칙에 따라 나열되어 있습니다. $\frac{1}{30}$보다 큰 분수는 모두 몇 개입 니까?

$$\frac{1}{1},\ \frac{2}{3},\ \frac{3}{5},\ \frac{4}{7},\ \frac{1}{9},\ \frac{2}{11},\ \frac{3}{13},\ \frac{4}{15},\ \frac{1}{17},\ \frac{2}{19},\ \frac{3}{21},\ \frac{4}{23},\ \cdots$$

17 200명의 학생이 학교에서 29 km 떨어진 동물원에 가려고 하는데 한 번에 40명을 태 울 수 있는 버스가 한 대밖에 없습니다. 학교에서는 학생들이 될 수 있는 한 빠른 시간 내에 동물원에 도착하게 하기 위하여 일부의 학생들은 버스를 타고 나머지 학생들은 걷 기로 하였습니다. 학생들은 1시간에 3 km를 걷고, 버스는 1시간에 60 km를 달립니 다. 전체 학생이 가장 빠른 시간 내에 동물원에 도착하는 데 소요되는 시간은 몇 분입니 까? (단, 버스를 타고 내리는 데 걸리는 시간은 생각하지 않습니다.)

18 주사위를 다음과 같은 규칙으로 9층까지 쌓았을 때, 모든 겉면의 눈의 수의 합은 얼마입니까?

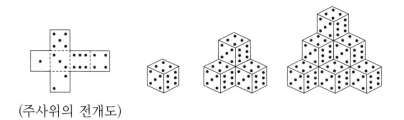

(주사위의 전개도)

19 ㉮, ㉯, ㉰의 시험관에 물이 각각 10 g, 30 g, 40 g씩 들어 있습니다. 농도를 모르는 소금물 10 g을 ㉮ 시험관에 넣어 잘 섞은 후 10 g을 따라내어 ㉯ 시험관에 넣었습니다. 또 다시 잘 섞은 후 10 g을 따라내어 ㉰ 시험관에 넣어 잘 섞었더니 0.5 %의 소금물이 되었습니다. 처음 ㉮ 시험관에 넣은 소금물의 농도는 몇 %입니까?

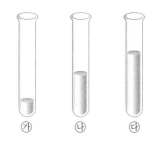

20 다음은 규칙에 따라서 시어핀스키 삼각형을 2단계까지 그린 것입니다. 0단계 정삼각형의 한 변의 길이를 1이라 할 때, 1단계에서는 색이 있는 정삼각형의 한 변의 길이가 $\frac{1}{2}$이고, 색이 있는 정삼각형들의 둘레의 길이의 합은 4.5입니다. 같은 방법으로 4단계의 시어핀스키 삼각형을 만들어 색이 있는 정삼각형들의 둘레의 길이의 합을 소수로 나타내었을 때, 자연수 부분은 얼마입니까?

0단계

1단계

2단계

21 정육면체 모양의 쌓기나무를 이용하여 오른쪽과 같이 직육면체를 만들었습니다. 이 중에서 검게 색칠한 4개의 쌓기나무를 빼내었을 때, 남은 입체도형에서 찾을 수 있는 크고 작은 정육면체는 모두 몇 개입니까?

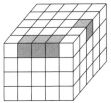

22 다음은 정오각형 2개와 직사각형 5개를 이용하여 만든 정오각기둥의 전개도들입니다. 전개도에서 오각형과 오각형 사이에 직사각형이 한 줄로 몇 개가 있는가에 따라 ㉠은 5개, ㉡은 3개, ㉢은 2개가 있는 전개도입니다. 오각형과 오각형 사이에 직사각형이 한 줄로 4개가 있는 전개도는 모두 몇 가지입니까? (단, 도형 움직이기에 의해서 겹쳐지는 것은 같은 것으로 봅니다.)

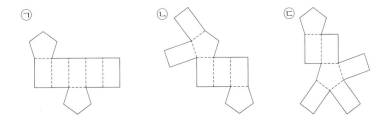

23 다음은 하노이탑에서 원판을 옮기는 규칙입니다.

> 1. 원판은 꼭 1개씩 옮겨야 하고, 기둥 이외의 다른 곳에 보관해서는 안됩니다.
> 2. 작은 원판 위에 큰 원판이 오면 안됩니다.

그림처럼 하노이탑의 기둥이 ㉮는 3개, ㉯는 4개이고, 원판의 수가 각각 7개입니다. ㉮는 1번 기둥에 있는 모든 원판을 3번 기둥으로 옮기고, ㉯는 1번 기둥에 있는 모든 원판을 4번 기둥으로 옮기려고 할 때, ㉮와 ㉯의 원판의 최소 이동 횟수의 차는 얼마입니까?

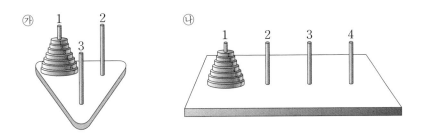

24 한 변의 길이가 3 cm인 정사각형 모양의 색종이를 그림과 같이 규칙적으로 알림판의 왼쪽 변부터 오른쪽 변을 향해서 지그재그로 붙이려고 합니다. 색종이가 알림판의 오른쪽 변에 닿으면 다시 왼쪽으로 지그재그로 붙입니다. 알림판의 가로의 길이가 117 cm이고, 세로의 길이가 15 cm일 때, 물음에 답하시오.

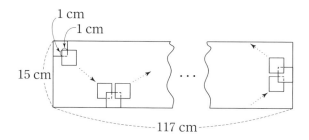

(1) 색종이를 12장 붙였을 때, 색종이로 덮혀진 부분의 넓이는 몇 cm²입니까?

(2) 색종이를 왼쪽 변에 도달할 때까지 붙였을 때, 색종이로 덮혀진 부분의 넓이는 몇 cm²입니까?

25 정사각형과 정육면체를 각각 이용하여 어떤 모양을 만들려고 합니다. 물음에 답하시오.

(1) 크기가 같은 정사각형 4개를 변끼리 맞닿게 이어 붙여서 만들 수 있는 서로 다른 모양을 모두 그리시오. (단, 도형 움직이기에 의해서 겹쳐지는 것은 같은 것으로 봅니다.)

(2) 다음은 정육면체 4개를 면끼리 맞닿게 이어 붙여서 만들 수 있는 한 가지 모양입니다. 만들 수 있는 서로 다른 모양을 모두 그리시오. (단, 도형 움직이기에 의해서 크기와 모양이 같은 것은 같은 것으로 봅니다.)

예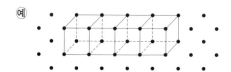

올림피아드 기출문제

1 웅이는 800원짜리 과자를 3봉지 사고, 600원짜리 사탕과 1000원짜리 초콜릿을 합하여 10개 샀습니다. 20000원을 내었더니 8800원을 거슬러 받았습니다. 사탕은 몇 개를 샀습니까?

2 A, B 두 종류의 설탕 무게의 비는 3 : 2입니다. A와 B를 200 g씩 썼더니 남은 설탕의 무게의 비가 11 : 6으로 변했습니다. 처음에 A설탕은 몇 g 있었습니까?

3 오른쪽 그림은 어느 해 우리나라의 학교별 학생 수의 비율을 나타낸 원그래프입니다. 전체 학생 수가 575만 명이라면 초등학생 수는 몇만 명입니까?

학교별 학생 수

4 둘레의 길이가 가장 짧도록 오른쪽 입체도형의 전개도를 그릴 때, 그 전개도의 둘레의 길이는 몇 cm입니까?

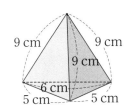

5 위, 앞, 옆에서 본 모양이 다음과 같이 되도록 쌓기나무를 쌓으려고 합니다. 필요한 쌓기나무는 최소한 몇 개입니까?

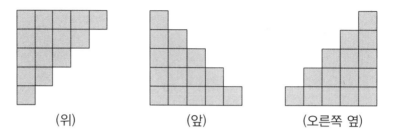

(위)   (앞)   (오른쪽 옆)

6 $\dfrac{1}{5} \times \dfrac{5}{9} \times \dfrac{9}{13} \times \cdots$와 같이 $\dfrac{1}{5}$부터 시작하여 분모, 분자에 각각 4를 더한 분수를 곱해 나갑니다. 곱한 결과가 처음으로 $\dfrac{1}{300}$보다 작아지려면 몇 번째 분수까지 곱해야 합니까?

7 한초는 집에서 자전거로 9시까지 학교에 가기로 하였습니다. 만약 한 시간에 10 km의 빠르기로 가면 20분 늦게 도착하고, 한 시간에 15 km의 빠르기로 가면 20분 일찍 도착한다고 합니다. 정각 9시에 도착하기 위해서는 한 시간에 몇 km의 빠르기로 가야 합니까?

8 어느 시에서는 수도 요금을 매월 다음과 같은 방법으로 계산합니다. 한 달 동안 사용한 요금이 12400원이라면 사용한 물의 양은 몇 m^3입니까?

> • 10 m^3 이하 : 750원 (기본요금)
> • 10 m^3 초과 20 m^3 이하 : 1 m^3당 125원
> • 20 m^3 초과 30 m^3 이하 : 1 m^3당 140원
> • 30 m^3 초과 50 m^3 이하 : 1 m^3당 170원
> • 50 m^3 초과 100 m^3 이하 : 1 m^3당 200원
> • 100 m^3 이상 : 1 m^3당 250원

> 예 25 m^3 를 사용한 경우 ➡ 25＝10＋10＋5이므로
> $750＋125 \times 10＋140 \times 5＝2700$(원)

9 다음과 같이 일정한 규칙으로 수가 나열되어 있습니다. $\dfrac{249}{500}$ 는 몇 번째에 놓이는 수입니까?

$$0.003, \ \frac{1}{125}, \ 0.013, \ \frac{9}{500}, \ 0.023, \ \frac{7}{250}, \ \cdots$$

10 오른쪽 그림에 직사각형 두 개를 그려 넣어 육각기둥의 전개도를 완성하려고 합니다. 직사각형을 그려 넣는 방법은 모두 몇 가지입니까?

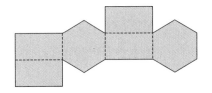

11 오른쪽 그림과 같이 직육면체에서 일부를 잘라낸 모양의 물통이 있습니다. 이 물통에 일정한 빠르기로 물을 넣었더니 2분 40초 만에 8 cm 높이까지 물이 찼습니다. 물을 가득 채우려면 앞으로 몇 초 동안 물을 더 넣어야 합니까?

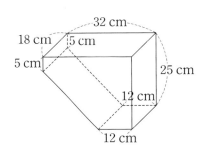

12 오른쪽 그림과 같이 한 모서리의 길이가 10 cm인 정육면체에서 앞쪽부터 뒤쪽까지 한 변의 길이가 6 cm인 정사각형 모양으로 구멍을 3개 뚫었습니다. 이 입체도형의 겉넓이는 몇 cm²입니까?

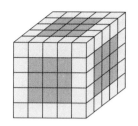

13 오른쪽 원그래프는 참외밭에서 네 사람이 딴 참외의 무게를 조사한 것입니다. 동민이와 한솔이가 딴 참외의 무게는 500 kg, 한솔이와 석기가 딴 참외의 무게는 460 kg, 석기와 동민이가 딴 참외의 무게는 480 kg입니다. 예슬이가 딴 참외의 무게는 몇 kg입니까?

학생들이 딴 참외의 무게

14 다음 그림은 두 원이 점 B에 접해있는 모양이며, 점 D와 점 E는 각각 두 원의 중심입니다. 선분 CE의 길이는 몇 cm입니까?

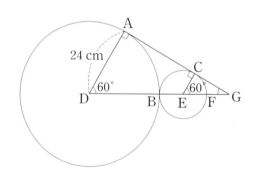

15 집에서 공원까지 동시에 조깅을 하여 민호는 1번 왕복하고 아버지는 2번 왕복하였습니다. 집에서 공원까지의 거리는 2400 m이고 아버지는 1분에 300 m의 일정한 빠르기로 조깅을 하였습니다. 다음 그래프는 두 사람이 출발한 뒤의 시간과 집부터의 거리 관계를 나타낸 것입니다. 민호가 조깅을 하는 동안 아버지와 두 번 마주치고 마지막 한 번은 추월 당하려면 민호의 빠르기는 1분에 ㉠ m 보다는 빠르게, ㉡ m 보다는 느려야 합니다. ㉠과 ㉡에 알맞은 수의 합은 얼마입니까?

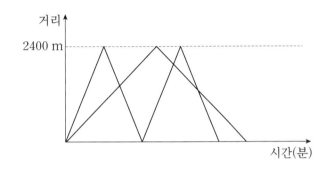

16 가, 나, 다 3종류의 소금물이 각각 300 g씩 있습니다. 가는 6 %, 나는 16 %, 다는 19 %의 소금물입니다. 이 3종류의 소금물 900 g을 모두 사용하여 8 %와 18 %의 두 종류의 소금물을 만들었습니다. 8 %의 소금물은 몇 g 만들었습니까?

17 백색과 흑색이 3 : 7로 섞인 물감 300 g과 백색과 흑색이 4 : 1로 섞인 물감 1200 g이 있습니다. 이 두 물감을 이용하여 백색과 흑색이 3 : 2로 섞인 물감을 만들 때, 최대 몇 g이나 만들 수 있겠습니까?

18 오른쪽과 같이 선분 AB를 지름으로 하고 점 O를 중심으로 하는 원에서 선분 CD를 접는 선으로 하여 접으면 점 P는 중심 O와 만납니다. 이때 각 APD의 크기는 몇 도입니까?

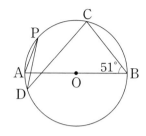

19 오른쪽과 같이 한 변의 길이가 32 cm인 정사각형 ㄱㄴㄷㄹ의 변 위에 점 ㅁ, ㅂ, ㅅ이 있을 때, 사각형 ㅇㅁㅂㅅ의 넓이는 몇 cm²입니까?

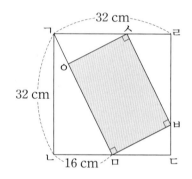

20 원기둥 모양의 그릇에 물이 들어 있습니다. A, B 2개의 철로 된 원기둥이 있고 그 밑넓이와 높이는 각각 25 cm², 50 cm²와 8 cm, 16 cm입니다. 그림과 같이 그릇에 A를 세우면 A와 물의 높이가 같아지고, A, B를 동시에 세우면 B와 물의 높이가 같아집니다. 그릇에 들어 있는 물의 부피는 몇 cm³입니까?

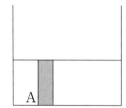
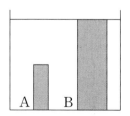

21 오른쪽과 같이 정사각형 ㄱㄴㄷㄹ과 정사각형 ㅁㅂㅅㅇ을 겹쳐 놓은 도형에서 정사각형 ㅁㅂㅅㅇ의 넓이는 몇 cm²입니까?

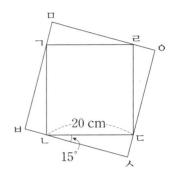

22 다음 그림과 같이 8개의 원판이 있는 하노이탑이 있습니다. 1번 기둥에 있는 원판을 1개씩 이동하여 모두 3번 기둥으로 옮기려고 합니다. 처음과 같이 원판의 크기 순서가 같도록 할 때, 최소한 몇 번을 이동시켜야 합니까? (단, 작은 원판 위에 큰 원판이 오면 안됩니다.)

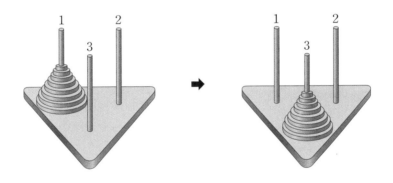

23 형은 집에서 학교를 향해, 동생은 학교에서 집을 향해 동시에 출발하였습니다. 형은 180 m를 걸었을 때, 문득 집에 두고 온 물건이 생각나 집으로 되돌아가서 물건을 갖고 곧바로 학교로 향했고, 동생은 집을 향해 가다가 학교 근처의 문방구점에 들러 몇 분 동안 물건을 사고 다시 집으로 향했더니 형과 동생은 집과 학교의 꼭 중간 지점에서 만나게 되었습니다. 만일 형이 집으로 되돌아 가지 않고 학교로 향했다면 형은 집에서 몇 m 떨어진 지점에서 동생을 만나게 됩니까? (단, 형은 1분에 90 m, 동생은 1분에 72 m의 빠르기로 걸으며, 집과 학교 사이의 거리는 1440 m입니다.)

24 [그림 1]과 같이 가로, 세로, 높이가 각각 18 cm, 6 cm, 18 cm인 직육면체 모양의 수조 안에 삼각기둥 2개와 사각기둥 1개를 넣어 고정시키고 물을 넣을 때, 다음 물음에 답하시오.

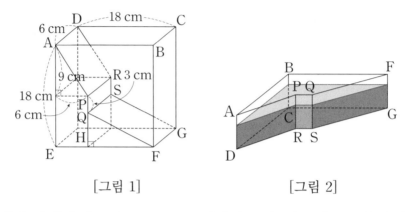

[그림 1]   [그림 2]

(1) [그림 1]에서 일정한 빠르기로 9 cm 높이까지 물을 넣는데 2분이 걸린다면 물을 처음부터 가득 넣는데는 몇 분 몇 초가 걸립니까?

(2) [그림 1]에서 처음에는 1분에 81 cm^{3}의 빠르기로 물을 넣다가 도중에 1분에 108 cm^{3}의 빠르기로 물을 넣어 가득 채우기까지 12분 30초가 걸렸다면 1분에 81 cm^{3}의 빠르기로 물을 넣은 시간을 구하시오.

(3) [그림 1]의 수조에 13.5 cm의 깊이까지 물을 넣은 뒤 윗면을 막고 넘어뜨렸을 때 물이 들어 있는 부분은 [그림 2]와 같이 됩니다. 이때, 물의 깊이는 몇 cm인지 반올림하여 소수 둘째 자리까지 구하시오.

25 다음을 읽고, 물음에 답하시오.

(1) 오른쪽 **보기**와 같이 정사각형 5개를 변끼리 꼭맞게 이어 붙여 만든 조각을 '펜토미노'라고 합니다. 돌리거나 뒤집어서 모양이 같은 것은 같은 종류로 볼 때, **보기**의 모양도 포함시켜 모두 몇 종류의 펜토미노를 만들 수 있는지 그려 보시오.

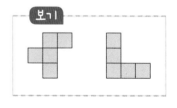

(2) 정사각형의 넓이를 1 cm^{2}라 할 때, 위에 그린 '펜토미노'중 서로 다른 8개를 사용하여 넓이가 40 cm^{2}인 직사각형을 만들어 보시오.

올림피아드 기출문제

1 $\dfrac{13}{37}$의 분모와 분자에 같은 수를 더하였더니 0.52가 되었습니다. 더한 수는 얼마입니까?

2 ★에 5를 더한 후 3을 곱하면 51과 같거나 큰 자연수가 되고, ★을 2배한 값은 26 초과 40 이하인 자연수 중에 있습니다. ★이 될 수 있는 자연수들의 합은 얼마입니까?

3 125 L의 물을 A, B 2개의 그릇에 나누어 넣은 후 A 그릇에는 들어 있는 물의 20 %를 더 넣고, B 그릇에서는 들어 있는 물의 20 %를 덜 내었더니 두 그릇의 물의 양이 같아졌습니다. 처음 A 그릇에는 몇 L의 물을 넣었습니까?

4 다음 [그림 1]과 같이 정육면체에 사각기둥 모양의 구멍을 뚫었습니다. [그림 2]는 구멍 뚫린 정육면체의 각 면을 정면에서 보고 나타낸 것입니다. [그림 1]의 입체도형의 부피는 몇 cm^3입니까?

[그림 1]

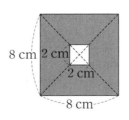

[그림 2]

5 아버지, 형, 동생 세 사람의 나이의 합은 84살입니다. 아버지의 나이는 형의 나이의 $2\frac{1}{3}$배이고, 아버지와 형의 나이의 차는 동생 나이의 2배입니다. 이때 형의 나이는 몇 살입니까?

6 다음과 같이 L자 모양의 펜토미노를 69개 붙였을 때의 둘레의 길이는 몇 cm입니까?
(단, 가장 작은 정사각형 한 변의 길이는 1 cm입니다.)

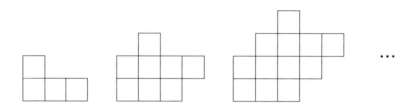

7 수박에 원가의 50 %의 이익을 붙여 정가를 정했습니다. 수박이 팔리지 않아서 정가의 30 %를 할인하여 수박을 20개 팔았더니 10000원의 이익이 생겼습니다. 수박을 20개 팔아서 16000원의 이익을 얻으려면 수박 1개를 정가의 몇 %만큼 할인하여 팔아야 합니까?

8 한솔이는 붉은 구슬과 푸른 구슬을 3 : 5의 비로 가지고 있습니다. 붉은 구슬의 수는 구슬 전체의 $\frac{5}{12}$보다 20개가 적고, 푸른 구슬의 수는 구슬 전체의 60 %보다 12개가 많다고 합니다. 한솔이가 가지고 있는 붉은 구슬은 몇 개입니까?

9 어떤 물탱크에 물이 가득 들어 있습니다. 물탱크에는 일정한 양의 물이 흘러 들어가고 있고, 물탱크의 밑부분에는 20개의 수도꼭지가 있습니다. 이때 수도꼭지 15개를 열어서 물을 빼내면 15분 만에 물탱크가 비게 되고, 10개의 수도꼭지를 열어서 물을 빼내면 40분 만에 물탱크가 비게 됩니다. 12개의 수도꼭지를 열면 몇 분 만에 물탱크가 비게 됩니까? (단, 수도꼭지에서 1분에 빼내는 물의 양은 모두 같습니다.)

10 오른쪽 그림과 같은 사다리꼴 ABCD가 있습니다. 점 P는 점 A를 출발하여 변 AD 위를 매초 1 cm의 속력으로 왕복하고, 점 Q는 점 P와 동시에 점 B를 출발하여 변 BC 위를 매초 2 cm의 속력으로 왕복합니다.

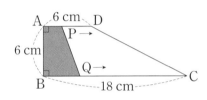

도형 ABQP의 넓이가 두 번째로 사다리꼴 ABCD 넓이의 $\frac{1}{2}$이 되는 것은 두 점 P, Q가 출발한 지 몇 초 후입니까?

11 유람선 금강호는 강의 상류의 A 지점에서 하류의 B 지점까지 90 km 거리를 왕복합니다. 금강호는 A 지점에서 B 지점까지 가는 데 2시간 15분이 걸렸고, B 지점에서 A 지점까지 갈 때는 강물의 빠르기가 원래보다 50 % 더 빨라졌기 때문에 3시간 36분이 걸렸습니다. 잔잔한 물에서의 금강호의 빠르기는 한 시간에 몇 km입니까? (단, 잔잔한 물에서의 금강호의 빠르기는 항상 같습니다.)

12 한솔이는 2시에 친구들과 놀이터에서 만나기로 하였습니다. 1분에 60 m의 빠르기로 가면 만나기로 한 시각보다 3분 늦게 도착하고, 1분에 72 m의 빠르기로 가면 만나기로 한 시각보다 5분 빨리 도착합니다. 한솔이가 2시에 놀이터에 도착하려면 1분에 몇 m씩 가야 합니까?

13 이등변삼각형 ㄱㄴㄷ에서 변 ㄱㄴ과 변 ㄴㄷ의 길이의 비는 3 : 1입니다. 선분 ㄹㅁ과 선분 ㄴㄷ은 평행하고, 삼각형 ㄱㄹㅁ과 사다리꼴 ㄹㄴㄷㅁ의 둘레의 길이가 같다고 할 때, 삼각형 ㄱㄹㅁ과 사다리꼴 ㄹㄴㄷㅁ의 넓이의 비를 가장 간단한 자연수의 비로 나타내면 □ : △입니다. △−□의 값은 얼마입니까?

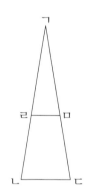

14 1부터 연속하는 자연수를 칠판에 적어 두었습니다. 그 중 한 수를 지우고 평균을 내었더니 $23\frac{2}{11}$이었습니다. 지워진 수는 얼마입니까?

15 오른쪽과 같이 한 모서리의 길이가 1 cm인 정육면체 모양의 쌓기나무를 가로, 세로, 높이에 각각 6개씩 쌓은 입체도형이 있습니다. 정사각형 ABCD에서 2개의 대각선의 교점을 P라 합니다. 세 점 P, E, F를 지나는 평면, 세 점 P, G, H를 지나는 평면, 세 점 P, F, G를 지나는 평면, 세 점 P, H, E를 지나는 평면으로 입체도형을 잘랐을 때, 평면에 의해 잘려진 쌓기나무는 모두 몇 개입니까?

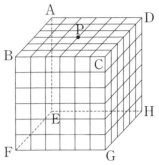

16 A와 B 두 상자에 흰 돌과 검은 돌이 들어 있습니다. A 상자에는 600개의 돌이 들어 있고, 그중의 30 %가 검은 돌입니다. B 상자에는 300개의 돌이 들어 있는데, 그중의 80 %가 검은 돌입니다. B 상자에서 몇 개의 돌을 A 상자로 옮겼더니 A 상자에는 40 %, B 상자에는 80 %의 검은 돌이 들어 있었습니다. B 상자에서 A 상자로 옮긴 검은 돌은 몇 개입니까?

17 모서리 AD는 6 cm, 모서리 AB는 8 cm인 직육면체를 밑넓이가 200 cm²인 물 그릇에 띄웠더니 [그림 1]과 같이 직육면체의 $\frac{1}{2}$이 물에 잠기게 되었습니다. 다음으로 물 그릇의 물을 890 cm³만큼 덜어내고 직육면체의 윗면을 화살표 방향으로 손으로 눌러 물 그릇의 바닥에 닿도록 하였더니 [그림 2]와 같이 되었습니다. 직육면체에서 모서리 AE의 길이를 □ cm라 할 때, (□×10)은 얼마입니까?

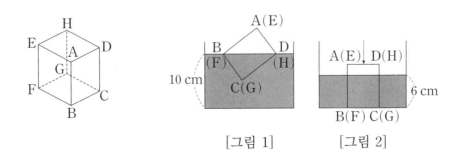

[그림 1]   [그림 2]

18 다음 그림과 같이 정사각형 A, B, C를 일직선 위에 늘어놓고 화살표 방향으로 동시에 움직여 가면 몇 초 뒤엔가 정사각형 A, B, C의 각 변 PQ, RS, TU가 겹칩니다. 정사각형 A는 매초 4 cm, 정사각형 B는 매초 2 cm로 움직일 때, 정사각형 A, B, C 3개가 겹친 부분의 넓이가 최대가 되는 때는 움직이기 시작하여 □초 뒤입니다. 이때 (□×10)은 얼마입니까?

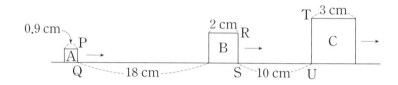

19 A, B, C의 소금물이 있습니다. A의 농도는 10 %이고, A, B, C의 용액을 각각 300 g, 500 g, 800 g 섞으면 $7\frac{3}{16}$ %의 소금물이 됩니다. 또 A, B, C의 용액을 각각 600 g, 500 g, 400 g 섞으면 $8\frac{1}{3}$ %의 소금물이 됩니다. B의 소금물의 농도는 몇 % 입니까?

20 운동장 둘레에 1부터 520까지의 번호가 각각 적힌 깃발이 순서대로 꽂혀 있습니다. 이 깃발 중 1, 3, 5, 7, …과 같이 한 개 걸러 한 개씩 빼내는 방법으로 1개의 깃발이 남을 때까지 깃발을 빼내었더니 마지막 깃발의 번호가 236이었습니다. 가장 처음으로 빼낸 깃발의 번호는 무엇입니까?

21 1보다 큰 자연수에서 시작하여 다음 약속에 따라 계산을 합니다. 세 번째 수가 22라면, 첫 번째 수가 될 수 있는 수들의 합은 얼마입니까?

> **보기**
>
> ① 1이 아닌 홀수이면 3배를 하여 1을 더합니다.
> ② 짝수이면 2로 나눕니다.
> ③ 계산한 결과가 1이면 더 이상 계산하지 않습니다.
> 예) $5 \rightarrow 16 \rightarrow 8 \rightarrow 4 \rightarrow 2 \rightarrow 1$

22 3개의 칸에 숫자 2, 1이 적힌 카드 2장이 놓여 있습니다. 카드를 빈칸으로만 옮겨가며 이동할 수 있다고 할 때, 카드의 위치를 서로 바꾸려면 아래 그림과 같이 카드를 최소한 3번 이동해야 합니다.

| 2 | 1 | | ➡ | | 1 | 2 | ➡ | 1 | | 2 | ➡ | 1 | 2 | |

다음에서 [그림 1]과 같이 배열되어 있는 카드를 [그림 2]와 같이 배열하기 위해서는 카드를 최소한 몇 번 이동해야 합니까?

[그림 1]

| 6 | 13 | 8 | 7 | 10 | 4 | 1 | 3 | 12 | 5 | 14 | 9 | 2 | 11 | 16 | 17 | 15 | |

⬇

[그림 2]

| 1 | 2 | 3 | 4 | 5 | 6 | 7 | 8 | 9 | 10 | 11 | 12 | 13 | 14 | 15 | 16 | 17 | |

23 오른쪽 그림과 같이 정육면체 모양의 쌓기나무를 쌓아 큰 직육면체를 만든 뒤, 색칠한 부분의 쌓기나무를 각각 1개씩 빼내었을 때, 남은 입체도형에서 찾을 수 있는 직육면체는 모두 몇 개입니까?

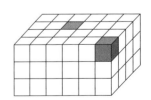

24 한 변의 길이가 8 cm인 정사각형이 다음과 같은 규칙으로 변하고 있습니다. 물음에 답하시오.

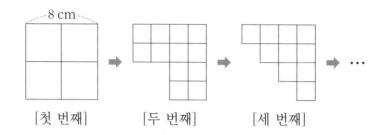

[첫 번째]   [두 번째]   [세 번째]

(1) 5번째 도형의 넓이는 몇 cm²입니까?

(2) 넓이가 첫 번째 도형 넓이의 $\frac{257}{512}$이 되는 것은 몇 번째입니까?

25 철수는 A 지점을 정오에 출발해서 15 km 떨어진 B 지점까지 1시간에 3 km의 빠르기로 걸었으며 1시간 걸을 때마다 10분씩 쉬었습니다. 또한 영호는 오후 1시에 A 지점을 출발해서 1시간에 9 km의 빠르기로 자전거를 타고 B 지점을 향해 갔습니다. 도중에 영호는 철수를 앞질렀고, 그 후 자전거가 고장이 나서 15분 동안 고쳐 보았지만 고치지 못하여 자전거를 끌고 1시간에 2.4 km의 빠르기로 B 지점을 향해 갔더니 철수와 영호가 동시에 B 지점에 도착하였습니다. 물음에 답하시오. (단, 아래 그래프는 두 사람이 A 지점을 출발하고 나서의 시각과 A 지점으로부터의 거리와의 관계를 나타낸 그래프입니다.)

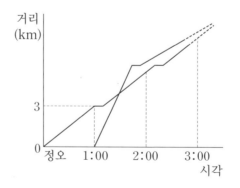

(1) 영호가 처음에 철수를 앞지른 것은 A 지점에서 몇 km 떨어진 지점입니까?

(2) 영호가 자전거를 끌고 걸은 거리는 몇 km입니까?

1 세 자연수 가, 나, 다가 있습니다. 다를 나로 나누면 $\frac{3}{8}$이고, 나를 가로 나누면 $\frac{5}{7}$입니다. 가를 다로 나누면 ㉠$\frac{㉢}{㉡}$이라고 할 때 ㉠+㉡+㉢의 최솟값은 얼마입니까?

2 어떤 직육면체의 밑면의 가로, 세로의 길이와 높이를 각각 1.4배, $\frac{3}{5}$배, 0.625배 하여 만든 직육면체는 처음 직육면체의 부피보다 380 cm³만큼 작아집니다. 이때 처음 직육면체의 부피는 몇 cm³입니까?

3 배 한 척이 A 항구를 출발하여 B 항구에 도착한 후 $\frac{3}{7}$의 사람이 내리고 다시 60명이 탔습니다. C 항구에서 모두 내렸을 때 내린 사람 수는 A 항구를 떠날 때의 사람 수의 $\frac{17}{21}$이었습니다. A 항구에서 배에 탄 사람은 몇 명입니까?

4 노란색 구슬과 파란색 구슬의 개수의 비가 4 : 7로 들어 있는 주머니가 있습니다. 이 주머니에서 구슬을 꺼낼 때마다 노란색 구슬 3개와 파란색 구슬 4개를 동시에 꺼냈습니다. 이와 같은 과정을 몇 번 반복했더니 주머니 속에는 파란색 구슬만 20개가 남았습니다. 맨 처음 주머니 속에 들어 있던 파란색 구슬은 모두 몇 개였습니까?

5 A와 B 두 사람이 같이 하면 20일 걸리는 일이 있습니다. 이 일을 A와 B 두 사람이 12일간 같이 일을 한 후 A는 아파서 2일간 쉬고, B는 혼자서 계속 일을 했습니다. 그 후 A는 병이 회복되어 아프기 전의 하루에 일했던 양의 $\frac{1}{2}$만큼씩 일하여 나머지 일을 A와 B는 11일 만에 끝냈습니다. 이 일을 처음부터 B 혼자서 하면 며칠이 걸리겠습니까?

6 선생님께서 주신 사탕을 6명의 학생이 차례로 나누어 가지는데 A는 2개와 그 나머지의 $\frac{1}{7}$을 갖고, B는 4개와 그 나머지의 $\frac{1}{7}$을 갖고, C는 6개와 그 나머지의 $\frac{1}{7}$을 갖고, D는 8개와 그 나머지의 $\frac{1}{7}$을 갖고, E는 10개와 그 나머지의 $\frac{1}{7}$을 갖고, F는 그 나머지 전부를 가졌습니다. 이때, 6명 모두 같은 개수를 가지게 된다면 선생님께서 주신 사탕은 모두 몇 개입니까?

7 A상품 1개의 무게와 B상품 1개의 무게의 비는 3 : 5이고, A상품 2개와 B상품 7개의 가격은 서로 같습니다. A와 B를 같은 무게만큼 샀을 때의 값의 비를 가장 간단한 자연수의 비로 나타내시오.

8 기차가 똑바로 난 선로를 시속 90 km로 달리고 있습니다. 기차가 건널목으로부터 2 km 떨어진 지점부터 건널목을 향해 달리며 20초 동안 경적을 울렸습니다. 이때 건널목에 서 있는 사람은 ㉠$\frac{㉢}{㉡}$초 동안 경적을 들었다고 합니다. ㉠+㉡+㉢의 값은 얼마입니까? (단, ㉠$\frac{㉢}{㉡}$은 기약분수이며 소리의 속도는 340 m/초입니다.)

9 오른쪽 직사각형 ㄱㄴㄷㄹ에서 색칠한 부분 ㉮와 ㉯의 넓이가 같을 때, 변 ㄴㄷ의 길이는 몇 cm입니까? (원주율 : 3)

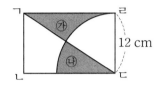

10 어떤 수의 자연수 부분을 ㉠, 소수 부분을 ㉡이라고 할 때, $9 \times ㉠ + 8 \times ㉡ = 181$이 된 다고 합니다. 이때 $㉠ \div ㉡$의 몫을 구하시오.

11 영수는 ㉮ 마을에서 ㉯ 마을까지 일정한 빠르기로 걸어 갔습니다. 원표는 영수보다 매 시간 $\frac{1}{2}$ km씩 더 걸어서 영수가 걸린 시간보다 20 %가 단축되었고, 한초는 영수보다 매 시간 $\frac{1}{2}$ km씩 덜 걸어서 영수가 걸린 시간보다 5시간이 더 걸렸다고 합니다. ㉮ 마을에서 ㉯ 마을까지의 거리는 몇 km입니까?

12 그림과 같은 원기둥에 밑변의 길이가 100 cm, 높이가 30 cm인 직각삼각형 모양의 종이를 계속 감을 때 3번 겹쳐서 감긴 부분의 넓이는 몇 cm²입니까? (원주율 : 3)

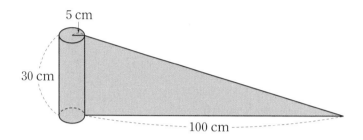

13 다음 그림과 같이 선분 ㄱㄴ의 길이는 10 cm입니다. 선분 ㄴㄷ의 길이는 선분 ㄱㄴ의 길이의 80 %, 선분 ㄷㄹ의 길이는 선분 ㄴㄷ의 길이의 80 %, …가 되도록 규칙적으로 한없이 그려 나갈 때, 그려지는 선분의 길이의 합은 몇 cm입니까?

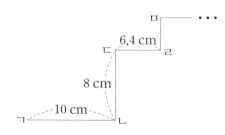

14 오른쪽 직사각형 ㄱㄴㄷㄹ에서
(선분 ㄱㄴ) : (선분 ㄴㄷ)=2 : 3, 점 ㅁ은 선분 ㄱㄴ의 중점이고, 선분 ㄴㅂ과 선분 ㅂㄷ의 길이의 비는 2 : 1입니다. 이때 각 ㅁㅂㄷ과 각 ㅁㄹㄷ의 크기의 합은 몇 도입니까?

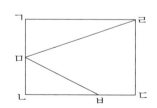

15 오른쪽 그림과 같이 변 ㄱㄴ의 길이는 8 cm, 변 ㄴ
ㄷ의 길이는 12 cm, 각 ㄱㄴㄷ의 크기는 90°인 직
각삼각형 ㄱㄴㄷ이 있습니다. 이 직각삼각형의 변 ㄱ
ㄷ과 변 ㄴㄷ을 한 변으로 하는 정사각형을 그렸습니
다. 변 ㄹㄷ의 연장선과 변 ㅂㅅ이 만나는 점을 ㅇ,
변 ㄴㄷ의 연장선과 선분 ㄹㅅ이 만나는 점을 ㅈ이라
할 때, 삼각형 ㄹㄷㅈ의 넓이는 몇 cm²입니까?

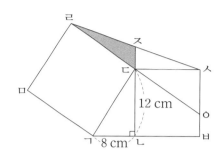

16 오른쪽 그림과 같이 한 변의 길이가 45 cm인 정삼각형의 꼭짓점
에 길이가 15 cm인 막대 ㄱㄴ의 한 끝점 ㄱ이 일치하도록 놓았습
니다. 이 막대를 삼각형의 변 위에서 미끄러지지 않도록 회전시켜
점 ㄱ이 원래의 위치에 올 때까지 점 ㄱ이 움직인 거리와 점 ㄴ이
움직인 거리의 합은 몇 cm입니까? (단, 원주율은 3으로 계산하고
막대의 두께는 없는 것으로 합니다.)

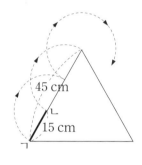

17 오른쪽 그림은 어떤 입체도형의 전개도입니다. 이 입체도형
의 부피를 구하시오.

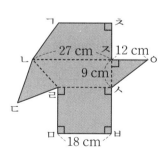

18 720장의 색종이를 색깔별로 조사하여 나타낸 원그래프입니다. 주황색과 빨간색 색종이를 합한 것과 녹색 색종이의 비가 11 : 15이고, 노란색 색종이는 연두색 색종이의 $1\frac{5}{8}$배라고 할 때, 연두색 색종이는 모두 몇 장입니까?

색깔별 색종이 수

19 ㉮, ㉯ 2종류의 소금물이 있습니다. ㉮와 ㉯를 2 : 1의 비로 섞으면 11 %의 소금물이 되고, 1 : 2의 비로 섞으면 13 %의 소금물이 됩니다. ㉮, ㉯의 진하기는 각각 몇 %입니까?

20 철사를 사용하여 오른쪽과 같은 모양을 만들었습니다. ㉮ 지점에서 ㉯ 지점까지 선분을 따라 갈 수 있는 가장 가까운 길은 모두 몇 가지입니까?

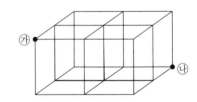

21 오른쪽 그림과 같은 병이 있습니다. 이 병의 들이는 1564 mL이며 [그림 1]에서 점선 부분의 아래쪽은 원기둥 모양입니다. 이 병에 물을 [그림 1]의 ㉠까지 넣은 후 뚜껑을 막고 거꾸로 세우면 [그림 2]의 ㉡까지 물이 찹니다. 이 병에 들어 있는 물의 양은 몇 mL입니까?

(단, 1 cm³＝1 mL이고 원주율은 3으로 계산합니다.)

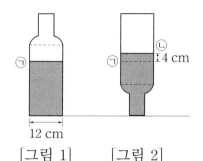

[그림 1]　　[그림 2]

22 오른쪽 그림의 색칠한 부분을 밑면으로 하는 기둥이 있습니다. 이 기둥의 높이가 3 cm일 때, 이 기둥의 겉넓이는 몇 cm²입니까? (원주율 : 3)

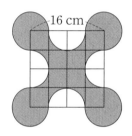

23 흰색과 검은색 쌓기나무를 사용하여 오른쪽 그림과 같은 정육면체 모양을 만들었습니다. 검은색 쌓기나무는 화살표 방향으로 각각 반대측까지 있으며 다른 곳에는 없습니다. 예를 들어, ㉠ 위치에는 아래 방향으로 모두 검은색 쌓기나무가 있습니다. 사용한 검은색 쌓기나무는 모두 몇 개입니까?

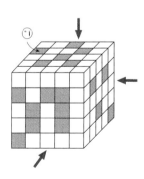

24 오른쪽 그림과 같은 사다리꼴 ㄱㄴㄷㄹ이 있습니다. 곡선 ㄴㅅ, ㅅㅇ, ㅇㄹ은 각각 점 ㅁ, ㄷ, ㅂ을 중심으로 하고, 반지름이 각각 15 cm, 24 cm, 15 cm인 원의 일부입니다. 각 ㅁㄷㅂ의 크기가 30°일 때, 다음 물음에 풀이 과정을 쓰고 답을 구하시오. (원주율 : 3)

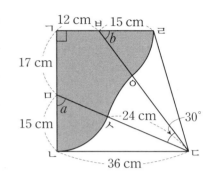

(1) 각 a와 각 b의 크기의 합은 몇 도입니까?

(2) 색칠한 부분의 넓이를 구하시오.

25 그림에서 ㉮, ㉯는 모두 반원 2개와 직사각형으로 이루어진 도형입니다. ㉮ 1개와 ㉯ 1개를 사용하여 입체도형을 만들었습니다. 다음 물음에 풀이 과정을 쓰고 답을 구하시오. (원주율 : 3)

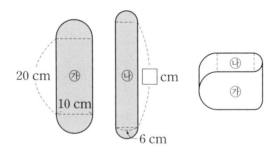

(1) ㉯ 도형에서 ☐ 안에 알맞은 수를 구하시오.

(2) 만들어진 입체도형의 부피를 구하시오.

1 ㉠÷㉡÷㉡$=\dfrac{1}{180}$ 을 만족시키는 가장 작은 자연수 ㉠, ㉡을 찾아 ㉠+㉡의 값을 구하시오.

2 오른쪽 그림과 같은 옆면으로 이루어진 각뿔의 모든 모서리의 길이의 합이 225 cm일 때, 이 각뿔의 이름을 쓰시오.

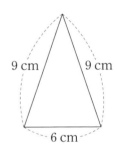

9 cm   9 cm

6 cm

3 다음에서 숫자 ■와 ▲에 알맞은 (■, ▲)의 쌍은 모두 몇 개입니까?

$$33.■4 > 6▲.78 \div 2$$

4 1보다 큰 4개의 소수 ㉠, ㉡, ㉢, ㉣이 있습니다. ㉠<㉡<㉢<㉣이고, ㉠+㉡, ㉡+㉢, ㉢+㉣, ㉠+㉢, ㉡+㉣, ㉠+㉣의 6가지 경우의 총합은 788.4이며 ㉠+㉣이 ㉡+㉢보다 큽니다. 또, 6가지 경우를 작은 것부터 차례로 나열하면 4씩 커집니다. 이때 ㉠의 값을 구하시오.

5 서로 다른 세 수 가, 나, 다가 있습니다. 가, 나, 다의 합은 $15\frac{3}{16}$이고, 가의 $\frac{19}{3}$배, 나의 $\frac{1}{3}$배, 다의 $\frac{1}{3}$배의 합은 $92\frac{5}{8}$입니다. 이때 가를 기약분수로 나타내면 $\bigcirc\frac{\boxdot}{\boxdot}$이라 할 때, $\bigcirc+\boxdot+\boxdot$의 값을 구하시오.

6 다음 중 나눗셈의 몫을 ㉮라고 할 때 ㉮ $\times 2000 > 5$가 되는 나눗셈식은 모두 몇 개입니까?

$$\frac{1}{5}\div 6, \ \frac{1}{6}\div 7, \ \frac{1}{7}\div 8, \ \frac{1}{8}\div 9, \ \frac{1}{9}\div 10, \ \cdots$$

7 식당 안에 남자와 여자가 5 : 3의 비로 있었습니다. 잠시 후에 여자가 몇 명 더 와서 남자와 여자 수의 비가 9 : 7이 되었습니다. 현재 식당에 있는 사람이 모두 80명이라면, 나중에 온 여자는 몇 명입니까?

8 8 %의 소금물 600 g에서 소금물을 일부 따라 버리고, 버린 소금물의 양만큼 물을 다시 부은 다음 4 %의 소금물 150 g과 섞었더니 5.6 %의 소금물이 되었습니다. 이때 버린 소금물의 무게를 구하시오.

9 오른쪽 그림과 같이 둘레가 560 m인 원을 따라 A, B, C 3명이 동시에 출발하여 각자 일정한 빠르기로 달리고 있습니다. A와 B는 같은 방향으로, C는 반대 방향으로 각각 달린다고 할 때, C는 210 m를 달려서 A와 만나고 다시 30 m를 달려서 B와 만났습니다. A가 한 바퀴 돌아서 출발선에 도착했을 때, B는 A보다 몇 m 뒤쳐져 있습니까?

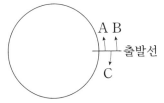

10 고급과 일반 2종류의 커피가 있습니다. 고급 커피와 일반 커피를 1 : 2의 비로 섞으면 1 kg당 2500원이 되고, 2 : 3의 비로 섞으면 1 kg당 2520원이 됩니다. 고급 커피 1 kg, 일반커피 1 kg의 가격의 차를 구하시오.

11 효근이는 ㉮ 지점을 1시간에 64 km의 빠르기로 달리는 자동차로 출발해서 ㉯ 지점을 향하였습니다. 석기는 효근이가 출발하고 나서 30분 후에 ㉮ 지점을 어떤 빠르기의 자동차로 출발하여 ㉯ 지점을 향하였습니다. 석기는 ㉯ 지점의 96 km 뒤인 곳에서 효근이를 추월하고 ㉯ 지점에 먼저 도착하였습니다. 도착한 후 바로 같은 빠르기로 되돌아서 ㉯ 지점의 12 km 뒤인 곳에서 효근이와 다시 만났다면 ㉮ 지점에서 ㉯ 지점까지의 거리는 몇 km입니까?

12 초등학교 6학년 학생 800명을 대상으로 제일 가 보고 싶은 나라를 조사하여 나타낸 비율그래프입니다. 중국에 가 보고 싶어 하는 여학생 수는 호주에 가 보고 싶어 하는 여학생 수의 $\frac{1}{4}$일 때, 중국에 가 보고 싶어 하는 남학생은 몇 명입니까?

가 보고 싶어 하는 나라별 학생 수

호주에 가 보고 싶어 하는 남녀의 비율

13 오른쪽 입체도형은 큰 직육면체에서 서로 다른 직육면체 모양 3개를 잘라낸 것입니다. 이 입체도형의 겉넓이를 구하시오.

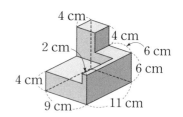

14 1부터 차례로 번호를 붙인 같은 크기의 쌓기나무가 있습니다. 이 쌓기나무를 다음과 같은 규칙으로 8층까지 쌓았을 때, 위에서 내려다 보았을 때 보이는 쌓기나무의 번호의 합은 얼마입니까?

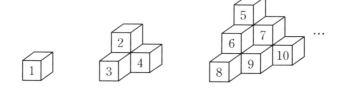

15 다음 그림과 같이 한 모서리의 길이가 3 cm인 정육면체 모양의 그릇이 있습니다. 책상 위에 [그림 1], [그림 2], [그림 3]과 같이 빈틈없이 그릇을 쌓은 후 가장 위의 그릇에 10 L의 물을 모두 부을 때, 책상 위로 물이 넘치지 않도록 하려면 그릇을 적어도 몇 층까지 쌓아야 합니까? (단, 1 mL = 1 cm^{3}이고 그릇의 두께는 생각하지 않습니다.)

[그림 1]　　　[그림 2]　　　[그림 3]

16 오른쪽 그림과 같이 모든 모서리의 길이가 같은 삼각뿔의 각 모서리를 4등분 한 지점을 점으로 표시하였습니다. 꼭짓점을 포함한 모든 점들 중에서 세 점으로 만들어지는 정삼각형은 모두 몇 개입니까?

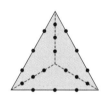

17 오른쪽 그림과 같이 정육면체의 6개의 면에 색이 칠해져 있습니다. 이 정육면체의 가로, 세로, 높이를 각각 같은 횟수로 잘라 작은 정육면체를 만들 때 한 면도 색이 칠해지지 않은 정육면체의 개수가 한 면만 색이 칠해진 정육면체의 개수보다 많아지게 하려면 정육면체를 최소한 몇 번 잘라야 합니까?

18 오른쪽 그림과 같이 한 변의 길이가 12 cm인 정사각형 ㄱㄴㄷ ㄹ에서 점 ㅁ, 점 ㅂ은 각각 변 ㄱㄴ, ㄴㄷ의 가운데 점입니다. 이때 사각형 ㅁㄴㅅㅇ의 넓이를 구하시오.

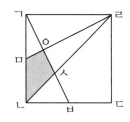

19 풀밭에 한 변의 길이가 10 m인 정사각형 모양의 울타리를 만 들어 한 귀퉁이에 길이가 16 m인 줄로 소를 묶어 놓았습니 다. 이 소가 뜯어 먹을 수 있는 풀밭의 넓이는 몇 m²입니까? (단, 소는 울타리 안에 들어갈 수 없습니다.) (원주율 : 3)

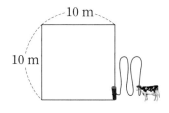

20 다음 그림과 같이 반지름이 12 cm인 원의 $\frac{1}{4}$인 도형이 가의 위치에서 처음으로 나의 위치의 모양이 될 때까지 미끄러지지 않게 회전합니다. 도형이 가의 위치에서 나의 위 치에 올 때까지 지나간 부분의 넓이는 몇 cm²입니까? (원주율 : 3)

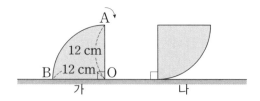

21 오른쪽 그림과 같이 선분 ㄱㄴ을 원의 중심 ㅇ를 중심으로 화살표 방향으로 135°만큼 회전시켰습니다. 선분 ㄱㄴ이 지나간 부분의 넓이를 구하시오. (단, 원주율은 3이고 선분 ㄱㅇ의 길이는 16 cm로 계산합니다.)

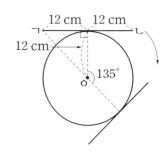

22 점 ㅇ을 중심으로 하는 반지름이 12 cm인 원이 있습니다. 이 원의 색칠한 부분의 넓이의 합을 구하시오. (원주율 : 3.14)

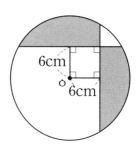

23 어떤 사회봉사센터에서는 다음과 같은 4가지 봉사활동 프로그램을 매일 운영하고 있습니다. 철수는 이 사회봉사센터에서 5일간 매일 하나씩의 프로그램에 참여하여 다섯 번의 봉사활동 시간 합계가 9시간이 되도록 다음과 같은 봉사활동 계획서를 작성하려고 합니다. 작성할 수 있는 봉사활동 계획서의 가짓수는 몇 가지입니까?

프로그램	A	B	C	D
봉사활동 시간	1시간	2시간	3시간	4시간

봉사활동 계획서

성명 :

참여일	참여 프로그램	봉사활동 시간
2023.01.15		
2023.01.16		
2023.01.17		
2023.01.18		
2023.01.19		
봉사활동 시간 합계		9시간

24 가로가 80 cm, 세로가 60 cm인 직사각형 모양의 종이 2장이 꼭맞게 겹쳐져 있습니다. 그중의 한 장을 대각선의 방향으로 일정한 속도로 옮겨갔더니, 2장의 종이가 떨어지기 1분 전에 겹쳐져 있는 부분의 둘레의 길이는 42 cm이었습니다. 또한 옮겨가고 있는 도중의 1분 동안 겹쳐져 있는 부분의 넓이는 702 cm²만큼 줄었습니다. 옮기기 시작해서 몇 초 후부터의 1분 동안인지 풀이 과정을 쓰고 답을 구하시오.

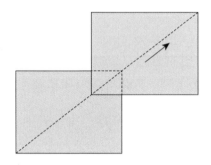

25 다음 그림은 한 변의 길이가 12 cm인 정사각형의 각 변을 4등분한 후 점들을 연결한 것입니다. 색칠한 부분의 넓이는 몇 cm²인지 풀이 과정을 쓰고 답을 구하시오.

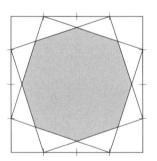

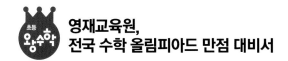

영재교육원,
전국 수학 올림피아드 만점 대비서

올림피아드
왕수학

정답과 풀이

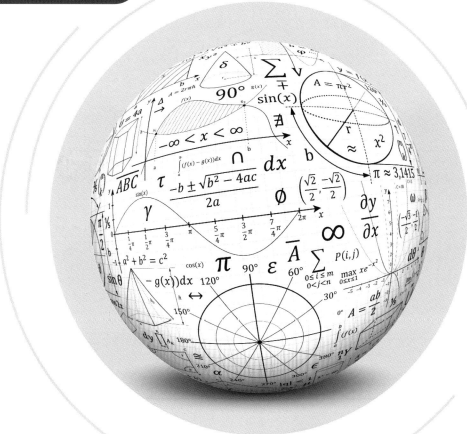

(주)에듀왕
www.eduwang.com

6 학년

올림피아드 왕수학

Olympiad

올림피아드 **예상문제**

정답과 풀이

제1회 **예 상 문 제**   `7~14`

1 7	**2** 6쌍
3 47개	**4** 32개
5 29개	**6** 456 cm^2
7 $(84, 87, 90)$	**8** 25명
9 18명	
10 58.8초부터 102.8초까지	
11 942 cm^2	
12 갑 : $2\frac{10}{37}$시간, 을 : $4\frac{8}{37}$시간	
13 145 km	**14** 20개
15 8	**16** 160 cm
17 160	
18 B : 16 %, C : 24 %	**19** 5가지
20 27분	**21** 35 cm
22 32 cm^2	**23** 27 cm
24 180명	**25** 19

1 두 분수의 분모 $(2^4 \times 3^2 \times 5)$와 $(2 \times 3^3 \times 5^2)$의 최소공배수는 $2^4 \times 3^3 \times 5^2$이므로 통분을 하면

$$\frac{3 \times 5}{2^4 \times 3^3 \times 5^2} - \frac{2^3}{2^4 \times 3^3 \times 5^2} = \frac{A}{2^4 \times 3^3 \times 5^2}$$

$$\frac{7}{2^4 \times 3^3 \times 5^2} = \frac{A}{2^4 \times 3^3 \times 5^2}$$에서 A=7입니다.

2 $\frac{2}{5} \times ㉠ \div ㉡ = \frac{2}{5} \times ㉠ \times \frac{1}{㉡} = \frac{2}{5} \times \frac{㉠}{㉡}$이 자연수가 되려면 ㉠은 5의 배수인 5, 10, 15 중 하나입니다.

(1) ㉠=5일 때

$\frac{2}{5} \times \frac{5}{㉡} = \frac{2}{㉡}$에서 ㉡=2입니다.

(2) ㉠=10일 때

$\frac{2}{5} \times \frac{10}{㉡} = \frac{4}{㉡}$에서 ㉡=2, 4입니다.

(3) ㉠=15일 때

$\frac{2}{5} \times \frac{15}{㉡} = \frac{6}{㉡}$에서 ㉡=2, 3, 6입니다.

따라서 $(㉠, ㉡)$은 $(5, 2)$, $(10, 2)$, $(10, 4)$, $(15, 2)$, $(15, 3)$, $(15, 6)$으로 모두 6쌍입니다.

3 어떤 수를 a라 하면 a의 역수는 $\frac{1}{a}$입니다.

$\frac{1}{a} < 0.019$에서 $\frac{1}{a} < \frac{19}{1000}$이므로

$a > \frac{1000}{19} = 52.6\cdots$

따라서 두 자리 자연수는 53부터 99까지이므로

$99 - 52 = 47$(개)입니다.

4 (1) 나누는 수가 2.3일 때 몫이 28 이상이 되려면 나누어지는 수는 $2.3 \times 28 = 64.4$ 이상이어야 합니다.
따라서 나누어지는 수는 64.57, 64.75, 65.47, 65.74, 67.45, 67.54, 74.56, 74.65, 75.46, 75.64, 76.45, 76.54로 12개입니다.

(2) 나누는 수가 2.4일 때 나누어지는 수는 $2.4 \times 28 = 67.2$ 이상이어야 하므로 67.35, 67.53, 73.56, 73.65, 75.36, 75.63, 76.35, 76.53으로 8개입니다.

(3) 나누는 수가 2.5일 때 나누어지는 수는 $2.5 \times 28 = 70$ 이상이어야 하므로 73.46, 73.64, 74.36, 74.63, 76.34, 76.43으로 6개입니다.

(4) 나누는 수가 2.6일 때 나누어지는 수는 $2.6 \times 28 = 72.8$ 이상이어야 하므로 73.45, 73.54, 74.35, 74.53, 75.34, 75.43으로 6개입니다.

(5) 나누는 수가 2.7일 때 나누어지는 수는 $2.7 \times 28 = 75.6$ 이상이어야 하므로 75.6 이상인 수는 만들 수 없습니다.

따라서 모두 $12 + 8 + 6 + 6 = 32$(개)입니다.

5 50의 약수는 1, 2, 5, 10, 25, 50이고, 25등분 한 눈금은 50등분 한 눈금과 모두 겹칩니다.

$\frac{1}{25}$	$\frac{2}{25}$	$\frac{3}{25}$	$\cdots$	$\frac{24}{25}$ (24개)
↓	↓	↓		↓
$\frac{2}{50}$	$\frac{4}{50}$	$\frac{6}{50}$	$\cdots$	$\frac{48}{50}$

10등분 한 눈금도 50등분 한 눈금과 모두 겹칩니다.

$\frac{1}{10}$	$\frac{2}{10}$	$\frac{3}{10}$	$\cdots$	$\frac{9}{10}$ (9개)
↓	↓	↓		↓
$\frac{5}{50}$	$\frac{10}{50}$	$\frac{15}{50}$	$\cdots$	$\frac{45}{50}$

그 중 50등분 했을 때 분자가 짝수인 것은 25등분 했을 때와 겹쳐지므로 분자가 홀수인 것은 $\frac{5}{50}$, $\frac{15}{50}$, $\frac{25}{50}$, $\frac{35}{50}$, $\frac{45}{50}$, 즉 5개 뿐입니다.

따라서 50등분 했을 때, 겹친 표시($\triangle$)는 $24+5=29$(개)입니다.

6 오른쪽과 같이 보조선을 긋고 작은 원의 색칠한 부분을 옮기면 반지름이 20 cm인 큰 원의 넓이는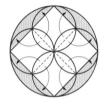
$20 \times 20 \times 3.14 = 1256(\text{cm}^2)$
대각선의 길이가 40 cm인 마름모의 넓이는
$40 \times 40 \div 2 = 800(\text{cm}^2)$
따라서 색칠한 부분의 넓이는
$1256 - 800 = 456(\text{cm}^2)$입니다.

7 2문제씩 뛰어 처음으로 끝까지 푸는 데는 30일이 걸립니다.
다시 시작하여 두 번째로 끝까지 푸는 데는 30일이 걸립니다.
세 번째로 처음부터 시작되는 번호는 $(3, 6, 9)$, $(12, 15, 18)$, …로 3의 배수이며, 각 묶음의 마지막 수는 9의 배수입니다.
따라서 세 번째로 풀기 시작하여 10일째의 마지막 수는 $9 \times 10 = 90$이므로 $(84, 87, 90)$번의 문제를 풀게 됩니다.

8 1명의 학생이 1분 동안 하는 일의 양을 1이라고 하면 지금까지 한 일의 양은 $50 \times 30 + 25 \times 40 = 2500$이고 전체 일의 $\frac{2}{3}$를 끝냈으므로 남은 일의 양은
$2500 \div 2 = 1250$입니다.
따라서 이 일을 50분 만에 끝내려면
$1250 \div 50 = 25$(명)이 해야 합니다.

9 처음에 30명의 남녀가 탔으나 버스 안에 남아 있는 사람 수가 남자 13명, 여자 12명이므로 모두 25명이 되어 5명이 감소했습니다.
이것은 도중에 탄 사람보다 내린 사람이 5명이 더 많음을 뜻합니다.
처음에 탄 남자 수를 □명이라 하면,

$\square \times \frac{1}{3} + 9 = 8 + 5$, $\square \times \frac{1}{3} = 4$, $\square = 12$입니다.
따라서 처음에 탄 여자 수는 $30 - 12 = 18$(명)입니다.

10 두 기차 중 길이가 200 m인 기차를 A, 길이가 120 m인 기차를 B라고 하면,
〈종이 울리는 시간이 가장 짧은 경우〉
A 기차는 1시간에 90 km의 빠르기,
B 기차는 1시간에 60 km의 빠르기일 때,

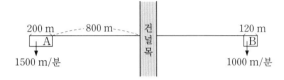

A 기차에 의해 울리는 시간
$(800 + 10 + 50 + 200) \div 1500 \times 60 = 42.4$(초)
B 기차에 의해 울리는 시간
$(800 + 10 + 50 + 120) \div 1000 \times 60 = 58.8$(초)
A 기차와 B 기차에 의해서 동시에 울리면 B 기차의 소리에 의하여 58.8초 동안 계속 울립니다.
〈종이 울리는 시간이 가장 긴 경우〉
A 기차는 1시간에 60 km의 빠르기,
B 기차는 1시간에 90 km의 빠르기일 때,

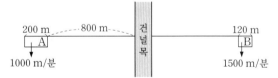

A 기차에 의해 울리는 시간
$(800 + 10 + 50 + 200) \div 1000 \times 60 = 63.6$(초)
B 기차에 의해 울리는 시간
$(800 + 10 + 50 + 120) \div 1500 \times 60 = 39.2$(초)
A 기차에 의해 울린 후 B 기차에 의해서 울리면
$63.6 + 39.2 = 102.8$(초) 동안 계속 울립니다.

11 오른쪽 그림과 같이 원의 중심을 차례로 이으면 정육각형이 만들어지고 삼각형 ㄴㅁㅇ은 정삼각형입니다.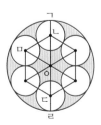
(선분 ㄴㅁ) = (선분 ㅁㅇ)
　　　　　 = 20 cm
(선분 ㄱㅇ) = 10 + 20 = 30(cm)
(색칠한 부분의 넓이)
$= 30 \times 30 \times 3.14 - 10 \times 10 \times 3.14 \times 6 = 942(\text{cm}^2)$

12 창고 1개의 화물의 양을 1이라 하면 한 시간에 갑은 $\frac{1}{8}$, 을은 $\frac{1}{10}$, 병은 $\frac{1}{12}$씩 꺼내게 됩니다.

일이 끝나는 데 걸린 시간 :

$2 \div \left(\frac{1}{8} + \frac{1}{10} + \frac{1}{12} \right) = 6\frac{18}{37}$(시간)

병이 갑을 도운 일의 양 : $1 - \frac{1}{8} \times 6\frac{18}{37} = \frac{7}{37}$

병이 갑을 도운 시간 : $\frac{7}{37} \div \frac{1}{12} = 2\frac{10}{37}$(시간)

병이 을을 도운 시간 : $6\frac{18}{37} - 2\frac{10}{37} = 4\frac{8}{37}$(시간)

13 비둘기가 A섬에 도착한 시간을 살펴보면 7번째까지는 50분씩 일정하게 늦어졌지만 7번째와 8번째의 간격은 30분으로 단축이 되었습니다.

이것은 비둘기를 30분 간격으로 놓아주므로 7번째와 8번째로 놓아준 위치가 같음을 의미합니다.

```
A섬 ────────────── ⑦─7.5분─ B섬
                   ⑧─7.5분─
```

위의 그림과 같이 B섬에 15분 머물게 되므로 7번째로 놓아준 위치에서 B섬까지 걸린 시간은

$(30 - 15) \div 2 = 7.5$(분)입니다.

따라서 A섬에서 B섬까지 걸린 시간은

$30 \times 7 + 7.5 = 217.5$(분)이고

거리는 $40 \times 217.5 \div 60 = 145$(km)입니다.

14 (나누어지는 수) ÷ (나누는 수) > 1

➡ (나누어지는 수) > (나누는 수)

따라서 ㉠에 들어갈 분수는 분모가 10 이하이고,

$\frac{2}{3} \left(= \frac{4}{6} = \frac{6}{9} \right)$보다 작은 기약분수이므로

$\frac{1}{2}, \frac{1}{3}, \frac{1}{4}, \frac{1}{5}, \frac{2}{5}, \frac{3}{5}, \frac{1}{6}, \frac{1}{7}, \frac{2}{7}, \frac{3}{7}, \frac{4}{7}, \frac{1}{8}, \frac{3}{8},$

$\frac{5}{8}, \frac{1}{9}, \frac{2}{9}, \frac{4}{9}, \frac{5}{9}, \frac{1}{10}, \frac{3}{10}$입니다.

그러므로 ㉠에 들어갈 분수 중에서 분모가 10보다 작거나 같은 기약분수는 모두 20개입니다.

15 1.36에 어떤 자연수를 곱하였을 때 바른 답을 □라 하면 소수점을 찍지 않은 잘못된 답은 $100 \times $□입니다.

잘못된 답은 바른 답보다 1077.12만큼 크므로

$100 \times $□ $- $□ $= 1077.12$, $99 \times $□ $= 1077.12$

□ $= 1077.12 \div 99 = 10.88$

따라서 $1.36 \times $(어떤 자연수) $= 10.88$이므로

어떤 자연수는 $10.88 \div 1.36 = 8$입니다.

16 연못의 깊이를 1이라고 하면

긴 막대의 길이는 연못의 깊이가 $\frac{3}{2}$이고,

짧은 막대의 길이는 연못의 깊이의 $\frac{6}{5}$입니다.

따라서 두 막대의 길이의 차는 $\frac{3}{2} - \frac{6}{5} = \frac{3}{10}$이고,

이것에 해당하는 길이가 48 cm입니다.

그러므로 연못의 깊이는 $48 \div \frac{3}{10} = 160$(cm)입니다.

17 직육면체에서 길이가 같은 모서리는 4개씩 3쌍입니다. 따라서 세 모서리의 길이를 각각 a cm, b cm, c cm라고 할 때,

$a + b + c = 48 \div 4 = 12$(cm)입니다.

즉, 세 모서리의 길이의 합이 12 cm가 되어야 합니다. 아래와 같이 표를 그려서 조사해 보면, 세 모서리의 길이가 모두 4 cm일 때, 겉넓이와 부피가 최대임을 알 수 있습니다.

a(cm)	b(cm)	c(cm)	겉넓이(cm^2)	부피(cm^3)
1	1	10	42	10
1	2	9	58	18
1	3	8	70	24
⋮	⋮	⋮	⋮	⋮
4	4	4	96	64

따라서 ㉮ + ㉯ = 96 + 64 = 160입니다.

18 물 300 g과 B의 소금물 100 g을 섞어 4 %의 소금물이 되었으므로 처음 B의 소금물의 농도는 $4 \times 4 = 16$(%)

B의 소금물 300 g과 C의 소금물 100 g의 혼합물과 C의 소금물 300 g과 물 100 g의 혼합물의 농도가 같으므로 C의 소금물의 농도를 □ %라 하면

$16 \times 3 + $□ $= $□ $\times 3$, □ $= 24$

19 제시한 전개도 이외에 밑면이 정사각형인 사각뿔의 서로 다른 전개도는 다음과 같습니다.

① 옆면이 2개 붙어 있는 경우

② 옆면이 3개 붙어 있는 경우

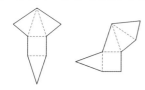

따라서 모두 5가지가 더 있습니다.

20 ㉠에 알맞은 시간은
색칠한 부분까지 물
이 찬 경우입니다.
㉮의 길이는
(2500×16)
$\div (40 \times 50) = 20 \, (cm)$
㉯의 길이는 1시간 28분－48분＝40(분)에서
$50 - \{2500 \times 40 \div (100 \times 50)\} = 30 \, (cm)$입니다.
따라서 색칠한 부분까지 찬 물의 양은
$(55 \times 30 - 15 \times 20) \times 50 = 67500 \, (cm^3)$이므로
시간은 $67500 \div 2500 = 27$(분)입니다.

21 $48 - 27 = 21$(분)이므로
$2500 \times 21 \div (50 \times 30) = 35 \, (cm)$입니다.

22 겹친 부분의 넓이가 최대
일 때의 모양은 오른쪽 그
림과 같습니다.
삼각형 ABI의 넓이는
$2 \times \dfrac{8}{3} \div 2 = \dfrac{8}{3} \, (cm^2)$
이므로 도형 전체의 넓이는
$6 \times 8 \div 2 + \dfrac{8}{3} \times 3 = 32 \, (cm^2)$입니다.

23 점 A와 점 B의 빠르기의 차는 1초에
$(6.5 - 2) \div 45 = 0.1 \, (cm)$입니다.
점 B의 빠르기는 1초에
$(6.5 - 2) \div (60 - 45) = 0.3 \, (cm)$이고,
점 B가 움직인 시간은 $65 + (9 - 6.5) \div 0.1 = 90$(초)
이므로 점 B가 움직인 거리는 $0.3 \times 90 = 27 \, (cm)$입
니다.

24 합격자는 240명이므로 전체 응시자수는
$240 \div 0.16 = 1500$(명)입니다.
남자 합격자 수는 $240 \times \dfrac{55}{100} = 132$(명)이므로

남자 응시자 수는 $132 \div 0.2 = 660$(명)
여자 응시자 수는 $1500 - 660 = 840$(명)입니다.
따라서 남자 응시자 수와 여자 응시자 수의 차는
$840 - 660 = 180$(명)입니다.

25 아래와 같이 주어진 입체도형의 테두리 안에 쌓기나무
를 그릴 때, 가장 적게 그릴 수 있는 쌓기나무의 개수
는 8개이고, 가장 많이 그릴 수 있는 쌓기나무의 개수
는 11개이므로 ㉠＋㉡＝19입니다.

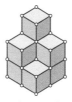 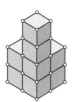

최소 : 8개   최대 : 11개

제2회 예 상 문 제		15 ~ 22
1 32.4		**2** 16
3 $\dfrac{6}{119}$		**4** 189명
5 8명		**6** 27300원
7 17 : 15		**8** 360 m
9 35		
10 지우개 : 1개, 연필 : 2자루		
11 28000 m²		**12** 572 cm²
13 72 km		**14** 10°
15 24 : 25		**16** $2\dfrac{1}{3}$ cm
17 A : 100초, B : 100초, C : 150초		
18 72 cm²		**19** 138
20 37.26 cm²		
21 변 AH : 6 cm, 변 FG : 10 cm		
22 88		**23** 50가지
24 E		**25** 63 g

1 ㉠의 소수점을 오른쪽으로 한 자리 옮겨 찍은 수는 ㉠×10이고, ㉠의 소수점을 왼쪽으로 한 자리 옮겨 찍은 수는 ㉠×0.1입니다.

㉠×10+㉠×0.1=327.24, ㉠×10.1=327.24

㉠=327.24÷10.1=32.4

2 $\frac{3}{4}×㉠=\frac{7}{12}×㉡$에서 ㉠ : ㉡=$\frac{7}{12}$: $\frac{3}{4}$입니다.

㉠ : ㉡=$\frac{7}{12}$: $\frac{3}{4}$=$\frac{7}{12}$: $\frac{9}{12}$=7 : 9

따라서 가장 작은 자연수 ㉠과 ㉡의 합은 7+9=16입니다.

3 0.051을 분수로 고치면 $\frac{51}{1000}$이 되며 분자가 6이 되려면 분모와 분자에 각각 $\frac{6}{51}$을 곱해야 합니다.

$\frac{51×\frac{6}{51}}{1000×\frac{6}{51}}=\frac{6}{117.6\cdots}$이므로

0.051에 가까우면서 분자가 6인 분수는 $\frac{6}{115}$, $\frac{6}{116}$, $\frac{6}{117}$, $\frac{6}{118}$, $\frac{6}{119}$ 등이며 이 중 가장 가까운 기약분수는 $\frac{6}{119}$입니다.

4 A 항구를 출발한 사람 수를 □명이라 하면

$□×\left(1-\frac{2}{7}\right)+45=□×\frac{20}{21}$, □=189

5 남동생과 여동생이 있는 사람 수를 □명이라 하면, 여동생이 있고 남동생이 없는 사람 수는 $\left(\frac{3}{2}×□\right)$명입니다.

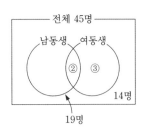

전체 45명
남동생 여동생
② ③
14명
19명

$19+\frac{3}{2}×□+14=45$, □=8

6 (케이크 구입비)=32000×(1-0.1)=28800(원)

(스카프 구입비)=50000×(1-0.2)+4000
=44000(원)

(동생이 내야할 금액)=(28800+44000)×$\frac{3}{8}$
=27300(원)

7 A 주머니에 들어 있는 돌의 개수와 B 주머니에 들어 있는 돌의 개수의 비가 3 : 5이므로 A 주머니의 돌의

개수를 3, B 주머니의 돌의 개수를 5라 하면

A 주머니의 흰 돌은 $3×\frac{5}{5+7}=\frac{5}{4}$,

A 주머니의 검은 돌은 $3×\frac{7}{5+7}=\frac{7}{4}$,

B 주머니의 흰 돌은 $5×\frac{3}{3+2}=3$,

B 주머니의 검은 돌은 $5×\frac{2}{3+2}=2$입니다.

따라서 흰 돌과 검은 돌의 개수의 비는

$\left(\frac{5}{4}+3\right):\left(\frac{7}{4}+2\right)=\frac{17}{4}:\frac{15}{4}=17:15$입니다.

8

추월당한 곳 | 만난 곳
900 m | 1080 m | 2520 m
A지점 | B지점

추월당한 곳 : 60×15=900(m)

만난 곳 : 60×18=1080(m)

모터보트의 올라가는 빠르기와 내려오는 빠르기의 비가 5 : 7이므로 1분당 올라가는 빠르기를 □라 하면

1분당 내려오는 빠르기는 $\frac{7}{5}×□$입니다.

$3600÷□+2520÷\left(\frac{7}{5}×□\right)=18$, □=300 m

(모터보트의 빠르기)-(강물의 빠르기)=300

(모터보트의 빠르기)+(강물의 빠르기)=420

따라서 모터보트는 1분에 (300+420)÷2=360(m)를 갑니다.

9 ㉮$\frac{㉰}{㉯}$×㉱÷㉲의 계산 결과가 가장 크게 되려면

㉮$\frac{㉰}{㉯}$×㉱는 최대한 크고, ㉲는 최대한 작아야 합니다.

㉮=7, ㉯=6, ㉰=5, ㉱=8, ㉲=2일 때 계산 결과가 가장 큽니다.

$7\frac{5}{6}×8÷2=31\frac{1}{3}$이므로

㉠+㉡+㉢=31+3+1=35입니다.

10 (지우개 7개)+(연필 8자루)
=10000+8000-3200=14800(원)

(지우개 2개)=(연필 3자루)이므로

(지우개 14개)+(연필 16자루)
=(연필 21자루)+(연필 16자루)
=(연필 37자루)=14800×2=29600(원)

(연필 1자루)=29600÷37=800(원)

(지우개 1개)=800×3÷2=1200(원)

따라서 A의 남은 돈은

10000−(1200×4+800×3)=2800(원)이므로

지우개 1개, 연필 2자루를 더 살 수 있습니다.

11 1400 m²를 바꾸면 전체 수입액의 $\frac{1}{10}$배가 증가하고

70 %를 바꾸면 전체 수입액의 1.4배가 증가하므로

전체의 70 %에 해당하는 넓이는

1400×14=19600(m²)입니다.

따라서 전체의 넓이는 $19600÷\frac{7}{10}=28000$(m²)입니다.

12

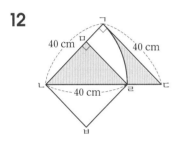

(색칠한 부분의 넓이)

=(삼각형 ㄱㄴㄷ의 넓이)−(부채꼴 ㄱㄴㄹ의 넓이)

　　+(마름모 ㅁㄴㅂㄹ의 넓이)÷2

$=(40×40÷2)−\left(40×40×3.14×\frac{45}{360}\right)$

　　+(40×40÷2)÷2

=800−628+400=572(cm²)

13 10대가 12분 간격으로 쉬지 않고 왕복하려면 1대는

120분마다 같은 역을 출발하여야 합니다.

그런데 A역과 B역에서 6분씩 정차하므로 왕복하는 데

순수하게 걸린 시간은 120−6×2=108(분)입니다.

따라서 A역과 B역 사이의 거리는

$\frac{80}{60}×108÷2=72$(km)입니다.

14 변 AB와 변 AC의 길이

가 같으므로 삼각형 ABC

의 밑각을 □라 하면

(각 DAE)

　=(160°−2×□°)

또, 변 AD와 변 AE의

길이가 같으므로 삼각형 ADE는 이등변삼각형이고

(각 AED)={180°−(160°−2×□°)}÷2

　　　　=10°+□°

따라서 (각 EDC)=10°+□°−□°=10°

15 선분 AE의 길이를 □라 하면 선분 EB의 길이는

12−□입니다.

5×□÷2 : (12−□)×3÷2=8 : 5

(12−□)×3×8=5×□×5

$288−24×□=25×□, □=\frac{288}{49}$

따라서 선분 AE와 선분 EB의 길이의 비는

288 : 300=24 : 25입니다.

16 선분 PQ의 길이를 □ cm라 하면 삼각형 APD의 높

이는 (5−□)cm이므로

8×□÷2 : 4×(5−□)÷2=7 : 4

$□=2\frac{1}{3}$

17 A와 B는 물의 깊이가 5 cm 초과일 때부터 뜨게 되

므로 깊이가 5 cm일 때 들어간 물의 양은

{30×20−(6×6+8×8+10×10)}×5

=2000(cm³)

따라서 A, B는 2000÷20=100(초) 후에 뜨기 시작

합니다.

C는 물의 깊이가 7 cm 초과일 때부터 뜨게 되므로

이때 들어간 물의 양은

30×20×7−(6×6×5+8×8×5+10×10×7)

=3000(cm³)

따라서 C는 3000÷20=150(초) 후에 뜨기 시작합니다.

18

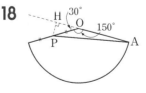

원뿔을 펼쳤을 때 옆면은 부채꼴이 되며

부채꼴의 중심각은 $\frac{10}{24}×360°=150°$입니다.

각 POH는 30°이므로 선분 PH의 길이는

12÷2=6(cm)입니다.

따라서 꼭짓점 O가 포함된 부분의 넓이는

24×6÷2=72(cm²)입니다.

19 전개도를 접어서 만든 크기가 같은 삼각기둥 36개를 모두 붙여 만들 수 있는 새로운 삼각기둥은 다음과 같이 4가지 모양이 있습니다.

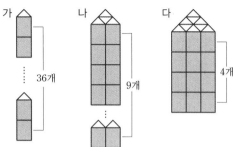

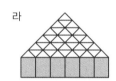

① 가 모양 : 두 밑면의 수가 모두 1일 때
$$1 \times 2 + (3+4+5) \times 36 = 434$$
② 나 모양 : 두 밑면의 수가 모두 1이고, 옆면에 쓰인 수가 3과 4일 때
$$1 \times 4 \times 2 + (3+4) \times 3 \times 9 = 197$$
③ 다 모양 : $1 \times 9 \times 2 + (3+4+3) \times 3 \times 4 = 138$
④ 라 모양 : $(1+2) \times 36 + (3+4) \times 3 + 3 \times 4 \times 3$
$$= 165$$

따라서 겉면에 적힌 수의 합이 가장 작을 때의 값은 138입니다.

20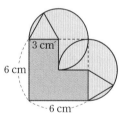

삼각형이 지나간 부분의 넓이는
(반원 2개) + (정사각형)의 넓이와 같습니다.
$$(3 \times 3 \times 3.14 \div 2 \times 2) + (3 \times 3) = 37.26(\text{cm}^2)$$

21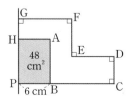

그림에서 변 AH는 6 cm, 또, 문제의 그래프로부터 변 BC는 24 cm, 변 DE는 24−16=8(cm)라는

것을 알 수 있습니다.
따라서 변 FG의 길이는 24−(6+8)=10(cm)입니다.

22 변 AB의 길이는 48÷6=8(cm), 변 CD의 길이는 40÷8=5(cm)입니다.
변 BP가 8 cm일 때 [그림 1]과 같이 되므로 변 GH의 길이는 (72−8×8)÷2=4(cm)입니다.
따라서 변 BP가 12 cm일 때는 [그림 2]와 같이 되므로 $4 \times 12 + 8 \times 5 = 88(\text{cm}^2)$입니다.

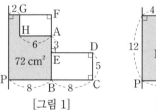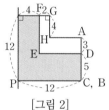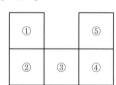

[그림 1]　　　　　[그림 2]

23 1층에 5개가 놓여야 하므로 나머지 5개를 놓는 방법을 알아봅니다.

	①			⑤
	②	③	④	

(1) 2층에 4개를 놓고 3층에 1개를 놓는 방법 :
$$5 \times 4 = 20(가지)$$
(2) 2층에 3개를 놓고 3층에 2개를 놓는 방법 :
$$\left(\frac{5 \times 4}{2}\right) \times \left(\frac{3 \times 2}{2}\right) = 30(가지)$$
따라서 모두 20+30=50(가지)입니다.

24 확실히 받지 않은 것은 ×, 확실한지 아닌지 알 수 없는 것은 △, 확실히 받은 것은 ○로 나타내어 표를 완성합니다.

	A	B	C	D	E
A			×		
B			×		
C		△			△
D	△	△			
E					

(i) 만일 C가 B의 선물을 받았다면 D는 A의 선물을 받게 됩니다. 이때, 선물을 맞바꾸는 경우는 없으므로 A는 E의 선물을 받게 되고, B는 D의 선물을 받게 됩니다. 그러면 E는 C의 선물을 받게 됩니다.

(ⅱ) 만일 C가 E의 선물을 받게 되면 선물을 맞바꾸는
경우는 없으므로 E는 C의 선물을 받을 수 없으므
로 C의 선물을 받은 사람은 D가 됩니다.

　그런데, 이것은 〈조건 4〉의 D는 A나 B의 선물을
받은 것에 모순됩니다.

25 (붉은 구슬 18개)＜(흰 구슬 4개)
(붉은 구슬 18개)＋(흰 구슬 1개)＞(흰 구슬 3개)
(붉은 구슬 15개)＋(흰 구슬 1개)
＝(붉은 구슬 3개)＋(흰 구슬 3개)
(붉은 구슬 12개)＝(흰 구슬 2개)
(흰 구슬 1개)＝(붉은 구슬 6개)
흰 구슬 4개와 붉은 구슬 18개의 무게는
붉은 구슬 42개의 무게와 같으므로
(붉은 구슬 1개)＝294÷42＝7(g)
(흰 구슬 1개)＝7×6＝42(g)
따라서 붉은 구슬 3개와 흰 구슬 1개의 무게의 합은
3×7＋42＝63(g)입니다.

제3회 예 상 문 제		23~30

1 15개	**2** 40개
3 $5\frac{1}{30}$	**4** 26살
5 240개	**6** 11시 39분
7 A~B : 3.6 km, B~C : 5.4 km	
8 7시 22분	**9** A : 8 %, B : 12 %
10 8 km	**11** $12\frac{21}{32}$ cm²
12 80 cm²	**13** ㉠ : 60°, ㉡ : 30°
14 112 cm²	**15** $209\frac{1}{3}$ cm
16 A : 32, E : 62	**17** 2584개
18 (ㄱ) : $\frac{1}{2}$, (ㄴ) : 1	**19** $\frac{3}{5}$
20 33, 18, 24	**21** 160명
22 63점	**23** 5 : 8
24 7.5	**25** 126가지

1 $\frac{㉡}{㉠}÷\frac{㉣}{㉢}$의 값이 1보다 작으려면 $\frac{㉡}{㉠}<\frac{㉣}{㉢}$이어야 합
니다.

① $\frac{1}{9}$ ➡ $\frac{3}{5}$, $\frac{3}{7}$, $\frac{5}{7}$ (3개) 　　② $\frac{3}{9}$ ➡ $\frac{5}{7}$ (1개)

③ $\frac{㉡}{㉠}$이 $\frac{5}{9}$와 $\frac{7}{9}$에서는 만들 수 없습니다.

④ $\frac{1}{7}$ ➡ $\frac{3}{5}$, $\frac{3}{9}$, $\frac{5}{9}$ (3개) 　　⑤ $\frac{3}{7}$ ➡ $\frac{5}{9}$ (1개)

⑥ $\frac{5}{7}$에서는 만들 수 없습니다.

⑦ $\frac{1}{5}$ ➡ $\frac{3}{7}$, $\frac{3}{9}$, $\frac{7}{9}$ (3개) 　　⑧ $\frac{3}{5}$ ➡ $\frac{7}{9}$ (1개)

⑨ $\frac{1}{3}$ ➡ $\frac{5}{7}$, $\frac{5}{9}$, $\frac{7}{9}$ (3개)

따라서 나눗셈식은 모두
3＋1＋3＋1＋3＋1＋3＝15(개)입니다.

2 먹은 날 수를 □일이라 하면 처음에 있던 배의 개수는
2×□, 사과의 개수는 5×□＋20입니다.
그런데 사과의 개수는 배의 개수의 3배이므로
5×□＋20＝(2×□)×3, □＝20
따라서 처음에 있던 배의 개수는 2×20＝40(개)입니다.

3 $\dfrac{111}{110}+\dfrac{133}{132}+\dfrac{157}{156}+\dfrac{183}{182}+\dfrac{211}{210}$

$=1\dfrac{1}{110}+1\dfrac{1}{132}+1\dfrac{1}{156}+1\dfrac{1}{182}+1\dfrac{1}{210}$

$=5+\left(\dfrac{1}{10\times11}+\dfrac{1}{11\times12}+\dfrac{1}{12\times13}+\dfrac{1}{13\times14}\right.$

$\left.+\dfrac{1}{14\times15}\right)$

$=5+\left(\dfrac{1}{10}-\dfrac{1}{11}+\dfrac{1}{11}-\dfrac{1}{12}+\dfrac{1}{12}-\dfrac{1}{13}+\dfrac{1}{13}-\dfrac{1}{14}\right.$

$\left.+\dfrac{1}{14}-\dfrac{1}{15}\right)$

$=5+\left(\dfrac{1}{10}-\dfrac{1}{15}\right)=5\dfrac{1}{30}$

4 1900년대에 37의 배수가 되는 해를 찾아보면

$54\times37=1998$ ➡ 1950년에 태어나지 않음

$53\times37=1961$ ➡ 1950년에 태어나지 않음

$52\times37=1924$ ➡ $1924+52=1976$이므로 1950년에 살아 있음

$1950-1924=26$(살)

$51\times37=1887$ ➡ $1887+51=1938$(년)에 죽었으므로 1950년에는 살아 있지 못합니다.

5 처음에 가지고 있던 구슬 수를 1로 생각하여 선분을 이용합니다.

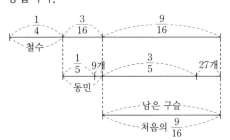

위의 그림에서 남은 구슬은 동민이가 가진 구슬의

$\dfrac{9}{16}\div\dfrac{3}{16}=3$(배)입니다.

따라서 처음에 가지고 있던 구슬은

$(27+9)\div\left(1-\dfrac{4}{5}\right)\div\dfrac{3}{4}=240$(개)입니다.

6 A역에서 B역까지의 거리를 1이라고 하면 지하철은

1분에 전체의 $\dfrac{1}{35}$, 자동차는 전체의 $\dfrac{1}{20}$씩 갑니다.

지하철을 타고 간 시간을 □분이라 하면 처음에 35분 만에 도착하려고 전철을 탔으나, 중간에 4분간 기다리고 5분 빨리 도착하였으므로 자동차를 탄 시간은

$(35-5-4-\square)$분입니다.

$\dfrac{1}{35}\times\square+(26-\square)\times\dfrac{1}{20}=1$, $\square=14$

따라서 A역을 출발한 시각은 11시 25분이며 지하철이 멈춘 시각은 14분 후인 11시 39분입니다.

별해

만일 4분 동안 기다리지 않고 곧바로 자동차로 갈아타서 예정된 시간까지 계속 갔다면 자동차로 9분간 더 간

셈이 되어 전체 거리의 $\dfrac{1}{20}\times9$만큼 더 가게 됩니다.

이것은 지하철보다 자동차가 더 빠르기 때문이며 자동차로 간 시간은

$\dfrac{1}{20}\times9\div\left(\dfrac{1}{20}-\dfrac{1}{35}\right)=\dfrac{9}{20}\times\dfrac{140}{3}=21$(분)

따라서 지하철이 멈추어 자동차로 바꿔 탄 시각은

12시$-$21분$=$11시 39분입니다.

7 효근이와 석기의 올라가는 빠르기의 비는 3:2이므로 A부터 B까지 걸린 시간의 비는 2:3입니다. B에서 C까지 내려가는 빠르기의 비는 9:10이므로 걸린 시간의 비는 10:9입니다. 이것을 표로 나타내면 다음과 같습니다.

	A에서 B까지 걸린 시간	B에서 C까지 걸린 시간	A에서 C까지 걸린 시간
효근	2	10	4시간 20분
석기	×3 3	9	5시간 42분
효근	6 ×2	30	13시간
석기	6	18	11시간 24분
차		12	1시간 36분

효근이와 석기가 A에서 B까지 가는 데 걸린 시간이 같다면 두 사람의 시간 차는 B에서 C까지 가는 데 걸린 시간의 차이입니다.

따라서 효근이가 B에서 C까지 내려갈 때 걸린 시간은

1시간 36분$\div$12$\times$10$=$1시간 20분, A에서 B까지의 걸린 시간은 4시간 20분$-$1시간 20분$=$3시간이므로 오르막길에서는 1시간에 $10.8\div3=3.6$(km)이고,

내리막길에서는 1시간에 $7.2\div1\dfrac{20}{60}=5.4$(km)의 빠르기입니다.

8 현재 짧은바늘과 긴바늘이 이루는 각도는

$0.5\times10+6\times14=89°$이며 짧은바늘이 긴바늘보다

89° 앞서 있습니다.

7시 정각일 때, 두 바늘이 이루는 각은 210°이며 긴바늘은 짧은바늘보다 1분에 $6-0.5=5.5°$씩 빨리가므로 지금의 시각은 7시 $(210-89)÷(6-0.5)=22$(분)입니다.

9 A와 B의 농도의 비는 $2:3$이므로 각각의 농도를 $(2×\square)\%$, $(3×\square)\%$라 하면

$$300×\frac{2×\square}{100}+500×\frac{3×\square}{100}=800×\frac{10.5}{100}$$

$\square=4$이므로 A의 농도는 8%, B의 농도는 12%입니다.

10 ㉠배의 빠르기가 ㉡배의 빠르기의 $1\frac{2}{3}$배이므로 A마을에서 C까지의 거리는 $60×\frac{5}{3}=100$(km)입니다.

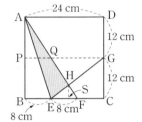

(㉠배가 A마을에서 B마을까지 가는 데 걸린 시간)

$=2\frac{2}{3}÷\left(1\frac{2}{3}-1\right)=4$(시간)

(㉡배가 B마을에서 A마을까지 가는 데 걸린 시간)

$=4+2\frac{2}{3}=6\frac{2}{3}$(시간)

(배의 빠르기)+(물의 빠르기)

$=160÷4=40$(km)

(배의 빠르기)-(물의 빠르기)

$=160÷6\frac{2}{3}=24$(km)

이므로 강물은 1시간에

$(40-24)÷2=8$(km)의 빠르기로 흘러갑니다.

별해

㉠배의 빠르기가 ㉡배의 빠르기의 $1\frac{2}{3}$배이므로

(㉠배의 빠르기) : (㉡배의 빠르기)$=5x:3x$입니다.

㉠배가 60 km를 가는데 데 걸린 시간과 ㉠배가

100 km를 가는데 걸린 시간의 차가 2시간 40분이므로

$\frac{100}{3x}-\frac{60}{5x}=2\frac{2}{3}$, $x=8$

따라서 (배의 빠르기)+(물의 빠르기)$=5×8=40$

(배의 빠르기)-(물의 빠르기)$=3×8=24$

그러므로 물의 빠르기는 $(40-24)÷2=8$(km)입니다.

11 선분 PQ가 지나간 부분의 넓이는 오른쪽 그림과 같습니다.

삼각형 ABC의 넓이에서

$3×4÷2=5×$(높이)$÷2$

(높이)$=2.4$ cm입니다.

따라서 삼각형 AGH는 변 GH를 밑변으로 하였을 때 높이는 $2.4-1.5=0.9$(cm)입니다.

삼각형 ABC는 삼각형 AGH의 각 변의 길이를 $2.4÷0.9=\frac{8}{3}$만큼 확대한 것이므로 삼각형 AGH의 넓이는 $\left(3×\frac{3}{8}\right)×\left(4×\frac{3}{8}\right)÷2=\frac{27}{32}$(cm²)입니다.

따라서 색칠한 부분의 넓이는

$5×1.5+3×4÷2-\frac{27}{32}=12\frac{21}{32}$(cm²)입니다.

12 변 AB의 중점 P와 점 G를 연결해 보면 삼각형 APQ는 삼각형 ABF를 $\frac{1}{2}$로 축소한 것이므로 변 PQ의 길이는 8 cm이고, 선분 QG의 길이는 16 cm입니다. 삼각형 QHG는 삼각형 FHE를 2배로 확대한 것이므로 선분 HS의 길이는 $12×\frac{1}{3}=4$(cm)입니다.

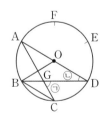

따라서 삼각형 AEH의 넓이는

$8×24÷2-8×4÷2=80$(cm²)입니다.

13 각 AOB는 60°이므로 각 BOD는 120°입니다. 삼각형 OBD는 이등변삼각형이므로 각 ㉡은 30°이고 각 CAD도 30°입니다. 따라서 삼각형 AGD가 이등변삼각형이므로 각 ㉠은 60°입니다.

14

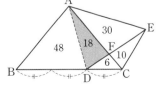

삼각형 ABD의 넓이는 $72×\frac{2}{3}=48$(cm²)이므로

삼각형 ADE의 넓이도 $48\,\mathrm{cm}^2$입니다. 따라서 삼각형 AFE의 넓이는 $48-18=30(\mathrm{cm}^2)$입니다.

또한 삼각형 ADC의 넓이는 $72\times\dfrac{1}{3}=24(\mathrm{cm}^2)$이므로 삼각형 FDC의 넓이는 $24-18=6(\mathrm{cm}^2)$입니다. 선분 AF와 선분 FC의 길이의 비는 $3:1$이므로 삼각형 EFC의 넓이는 $30\div3=10(\mathrm{cm}^2)$입니다.

그러므로 $48\times2+16=112(\mathrm{cm}^2)$입니다.

15 굵은 선은 원의 중심이 지나간 곳을 나타낸 것입니다.

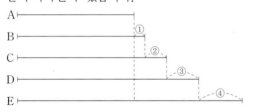

원 C의 중심이 이동하면서 만들어진 원의 반지름은 $20\,\mathrm{cm}$이며 중심각의 크기의 합은
$240°+60°+240°+60°=600°$이므로 중심이 이동한 거리는 $20\times2\times3.14\times\dfrac{600}{360}=209\dfrac{1}{3}(\mathrm{cm})$입니다.

16 A와 B의 차를 ①이라 하면 5개의 수는 다음 선분과 같이 나타낼 수 있습니다.

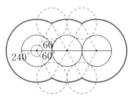

$1+(1+2)+(1+2+3)+(1+2+3+4)=20$
$20\div5=4$이므로 5개의 수의 평균은 $A+④$로 44가 됩니다.

B와 C의 평균은
$(A+①+A+①+②)\div2=A+②$로 38이므로 ①에 해당되는 수는 $(44-38)\div(4-2)=3$입니다. 따라서 A는 $44-3\times4=32$,
E는 $32+3\times(1+2+3+4)=62$입니다.

17 (가로로 놓인 나무 막대의 개수)
$=9\times(11+1)\times(7+1)=864(개)$
(세로로 놓인 나무 막대의 개수)
$=10\times11\times8=880(개)$
(수직으로 놓인 나무 막대의 개수)
$=10\times12\times7=840(개)$

따라서 모든 나무 막대의 개수는
$864+880+840=2584(개)$입니다.

18

$\Rightarrow$
둘레의 점의 개수 : 8개
내부의 점의 개수 : 1개
넓이 : $4\,\mathrm{cm}^2$

$\Rightarrow$
둘레의 점의 개수 : 4개
내부의 점의 개수 : 1개
넓이 : $2\,\mathrm{cm}^2$

$\begin{cases}8\times㉠+1-㉡=4\\4\times㉠+1-㉡=2\end{cases}$이므로

$4\times㉠=2$, $㉠=\dfrac{1}{2}$이고, $㉡=1$입니다.

19 점의 간격을 $1\,\mathrm{cm}$라 하면
넓이가 $1\,\mathrm{cm}^2$인 직사각형 : 4개(정사각형 : 4개)
넓이가 $2\,\mathrm{cm}^2$인 직사각형 : 5개(정사각형 : 1개)
넓이가 $4\,\mathrm{cm}^2$인 직사각형 : 1개(정사각형 : 1개)
따라서 구하고자 하는 가능성은
$\dfrac{4+1+1}{4+5+1}=\dfrac{6}{10}=\dfrac{3}{5}$입니다.

20 (흰 돌+검은 돌) : (검은 돌 2개)$=3:4$이므로 흰 돌과 검은 돌이 1개씩 들어 있는 상자 수를 $3\times\square$라 하면 검은 돌이 2개씩 들어 있는 상자 수는 $4\times\square$, 흰 돌이 2개씩 들어 있는 상자 수는 $75-7\times\square$입니다.
흰 돌이 모두 84개이므로
$2\times(75-7\times\square)+3\times\square=84$, $\square=6$
따라서 흰 돌이 2개씩 들어 있는 상자 수는
$75-7\times6=33(상자)$, 흰 돌과 검은 돌이 1개씩 들어 있는 상자 수는 $3\times6=18(상자)$, 검은 돌이 2개씩 들어 있는 상자 수는 $4\times6=24(상자)$입니다.

21 • 기록의 잘못된 곳이 A일 때 지지하는 학생 수는 4, 5, 8, 10의 최소공배수인 40의 배수입니다.
• 잘못된 곳이 B일 때 지지하는 학생 수는 3, 5, 8, 10의 최소공배수인 120의 배수입니다.
• 잘못된 곳이 C일 때 지지하는 학생 수는 3, 4, 8, 10의 최소공배수인 120의 배수입니다.
• 잘못된 곳이 D일 때 지지하는 학생 수는 3, 4, 5, 10의 최소공배수인 60의 배수입니다.
• 잘못된 곳이 E일 때 지지하는 학생 수는 3, 4, 5, 8

의 최소공배수인 120의 배수입니다.

그런데 지지하는 후보가 없다고 답한 학생이 150명 이상이므로 지지하는 학생 수는 $200-150=50$(명) 이하가 되어야 합니다.

따라서 지지하는 후보자가 있는 학생 수는 40명이고 지지하는 후보자가 없다고 답한 학생 수는 $200-40=160$(명)입니다.

22 합격자와 불합격자의 수의 비가 8 : 3이므로 1회째의 학년 전체의 평균은

$(87\times8+65\times3)\div(8+3)=81$(점)입니다.

1차의 합격자 수는 전체의 $\dfrac{8}{8+3}=\dfrac{8}{11}$

2차의 합격자 수는 전체의 $\dfrac{5}{5+1}=\dfrac{5}{6}$

1차와 2차의 합격자 수의 차는 21명이므로 전체 학생

수는 $21\div\left(\dfrac{5}{6}-\dfrac{8}{11}\right)=198$(명)입니다.

따라서 2회째 불합격자의 평균은

$\left\{198\times(81+4.5)-198\times\dfrac{5}{6}\times90\right\}\div\left(198\times\dfrac{1}{6}\right)$

$=(16929-14850)\div33=63$(점)입니다.

23

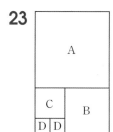

처음 직사각형을 왼쪽 그림과 같은 모양으로 생각할 수 있습니다. D의 한 변의 길이를 1로 하면, C의 한 변은 2, B의 한 변은 $2+1=3$, A의 한 변은 $2+3=5$이므로 길이의 비는 5 : 8입니다.

24 (자르기 전의 겉넓이)$=(15\times\square+10\times\square+150)\times2$

$\qquad\qquad\qquad\qquad\qquad=50\times\square+300$

(10등분 했을 때의 겉넓이)

$=50\times\square+300+10\times\square\times2\times9$

$=230\times\square+300$

따라서 $(50\times\square+300)\times3=230\times\square+300$

$\square=7.5$(cm)

25 쌓기나무가 1층이 7개이고 3층짜리 모양이므로 2층에 3개, 3층에 1개 또는 2층에 2개, 3층에 2개를 쌓는 경우가 가능합니다.

〈2층에 3개, 3층에 1개인 경우〉

1층의 7개 중 3개를 선택하여 2층을 쌓는 경우 : 35가지

2층의 3개 중 1개를 선택하여 3층을 올리는 경우 : 3가지

➡ $35\times3=105$(가지)

〈2층에 2개, 3층에 2개인 경우〉

1층의 7개 중 2개를 선택하여 2층을 쌓는 경우 : 21가지

2층의 2개 중 2개를 선택하여 3층을 쌓는 경우 : 1가지

➡ 21가지

따라서 조건에 맞게 쌓기나무를 쌓을 수 있는 경우는 모두 $105+21=126$(가지)입니다.

제4회 예 상 문 제 `31~38`

1 195 cm

2 64개 이상 127개 이하

3 9대 | **4** 17 cm

5 174 m^2 | **6** 40분

7 180 km

8 A : 8.2 ℃, B : 7.5 ℃, C : 8.7 ℃

9 $7\dfrac{7}{9}$ m | **10** 972 cm^2

11 888 cm^3

12 4200 m | **13** 15 : 13

14 361개 | **15** 5 : 3

16 $11\dfrac{2}{3}$ cm^2 | **17** 9.69 cm

18 157.56 cm^2 | **19** 20 cm^2

20 12

21 빨간색 : 30 cm^2, 주황색 : $37\dfrac{1}{2}$ cm^2

22 $\dfrac{3}{8}$

23 12개, 삼각형 : 6번, 사각형 : 1번, 오각형 : 4번

24 18개 | **25** 53000 cm^3

1 끈의 길이를 □라 하면

$$\square \times \frac{1}{4} + 30 = \square \times \frac{1}{3} - 25$$

$$\square \times \frac{1}{3} - \square \times \frac{1}{4} = 55$$

$$\square \times \frac{1}{12} = 55, \ \square = 660(\text{cm})$$

따라서 쌓여져 있는 상자의 높이는

$$660 \times \frac{1}{3} - 25 = 195(\text{cm})입니다.$$

2 7번부터 남은 개수와 먹은 개수를 거꾸로 생각합니다.
가장 적은 경우

횟수	7	6	5	4	3	2	1	처음
먹은 개수	1	1	2	4	8	16	32	
남은 개수	0	1	2	4	8	16	32	64

가장 많은 경우

횟수	7	6	5	4	3	2	1	처음
먹은 개수	1	2	4	8	16	32	64	
남은 개수	0	1	3	7	15	31	63	127

따라서 과자의 수는 64개 이상 127개 이하입니다.

별해

나누어 먹을 횟수를 n번이라 하면

가장 적은 경우 : $\dfrac{2 \times 2 \times \cdots \times 2 \times 2}{(n-1)개}$

가장 많은 경우 : $\dfrac{2 \times 2 \times \cdots \times 2 \times 2}{n개} - 1$

따라서 가장 적은 경우 : $2 \times 2 \times 2 \times 2 \times 2 \times 2$
$$= 64(개)$$

가장 많은 경우 : $2 \times 2 \times 2 \times 2 \times 2 \times 2 \times 2 - 1$
$$= 127(개)$$

3 큰 트럭 1대와 작은 트럭 2대로 한 번에 전체의 $\frac{3}{10}$ 을

나르므로 큰 트럭 4대와 작은 트럭 8대로는

$\frac{3}{10} \times 4 = \frac{6}{5}$ 을 나릅니다.

또, 큰 트럭 4대와 작은 트럭 5대로 짐을 모두 날랐으므로 작은 트럭 3대로는 $\frac{6}{5} - 1 = \frac{1}{5}$ 을 나른다는 것을 알

수 있습니다.

따라서 작은 트럭 1대로는 $\frac{1}{15}$ 을 나르고 모두 15대가

필요하며 큰 트럭 1대로는 $\frac{3}{10} - \frac{1}{15} \times 2 = \frac{1}{6}$ 을 나르

고 모두 6대가 필요합니다.

그러므로 작은 트럭은 큰 트럭보다 9대가 더 필요합니다.

4 (돌의 부피)$= 7 \times 7 \times 3.14 \times 10 = 1538.6(\text{cm}^3)$

(늘어날 물의 높이)$= 1538.6 \div (10 \times 10 \times 3.14)$
$$= 4.9(\text{cm})$$

그런데 $15 - 12.1 = 2.9(\text{cm})$가 줄었으므로 물통의 높

이는 $15 + (4.9 - 2.9) = 17(\text{cm})$입니다.

5 • 지난 토요일에 벽을 칠하고 남은 넓이 :

전체의 $1 - \frac{1}{4} = \frac{3}{4}$

• 지난 일요일에 벽을 칠하고 남은 넓이 :

전체의 $\frac{3}{4} - \left(\frac{3}{4} \times 0.4 \right) = \frac{9}{20}$

• 오늘 벽을 칠하고 남은 넓이 :

전체의 $\frac{9}{20} - \left(\frac{9}{20} \times \frac{1}{3} \right) = \frac{3}{10}$

따라서 벽 전체의 넓이는

$52.2 \div \frac{3}{10} = 52.2 \times \frac{10}{3} = 174(\text{m}^2)$입니다.

6 A는 1시간에 전체의 $\frac{1}{5}$ 을 넣을 수 있고 A와 B로는

1시간에 전체의 $\frac{1}{2}$ 을 넣을 수 있으므로 B는 1시간에

$\frac{1}{2} - \frac{1}{5} = \frac{3}{10}$ 을 넣을 수 있습니다.

A와 C로는 1시간에 $\frac{1}{3}$ 을 넣을 수 있으므로 C는 1시

간에 $\frac{1}{3} - \frac{1}{5} = \frac{2}{15}$ 만큼 넣을 수 있습니다.

따라서 A로 넣은 물의 양은

$1 - \left(\frac{3}{10} + \frac{2}{15} \right) \times 2 = \frac{2}{15}$ 이고

A로 물을 넣은 시간은

$\frac{2}{15} \div \frac{1}{5} = \frac{2}{3}$(시간) ➡ 40분입니다.

7 A 선박은 1시간에 전체의 $\frac{1}{6}$, B 선박은 1시간에

전체의 $\frac{1}{4}$ 을 가므로 두 선박이 만나는 데 걸리는

시간은 $1 \div \left(\frac{1}{6} + \frac{1}{4} \right) = 2\frac{2}{5}$(시간)입니다.

따라서 B가 간 거리는 전체의 $\frac{1}{4} \times \frac{12}{5} = \frac{3}{5}$ 이므로

(전체의 거리)$=18 \div \left(\dfrac{3}{5} - \dfrac{1}{2} \right) = 180(\text{km})$입니다.

8 A 지점의 기온을 기준으로 하여 B와 C 지점의 기온은 각각 몇 도 높은가 또는 낮은가를 생각합니다.

· A 지점과 B 지점의 온도의 차

위도 : $1.1 \times (37.5 - 35.2) = 2.53$

해발 : $0.6 \times (1000 - 700) \div 100 = 1.8$

따라서 B 지점은 A 지점보다 $2.53 - 1.8 = 0.73\,℃$ 낮습니다.

· A 지점과 C 지점의 온도의 차

위도 : $1.1 \times (39.7 - 35.2) = 4.95$

해발 : $0.6 \times (1000 - 100) \div 100 = 5.4$

따라서 C 지점은 A 지점보다 $5.4 - 4.95 = 0.45\,℃$ 높습니다.

따라서 각각의 온도는 A 지점이 $8.2\,℃$, B 지점이 $7.5\,℃$, C 지점이 $8.7\,℃$입니다.

9 100 m를 달리는 데 A는 14초, B는 16초, C는 18초 걸리므로 1초에 간 거리는 각각 $\dfrac{100}{14}$ m, $\dfrac{100}{16}$ m, $\dfrac{100}{18}$ m씩 입니다.

B와 A가 10 m 차이가 나는 데 걸린 시간은

$10 \div \left(\dfrac{100}{14} - \dfrac{100}{16} \right) = 10 \div \dfrac{100}{112} = 11.2(\text{초})$

따라서 B와 C의 거리의 차는

$\left(\dfrac{100}{16} - \dfrac{100}{18} \right) \times 11.2 = \dfrac{100}{144} \times \dfrac{112}{10} = \dfrac{70}{9} = 7\dfrac{7}{9}(\text{m})$

10 층별로 물감이 칠해진 면의 수는 다음과 같습니다.

$(4+1) + (8+3) + (12+5) + (16+7) + 16$
$= 72(\text{개})$

전체 면의 수는 $30 \times 6 = 180(\text{개})$이므로

(색칠되지 않은 면의 수)$= 180 - 72 = 108(\text{개})$

(정육면체의 한 면의 넓이)$= 648 \div 72 = 9(\text{cm}^2)$

(색칠되지 않은 면의 넓이의 합)
$= 108 \times 9 = 972(\text{cm}^2)$

11 직육면체를 잘라 낸 입체도형과 잘래내기 전의 입체도형의 겉넓이는 같습니다.

큰 직육면체의 높이를 $\square$라 하면

$(18 \times 14) \times 2 + (18 + 14 + 18 + 14) \times \square = 952$

$\square = 7(\text{cm})$

(부피)$= (18 \times 14 \times 7) - 876 = 888(\text{cm}^3)$

12 평상시 내려갈 때와 올라갈 때의 속도의 비는

$(560 + 80) : (560 - 80) = 4 : 3$이므로 A 지점과 B 지점 사이의 거리를 1이라고 하면 A 지점으로부터 $\dfrac{4}{7}$인 지점에서 만납니다.

빨라진 강물의 내려갈 때와 올라갈 때의 속도의 비는

$(560 + 80 \times 1.5) : (560 - 80 \times 1.5) = 17 : 11$이므로 A 지점으로부터 $\dfrac{17}{28}$인 지점에서 만납니다.

따라서 전체의 $\dfrac{4}{7}$와 $\dfrac{17}{28}$의 차가 150 m이므로 전체 거리는 $150 \div \left(\dfrac{17}{28} - \dfrac{4}{7} \right) = 150 \times 28 = 4200(\text{m})$입니다.

13

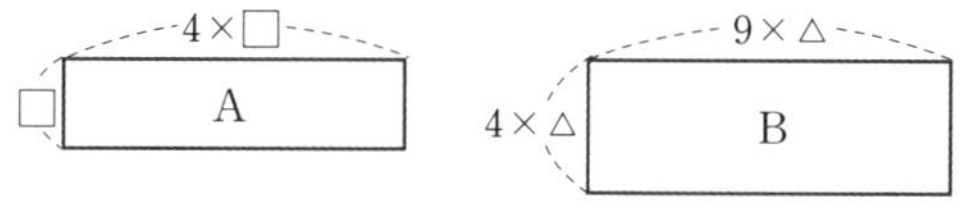

A와 B의 넓이가 같으므로

$4 \times \square \times \square = 36 \times \triangle \times \triangle$

$\square \times \square = 9 \times \triangle \times \triangle$, $\square = 3 \times \triangle$

(A의 둘레의 길이)$= (3 \times \triangle + 12 \times \triangle) \times 2$
$= 30 \times \triangle$

(B의 둘레의 길이)$= (4 \times \triangle + 9 \times \triangle) \times 2$
$= 26 \times \triangle$

따라서 A와 B의 둘레의 길이의 비는

$30 : 26 = 15 : 13$입니다.

14

층 수	20	19	18	17	16	15	⋯	1
보이지 않는 쌓기나무의 수	0	1	3	5	7	9	⋯	37

따라서 보이지 않는 쌓기나무의 수는

$1 + 3 + 5 + 7 + \cdots + 37 = 361(\text{개})$입니다.

15 오른쪽 그림에서 삼각형 ABC의 넓이를 3이라 하면 삼각형 BCE의 넓이는 $3 \times \dfrac{5}{4} = 3\dfrac{3}{4}$ 입니다.

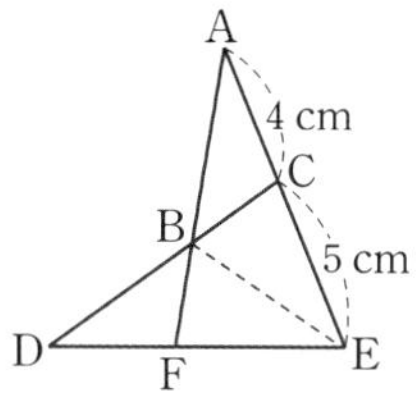

삼각형 BDE의 넓이는 $10 - 3\dfrac{3}{4} = 6\dfrac{1}{4}$이므로

선분 DB : 선분 BC$= 6\dfrac{1}{4} : 3\dfrac{3}{4} = 5 : 3$입니다.

예상문제

16 삼각형 GBF는 삼각형 GAD

를 $\frac{1}{2}$로 축소시킨 것이므로

삼각형 GBF의 높이 GJ는

$10 \times \frac{1}{3} = \frac{10}{3}$(cm)입니다.

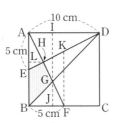

또한, 삼각형 AEH는 삼각형 HFK를 $\frac{2}{3}$로 축소시

킨 것이므로 삼각형 AEH의 높이 HL은

$5 \times \frac{2}{5} = 2$(cm)입니다.

따라서 사각형 EBGH의 넓이는

$5 \times 10 \div 2 - \left(5 \times \frac{10}{3} \div 2 + 5 \times 2 \div 2 \right)$

$= \frac{35}{3} = 11\frac{2}{3}$(cm^2)

17 ㉠ 부분과 ㉡ 부분의 넓이가 같으므로 부채꼴 ABD

와 사다리꼴 AECD의 넓이도 같습니다. 선분 AE의

길이를 □ cm라 하면

$17 \times 17 \times 3.14 \times \frac{1}{4} = (□ + 17) \times 17 \times \frac{1}{2}$

□$= 9.69$

18 오른쪽 도형에서 삼각형 ADE

는 삼각형 ABC를

$\frac{1}{3}$로 축소시킨 것이므로

(선분 DE의 길이)

$= 6 \times \frac{1}{3} = 2$(cm)

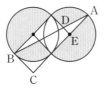

따라서 색칠한 부분의 넓이는

$6 \times 6 \times 3.14 \times \frac{3}{4} \times 2 - 2 \times 6 \times \frac{1}{2} \times 2$

$= 157.56$(cm^2)입니다.

19 세 선분 PQ, RS, OT의 길이는

각각 2 cm입니다.

따라서 색칠한 부분의 넓이는

(직사각형 OTSR)

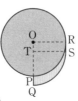

$+ \left(원 \ TQS의 \frac{1}{4} \right) - \left(원 \ OPR의 \frac{1}{4} \right)$

이므로 색칠한 부분의 넓이는 직사각형 OTSR의 넓

이와 같습니다.

따라서 막대가 통과한 넓이는 $2 \times 10 = 20$(cm^2)입니

다.

20 삼각형 ㄱㄴㄷ의 넓이를

1이라 하면

(삼각형 ㄱㄴㅁ의 넓이)

$= \frac{7}{10}$

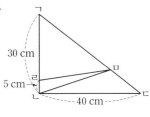

(삼각형 ㄱㄹㅁ의 넓이)

$= \frac{7}{10} \times \frac{25}{30} = \frac{7}{12}$

(사각형 ㄹㄴㄷㅁ의 넓이)$= 1 - \frac{7}{12} = \frac{5}{12}$

따라서 삼각형 ㄱㄹㅁ의 넓이와 사각형 ㄹㄴㄷㅁ의 넓

이의 비를 가장 간단한 자연수의 비로 나타내면

$\frac{7}{12} : \frac{5}{12} = 7 : 5$이므로 ㉠+㉡$= 7 + 5 = 12$입니다.

21 보이는 부분의 넓이가 초록색이

100 cm^{2}이므로 ㉮ 부분의 넓이

는 20 cm^{2}입니다. ㉯ 부분의 넓

이를 □ cm^{2}라 하면

$100 - □ = 80 + □$에서

□$= 10$이므로

(㉮$+$㉯)$= 30$ cm^{2}로 색종이 전체의 $\frac{1}{4}$입니다.

색종이의 한 변의 길이를 1이라 하면

(선분 FJ)$= \frac{1}{4}$이므로 (선분 AE)$= \frac{3}{4}$입니다.

㉮와 ㉯의 넓이의 비가 2 : 1이므로

선분 FG의 길이는 $\frac{2}{3}$, 선분 GH의 길이는 $\frac{1}{3}$,

선분 HI의 길이는 $\frac{3}{4} - \frac{1}{3} = \frac{5}{12}$이고,

선분 EF의 길이는 $1 - \frac{2}{3} = \frac{1}{3}$입니다.

(빨간색의 넓이)$= 120 \times \frac{1}{3} \times \frac{3}{4} = 30$(cm^2)

(주황색의 넓이)$= 120 \times \frac{5}{12} \times \frac{3}{4} = 37\frac{1}{2}$(cm^2)

따라서, 빨간색의 넓이는 30 cm^2, 주황색의 넓이는

$37\frac{1}{2}$ cm^{2}입니다.

22 관의 모양을 단순화하면 오른쪽 그
림과 같습니다. 오른쪽 관과 왼쪽
관으로 나누어지는 비율이 같으므
로 D로 공이 나올 확률은 전체의
$\frac{3}{8}$입니다.

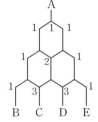

23 ① $(6+12+6) \div 2 = 12$(개)

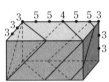

② 각각의 단면의 모양은 오른
쪽 그림과 같습니다. 각 점
의 숫자는 그 점을 지나는
단면의 면의 수입니다.

따라서 단면이 삼각형은 6번, 사각형은 1번, 오각형은
4번입니다.

24 세 선분 AD, MN, BC의 점을 각각 1개씩 지나는
선분은 [그림 1]과 같이 10개가 있습니다.

각 선분마다 넓이가 $18 \, cm^2$인 삼각형은 [그림 2]와
같은 방법으로 2개씩 나오지만 선분 AB, 선분 DC에
서는 1개씩의 삼각형이 나오므로 삼각형은 모두
$2 \times 10 - 2 = 18$(개)입니다.

[그림 1]   [그림 2]

25 다음 그림과 같이 5층부터 1층까지 사용된 색칠한 쌓
기나무를 생각해 봅니다.

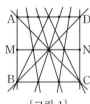
(5층)

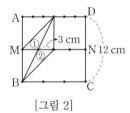
(4층)

(3층)

(2층)

(1층)

따라서 색칠한 쌓기나무의 개수는
$(5+17) \times 2 + 9 = 53$(개)입니다.

그러므로 부피는 $53 \times 10 \times 10 \times 10 = 53000 (cm^3)$
입니다.

1 224명	**2** 4명
3 9마리	**4** $14\frac{17}{20}$
5 3 cm	**6** 14.4초
7 84 cm	**8** 26대
9 36마리	**10** 6대
11 5분	**12** 231개
13 $54 \, cm^2$	**14** $40°$
15 $14.25 \, cm^2$	**16** $157 \, cm^2$
17 32 : 7	**18** $336 \, cm^3$
19 5시 10분, 6시 50분	
20 ㄱ : 12, ㄴ : 4, ㄷ : 0.5, ㄹ : $\frac{2}{3}$	
21 $\frac{10}{17}$분	**22** $304 \, cm^3$
23 88	**24** 240 g
25 $\frac{31}{100}$	

1 전체 학생 수를 □라 하면

$$\left(□ \times \frac{5}{8} + 21\right) + \left(□ \times \frac{5}{8} + 21\right) \times \frac{2}{7} + 17 = □$$

$$□ \times \frac{5}{8} + 21 + □ \times \frac{10}{56} + 6 + 17 = □$$

$$□ \times \frac{45}{56} + 44 = □$$

$$□ = 44 \times \frac{56}{11} = 224(명)$$

2 남학생 몇 명이 전학 온 후의
남학생과 여학생 수의 비는 5 : 6이므로

남학생 수는 $352 \times \frac{5}{5+6} = 160$(명),

여학생 수는 $352 \times \frac{6}{5+6} = 192$(명)입니다.

따라서 전학 오기 전의 남학생 수는

$192 \times \frac{13}{16} = 156$(명)이므로 전학 온 남학생 수는

$160 - 156 = 4$(명)입니다.

3 앵무새와 비둘기를 합하여 15마리가 하루에 먹는 양 :

$$1 \div 6 = \frac{1}{6}$$

비둘기 1마리가 늘어난 후 하루에 먹는 양 :

$$1 \div 9 + \frac{1}{16} = \frac{25}{144}$$

비둘기 1마리가 하루에 먹는 양 : $\frac{25}{144} - \frac{1}{6} = \frac{1}{144}$

15마리의 새 중 앵무새의 수를 □마리라 하면

$$\frac{1}{144} \times 2 \times □ + \frac{1}{144} \times (15 - □) = \frac{1}{6},$$

$$2 \times □ + 15 - □ = 24, \ □ = 9$$

4 • ㉠ $- 3\frac{3}{5} = 17\frac{1}{10} - ㉠$에서

$$㉠ = \left(3\frac{3}{5} + 17\frac{1}{10}\right) \times \frac{1}{2} = 10\frac{7}{20}$$

• ㉡$-$㉠$=$㉢$-$㉡에서 ㉠과 ㉡의 간격과 ㉡과 ㉢의 간격은 같습니다.

• $17\frac{1}{10} + ㉠ = ㉡ + ㉢$에서 $17\frac{1}{10} - ㉢ = ㉡ - ㉠$이므로 ㉠과 ㉡의 간격과 ㉢과 $17\frac{1}{10}$의 간격은 같습니다.

따라서 ㉢과 $17\frac{1}{10}$의 간격은

$$\left(17\frac{1}{10} - 10\frac{7}{20}\right) \times \frac{1}{3} = 2\frac{1}{4}$$이므로

$$㉢ = 17\frac{1}{10} - 2\frac{1}{4} = 14\frac{17}{20}$$입니다.

5 색칠한 부분 ㄱ의 넓이에서 색칠한 부분 ㄴ의 넓이를 빼면 반지름이 a인 원이 남습니다.

그 때의 넓이는 $87.92 - 37.68 = 50.24 (\text{cm}^2)$

비율이 $1\frac{1}{3}$이므로 $a : b = 4 : 3$입니다.

따라서 a는 $50.24 \div 3.14 = 16 = 4 \times 4$에서

$4\,\text{cm}$이고, $b = 4 \times \frac{3}{4} = 3(\text{cm})$입니다.

6 B는 $4\,\text{m}$ 가는 데 0.6초 걸렸으므로 $60\,\text{m}$ 가는 데는

$$\frac{60}{4} \times 0.6 = 9(초) 걸립니다.$$

A는 $60\,\text{m}$를 가는 데 $9 - 0.6 = 8.4$(초) 걸렸으므로 $100\,\text{m}$를 가는 데는 $40 \div 4 \times 0.6 + 8.4 = 14.4$(초) 걸립니다.

7 (가 막대)$\times \frac{1}{4} =$ (나 막대)$\times \frac{4}{7} =$ (다 막대)$\times \frac{3}{5}$이므로 연못의 깊이를 1이라 하면

가 막대의 길이는 4, 나 막대의 길이는 $\frac{7}{4}$,

다 막대의 길이는 $\frac{5}{3}$입니다.

따라서 연못의 깊이는

$$623 \div \left(4 + \frac{7}{4} + \frac{5}{3}\right)$$

$$= 623 \div \frac{89}{12} = \overset{7}{623} \times \frac{12}{\underset{1}{89}} = 84(\text{cm})$$

8 대형 1대 : 전체의 $\frac{1}{9}$

중형 1대 : 전체의 $\frac{1}{6} - \frac{1}{9} = \frac{1}{18}$

소형 1대 : 전체의 $\frac{1}{12} - \frac{1}{18} = \frac{1}{36}$

을 나를 수 있습니다.

따라서 필요한 소형 버스의 수는 전체를 1로 보면, 다음과 같이 구할 수 있습니다.

$$\{1 - (대형 + 중형 \times 3)\} \div (소형)$$

$$= \left\{1 - \left(\frac{1}{9} \times 1 + \frac{1}{18} \times 3\right)\right\} \div \frac{1}{36}$$

$$= \frac{13}{18} \div \frac{1}{36} = \frac{13}{\underset{1}{18}} \times \frac{\overset{2}{36}}{1} = 26$$

따라서 소형 버스는 26대가 필요합니다.

9 둘째 목장은 첫째 목장의 3배의 넓이이므로 1주일에 자라는 풀의 양은 첫째 목장의 3배, 현재 있는 풀의 양도 첫째 목장의 3배입니다.

첫째 목장의 1주일에 자라는 풀의 양을 □, 현재 있는 풀의 양을 △라 하고 소 한 마리가 1주일 동안 먹는 풀의 양을 1이라 하면

$$12 \times 4 = 4 \times □ + △ \ \cdots ①$$

$$21 \times 9 = 9 \times 3 \times □ + 3 \times △$$에서

$$63 = 9 \times □ + △ \ \cdots ②$$

①식과 ②식을 정리하면 □$=3$, △$=36$입니다.

따라서 첫째 목장에서 1주일 동안 자라는 풀의 양은 소 3마리가 1주일 동안 먹는 양과 같고, 첫째 목장에 현재 있는 풀의 양은 36이므로 소 36마리가 1주일 동안 먹는 양입니다. $24\,\text{km}^2$의 목장은 첫째 목장의 7.2배이므로 18주만에 다 먹으려면

$(3 \times 7.2 \times 18 + 36 \times 7.2) \div 18 = 36$(마리)의 소를 풀어놓아야 합니다.

10 1시간에 물이 흘러나오는 양을 □, 처음에 있던 물의 양을 △, 펌프 1개로 1시간 동안 퍼내는 물의 양을 1이라 하면,

펌프 3대로는 9시간 걸리므로

$9 \times □ + △ = 27 \cdots$ ①

펌프 4대로는 6시간 걸리므로

$6 \times □ + △ = 24 \cdots$ ②

①식과 ②식을 정리하면 $□ = 1$, $△ = 18$입니다.

3시간 36분은 $3\frac{3}{5}$시간이므로 $3\frac{3}{5}$시간 동안 물을 모두 퍼내려면 필요한 펌프 수를 ★대라 하면

$3\frac{3}{5} \times 1 + 18 = ★ \times 3\frac{3}{5}$

$★ = 21\frac{3}{5} \div 3\frac{3}{5} = 6$입니다.

11 1분 동안 수도꼭지 ㉠은 수조의 $\frac{1}{10}$, 수도꼭지 ㉡은 $\frac{1}{12}$, 수도꼭지 ㉢은 $\frac{1}{15}$을 채울 수 있습니다.

따라서 1분 동안 채울 수 있는 물의 양을 비로 나타내면

㉠ : ㉡ : ㉢ $= \frac{1}{10} : \frac{1}{12} : \frac{1}{15} = 6 : 5 : 4$입니다.

수조 한 개를 채울 수 있는 물의 양을 6, 5, 4의 최소공배수인 60이라고 하면 수조 ㉮와 ㉯를 채우기 위해서는 물이 120만큼 필요합니다.

세 수도꼭지로 물을 모두 채우는데 걸리는 시간은 $120 \div (6 + 5 + 4) = 8$(분)이고, 수조 ㉯에서 수도꼭지 ㉡으로 물을 재운 양은 $5 \times 8 = 40$이므로 수도꼭지 ㉢으로 채운 물의 양은 $60 - 40 = 20$입니다.

따라서 수도꼭지 ㉢으로 수조 ㉯의 물을 채운 시간은 $20 \div 4 = 5$(분)입니다.

12 다음과 같은 규칙에 따라 개수를 구할 수 있습니다.

첫 번째 : 1개

두 번째 : $(1) \times 2 + 1 + 3 + 1 = 7$(개)

세 번째 : $(1 + 5) \times 2 + 1 + 3 + 5 + 3 + 1 = 25$(개)

네 번째 : $(1 + 5 + 13) \times 2 + 1 + 3 + 5 + 7 + 5 + 3 + 1$
$= 63$(개)

다섯 번째 : $(1 + 5 + 13 + 25) \times 2 + 1 + 3 + 5 + 7$
$+ 9 + 7 + 5 + 3 + 1 = 129$(개)

여섯 번째 : $(1 + 5 + 13 + 25 + 41) \times 2 + 1 + 3 + 5$
$+ 7 + 9 + 11 + 9 + 7 + 5 + 3 + 1$
$= 231$(개)

별해

$$\overset{+4 \quad +8 \quad +12 \quad +16 \quad +20}{(1 + 5 + 13 + 25 + 41 + 61) \times 2 - 61 = 231}\text{(개)}$$

13 문제의 색칠한 부분의 넓이의 합은 두 변의 길이가 6 cm이고, 끼인각이 30°인 이등변삼각형 6개의 넓이와 같습니다. 이등변삼각형을 2개 붙인 후 꼭짓점끼리 연결하면 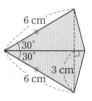 정삼각형이 되므로 이등변삼각형 한 개의 높이는 3 cm입니다.

따라서 구하고자 하는 넓이는
$6 \times 3 \div 2 \times 6 = 54(\text{cm}^2)$입니다.

14 삼각형 DAB는 이등변삼각형입니다.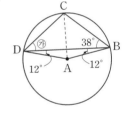

(각 DAB) $= 180° - 12° \times 2$
$= 156°$

(각 ACB) $= 50°$

(각 CAB) $= 180° - 50° \times 2$
$= 80°$

(각 DAC) $= 156° - 80° = 76°$

따라서 삼각형 DAC는 이등변삼각형이므로

(각 ㉮) $= (180° - 76°) \div 2 - 12° = 40°$

15 ㉠부분과 ㉡부분의 넓이는 같으므로 ㉠부분을 ㉡부분으로 이동시키면 색칠한 부분의 넓이의 합은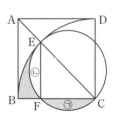

$10 \times 10 \times 3.14 \times \frac{1}{8}$

$- 10 \times 10 \times \frac{1}{2} \times \frac{1}{2} = 14.25(\text{cm}^2)$

16 원기둥의 밑면의 둘레의 길이 :
$10 \times 3.14 = 31.4(\text{cm})$

감긴 횟수 : $157 \div 31.4 = 5$(번)

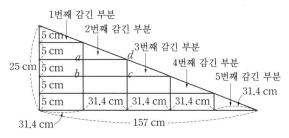

2겹으로 감긴 부분의 넓이

= (2번째 감긴 부분의 넓이)

   - (3번째 감긴 부분의 넓이)

직사각형 $abcd$의 넓이를 ①이라 하면

2겹으로 감긴 부분의 넓이는 $\left(3\frac{1}{2}\right)-\left(2\frac{1}{2}\right)=$①이므로

$5 \times 31.4 = 157(\text{cm}^2)$입니다.

17 삼각형 ABO의 넓이를 1이라 하면

(삼각형 AGO)$=\frac{1}{2}$, (삼각형 GHO)$=\frac{1}{8}$,

(삼각형 HIO)$=\frac{1}{32}$이므로

$6 : \left(\frac{1}{2}\times2+\frac{1}{8}\times2+\frac{1}{32}\times2\right)=32 : 7$

18 주어진 전개도로 입체도형을 만들면 삼각형 GHI를 밑면으로 하는 각기둥을 삼각형 BCD로 비스듬히 자른 입체도형이 됩니다.

(밑면의 넓이)$=6\times8\div2=24(\text{cm}^2)$

(평균 높이)$=(18+12+12)\div3=14(\text{cm})$

(부피)$=24\times14=336(\text{cm}^3)$

19 긴바늘은 숫자의 눈금에 겹쳐 있으므로 짧은바늘은 숫자와 5° 떨어져 있습니다. 그때의 시각은

$60\times\frac{5}{30}=10$(분) 또는 $60\times\frac{25}{30}=50$(분)이므로

5시 10분, 6시 50분입니다.

20 ㄱ은 점 P가 출발했을 때 삼각형 PBC의 넓이이므로 $4\times6\div2=12$, ㄴ은 1분 뒤의 삼각형 PBC의 넓이이므로 $4\times2\div2=4$, ㄷ은 점 P가 D에 도착할 때까지의 시간이므로 $4\div8=\frac{1}{2}$(분), ㄹ은 점 Q가 C에 도착할 때까지의 시간이므로 $4\div6=\frac{2}{3}$(분)입니다.

21 □분 후에 두 삼각형의 넓이가 같아진다고 하면

삼각형 PBC의 넓이는 $4\times(10-8\times□)\times\frac{1}{2}$,

삼각형 QAB의 넓이는 $6\times□\times6\times\frac{1}{2}$입니다.

$4\times(10-8\times□)\times\frac{1}{2}=6\times□\times6\times\frac{1}{2}$,

$20-16\times□=18\times□$,

$34\times□=20$,

$□=\frac{10}{17}$

22

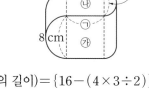

(ㄱ의 길이)$=\{16-(4\times3\div2)\}\div2$

$=5(\text{cm})$

(부피)$=\{(4\times4\times3\div2)\times4\}$

$+(8\times5\times4)$

$+\{(2\times2\times3\div2)\times8\}$

$=96+160+48$

$=304(\text{cm}^3)$

23 한 면도 색칠되지 않은 쌓기나무의 수는

10층 : 1개, 9층 : $1+2=3$(개),

8층 : $1+2+3=6$(개),

7층 : $1+2+3+4=10$(개), …

와 같이 색칠되지 않은 쌓기나무의 수가 증가하므로

$1+(1+2)+(1+2+3)+(1+2+3+4)$

$+(1+2+3+4+5)+\cdots$

$+(1+2+3+4+5+6+7+8+9+10)$

$=1+3+6+10+15+21+28+36+45+55$

$=220$(개)입니다.

한 면만 색칠된 쌓기나무의 수는

$(1+2+\cdots+11)\times2=132$(개)입니다.

따라서 ㄱ$=220$, ㄴ$=132$이므로

ㄱ$-$ㄴ$=220-132=88$입니다.

24 ㉮그릇에 들어 있는 소금의 양 : $600\times\frac{20}{100}=120(\text{g})$

㉯그릇에 들어 있는 소금의 양 : $400\times\frac{12}{100}=48(\text{g})$

두 그릇에 들어 있는 소금물의 양은

$600+400=1000(\text{g})$이고 소금의 양은

$120+48=168(g)$이므로 같아진 소금물의 농도는

$\dfrac{168}{1000}\times100=16.8(\%)$입니다.

㉮그릇에서 퍼낸 소금물의 양을 □g이라고 하면

$120-\square\times\dfrac{20}{100}+\square\times\dfrac{12}{100}=600\times\dfrac{16.8}{100}$

$\square\times\dfrac{8}{100}=120-100.8$, $\square=240(g)$

25 수요일에 비가 오는 경우의 확률은 다음 2가지의 경우로 나누어야 합니다.

• 화요일에 비가 오고, 수요일에도 비가 오는 경우의 확률

$\dfrac{2}{5}\times\dfrac{2}{5}=\dfrac{4}{25}$

• 화요일에 비가 오지 않고, 수요일에는 비가 오는 경우의 확률

$\left(1-\dfrac{2}{5}\right)\times\dfrac{1}{4}=\dfrac{3}{5}\times\dfrac{1}{4}=\dfrac{3}{20}$

따라서 수요일에 비가 올 확률은 $\dfrac{4}{25}+\dfrac{3}{20}=\dfrac{31}{100}$

제6회 예 상 문 제　　　47~54

1 60개	**2** 90개
3 42명	**4** 80000원
5 빠르기 : 72 km, 길이 : 120 m	
6 ㉠ : 2.5 km, ㉡ : 1.5 km, ㉢ : 2 km	
7 아버지 : 39세, 동생 : 6살	
8 80 cm	**9** 60문
10 560 cm³	**11** 375개
12 16	**13** 240 cm²
14 2개	**15** 20개
16 412.5 cm³	
17 ㉠ : 3, ㉡ : 2, ㉢ : 5, ㉣ : 4	
18 75.36 cm²	**19** $21\frac{3}{7}$초
20 60000 cm³	**21** 23.5 cm
22 250	**23** 7회 또는 10회
24 9가지	**25** 514 cm²

---

1 첫날 전체의 $\dfrac{1}{30}$을 먹으면 $\dfrac{29}{30}$가 남고, 두 번째날 나머지의 $\dfrac{1}{29}$을 먹으면 전체의 $\dfrac{29}{30}\times\dfrac{1}{29}=\dfrac{1}{30}$을 먹게 되므로 $\dfrac{28}{30}$이 남게 됩니다. 이렇게 차례로 생각하면 29일 동안 매일 먹은 개수가 같아 모두 처음의 $\dfrac{1}{30}$씩 먹으며 29일 동안 처음의 $\dfrac{29}{30}$를 먹고 $\dfrac{1}{30}$이 남게 됩니다.

처음의 $\dfrac{1}{30}$이 2개이므로 처음에 있던 바나나의 개수는 $2\times30=60$(개)입니다.

2 전체 구슬의 개수를 1로 보면 형은 전체의 0.4, 나는 전체의 $0.4\times0.8=0.32$, 동생은 전체의 $1-0.4-0.32=0.28$을 가졌습니다.

동생이 가진 구슬의 수가 63개이므로

(전체 구슬의 수)$=63\div0.28=225$(개)

(형이 가진 구슬의 수)$=225\times0.4=90$(개)

3 $\left(\text{쌀을 }1\dfrac{9}{20}\text{ kg씩 받은 사람의 수}\right)$

$=\left\{62\dfrac{1}{5}-(1.5\times15)-\dfrac{11}{20}\right\}\div1\dfrac{9}{20}$

$=(62.2-22.5-0.55)\div1.45$

$=39.15\div1.45=27$(명)

따라서 $15+27=42$(명)입니다.

4 하루에 A, B, C, D는 똑같은 양의 일을 하므로 한 사람이 평균 $(2+7+6+5)\div4=5$(일)씩 일을 하여야 합니다.

그런데, D는 2일 일하고 120000원을 내놓았으므로 하루에 $120000\div(5-2)=40000$(원)어치의 일을 한 것입니다.

따라서 A가 더 받아야 할 몫은

$(7-5)\times40000=80000$(원)입니다.

5 A열차와 B열차의 길이를 각각 2, 3이라 하면

A열차와 B열차의 빠르기의 합은 $(2+3)\div8\dfrac{1}{3}=\dfrac{3}{5}$

A열차와 B열차의 빠르기의 차는 $(2+3)\div75=\dfrac{1}{15}$

A열차의 빠르기를 6 m 늘렸을 때의 빠르기의 차는

$(2+3)\div30=\dfrac{1}{6}$

따라서 1에 해당되는 길이는 $6 \div \left(\dfrac{1}{6} - \dfrac{1}{15} \right) = 60\,(\text{m})$

이므로 A열차의 길이는 $60 \times 2 = 120\,(\text{m})$입니다.

또, A열차의 속도의 비율은 $\left(\dfrac{3}{5} + \dfrac{1}{15} \right) \div 2 = \dfrac{1}{3}$이므

로 A열차는 1초에 $\dfrac{1}{3} \times 60 = 20\,(\text{m})$를 가고 1시간에

는 $20 \times 3600 \div 1000 = 72\,(\text{km})$를 갑니다.

6 오르는 빠르기와 내려오는 빠르기의 비가 2 : 3이므로 같은 거리를 오르는 시간과 내려오는 시간의 비는 3 : 2 입니다.

(ⓒ 길을 오르는 데 걸린 시간) $= 100 \times \dfrac{3}{5} = 60\,(\text{분})$

(ⓒ 길을 내려오는 데 걸린 시간) $= 100 \times \dfrac{2}{5} = 40\,(\text{분})$

(㉠ 길 상행) + (ⓛ 길 하행)

$=$ (ⓛ 길 상행) + (㉠ 길 하행) + 10분

$=$ (㉠ 길 상행) + 40분 − 10분

(ⓛ 길 하행) $=$ 30분

(㉠ 길 상행) + 30분

$=$ 30분 $\times \dfrac{3}{2} +$ (㉠ 길 상행) $\times \dfrac{2}{3} +$ 10분

(㉠ 길 상행) $= (55 - 30) \times 3 = 75\,(\text{분})$

(㉠ 길의 거리) $= 2 \times \dfrac{75}{60} = 2.5\,(\text{km})$

(ⓛ 길의 거리) $= 3 \times \dfrac{30}{60} = 1.5\,(\text{km})$

(ⓒ 길의 거리) $= 2 \times \dfrac{60}{60} = 2\,(\text{km})$

7 부모님의 나이의 합과 형제의 나이의 합의 비는 19 : 4 이므로 부모님의 나이의 합을 ⑲라 하면 형제의 나이의 합은 ④입니다.

2년 후에 각각의 합은 4살씩이 늘어나므로

⑲ + 4 : ④ + 4 = 4 : 1

⑯ + 16 = ⑲ + 4, ③ = 12, ① = 4

따라 올해 부모님의 나이의 합은 $19 \times 4 = 76\,(\text{세})$

이므로 아버지는 $(76 + 2) \div 2 = 39\,(\text{세})$이고,

올해 형제의 나이의 합은 $4 \times 4 = 16\,(\text{살})$이므로

동생은 $(16 - 4) \div 2 = 6\,(\text{살})$입니다.

8 땅 위에 있는 부분의 길이가 같으므로 땅 위에 있는 부분을 1이라고 하면,

(짧은 말뚝의 길이) $= 1 \div \left(1 - \dfrac{3}{5} \right) = \dfrac{5}{2}$

(긴 말뚝의 길이) $= 1 \div \left(1 - \dfrac{2}{3} \right) = 3$

즉, 40 cm의 비율이 $3 - \dfrac{5}{2} = \dfrac{1}{2}$이므로

$40 \div \dfrac{1}{2} = 80\,(\text{cm})$입니다.

9 일직선이 되려면 점 P가 움직인 중심각이 점 Q가 움직인 중심각보다 360° 더 커야 합니다.

점 P가 1분에 움직이는 중심각의 크기 :

$360° \div 15 = 24°$

점 Q가 1분에 움직이는 중심각의 크기 :

$360° \div 20 = 18°$

따라서 일직선이 되는 데 걸리는 시간은

$360° \div (24° - 18°) = 60\,(\text{분})$입니다.

10 작은 컵으로 바꾸어 생각하면

$3 \times 2\dfrac{2}{5}$컵 $+ 128\,\text{cm}^3 = 9\dfrac{1}{3}$컵이 됩니다.

$\dfrac{36}{5}$컵 $+ 128\,\text{cm}^3 = \dfrac{28}{3}$컵

$\dfrac{28}{3}$컵 $- \dfrac{36}{5}$컵 $= 128\,\text{cm}^3$

$\dfrac{32}{15}$컵 $= 128\,\text{cm}^3$

따라서 작은 컵의 부피는 60 cm³이므로

(수조의 물의 양) $= 60 \times 9\dfrac{1}{3} = 560\,(\text{cm}^3)$

11 500과 12의 최소공배수는 1500이므로

$1500 \div 500 = 3\,(\text{바퀴})$

따라서 4바퀴째는 처음과 같은 수에 ○표를 하게 됩니다.

○표를 하는 수는 $1500 \div 12 = 125\,(\text{개})$이므로

○표를 하지 않는 수는 $500 - 125 = 375\,(\text{개})$입니다.

12 주사위의 마주 보는 눈의 수의 합이 7이므로 A위치에서 밑면은 3이고 윗면은 4입니다. 주사위를 화살표 방향으로 굴렸을 때 바닥에 닿는 눈은 다음 그림과 같으므로 A, B, C, D의 위치에서 주사위 윗면에 나오는 눈의 수의 합은 $4 + 6 + 3 + 3 = 16$입니다.

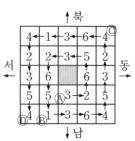

13 오른쪽 그림에서 사다리꼴의 높이를 6으로 가정하면 사다리꼴의 전체 넓이는

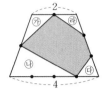

$(2+4) \times 6 \times \dfrac{1}{2} = 18$,

㉮의 넓이는 $1 \times 6 \times \dfrac{1}{2} \times \dfrac{1}{2} = \dfrac{3}{2}$,

㉯의 넓이는 $3 \times 6 \times \dfrac{1}{2} \times \dfrac{1}{2} = \dfrac{9}{2}$,

㉰의 넓이는 $1 \times 6 \times \dfrac{1}{3} \times \dfrac{1}{2} = 1$,

㉱의 넓이는 $1 \times 6 \times \dfrac{1}{3} \times \dfrac{1}{2} = 1$이므로

㉮＋㉯＋㉰＋㉱$= \dfrac{3}{2} + \dfrac{9}{2} + 1 + 1 = 8$입니다.

따라서 색칠한 부분의 넓이는 $18 - 8 = 10$이므로 사다리꼴 전체 넓이의 $\dfrac{10}{18} = \dfrac{5}{9}$입니다.

그러므로 $432 \times \dfrac{5}{9} = 240 (\text{cm}^2)$입니다.

14

〈가장 많을 경우〉   〈가장 적을 경우〉

따라서 차는 $12 - 10 = 2$(개)입니다.

15 밑면이 정사각형인 경우, 즉 밑면의 한 변의 길이가 2 cm이고 높이가 5 cm인 경우 그 겉넓이는 48 cm²로 최소가 됩니다.

최대의 겉넓이는 한 줄로 길게 늘어놓은 경우이므로 $20 \times 4 + 2 = 82 (\text{cm}^2)$입니다.

따라서 사용된 쌓기나무는 20개입니다.

16 전개도를 조립하면 오른쪽 그림과 같은 입체도형이 됩니다.

따라서 이 입체도형의 부피는

$(10 \times 5 \div 2 + 5 \times 10) \times 6$

$-5 \times 5 \div 2 \times 3 = 412.5 (\text{cm}^3)$

입니다.

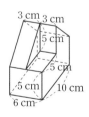

17 주사위의 눈의 수는 다음 그림을 이용하면 편리합니다.

㉠의 오른쪽 주사위의 오른쪽 옆면이 5이므로 왼쪽 옆면은 2가 되어 ㉠의 오른쪽 옆면도 2입니다.

㉠의 위쪽 주사위의 윗면이 1이므로 밑면은 6이 되어 ㉠ 주사위의 윗면도 6입니다.

따라서 ㉠의 눈의 수는 3입니다.

㉡의 왼쪽 주사위의 왼쪽 면이 4이므로 오른쪽 면은 3이 되어 ㉡ 주사위의 왼쪽 면은 3이고, ㉡의 위쪽 주사위의 윗면이 1이므로 밑면은 6이 되어 ㉡의 윗면도 6이 됩니다.

따라서 ㉡의 눈의 수는 2입니다.

같은 방법으로 하면 주사위의 윗면은 1, 오른쪽 면은 4이므로 ㉢의 눈의 수는 5입니다.

마지막으로 ㉣ 주사위의 윗면은 1, 왼쪽 옆면은 5이므로 ㉣의 눈의 수는 4입니다.

18 오른쪽 도형에서 색칠된 부분 가와 나는 넓이가 같으므로 가를 나로 이동시키면 문제에서 색칠한 부분은 부채꼴 C′BC 넓이와 같습니다.

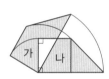

$12 \times 12 \times 3.14 \times \dfrac{60}{360} = 75.36 (\text{cm}^2)$

19 사다리꼴 ABPQ의 넓이가 직사각형의 넓이의 $\dfrac{1}{4}$이 되는 때는 선분 AQ의 길이와 선분 BP의 길이의 합이 $60 \times \dfrac{1}{4} = 15 (\text{cm})$가 되는 때입니다.

처음으로 $\dfrac{1}{4}$이 되는 때는 $15 \div (0.5 + 0.2) = 21 \dfrac{3}{7} (\text{초})$ 후입니다.

20 변 AB를 중심으로 45° 기울였을 때 쏟아지는 물의 양은 삼각형 ㄱㄴㄷ이 직각인 이등변삼각형이므로

$80 \times 80 \times \dfrac{1}{2} \times 50$

$= 160000 (\text{cm}^3)$입니다.

변 BC를 중심으로 45° 기울였을 때 쏟아지는 물의 양은 삼각형 ㄹㅁㅂ이 직각인 이등변삼각형이므로

$50 \times 50 \times \dfrac{1}{2} \times 80$

$= 100000 (\text{cm}^3)$

입니다.

따라서 변 AB를 중심으로 45° 기울였을 때 $160000 - 100000 = 60000 (\text{cm}^3)$ 더 쏟아집니다.

21 6초~10초 사이에 들어간 물의 양은
$600 \times 4 = 2400(\text{cm}^3)$이므로 그릇의 밑넓이는
$2400 \div 6 = 400(\text{cm}^2)$입니다.
$600 \times 6 + 3400 = 7000(\text{cm}^3)$,
$400 \times 22 = 8800(\text{cm}^3)$에서 원기둥의 부피는
$8800 - 7000 = 1800(\text{cm}^3)$이므로
원기둥의 높이는 $1800 \div 100 = 18(\text{cm})$입니다.
따라서 원기둥을 뺀 뒤의 물의 높이는
$28 - (1800 \div 400) = 23.5(\text{cm})$입니다.

22 점 A에서 받침대 ㉮까지의 거리를 □ cm라 하면
$$\left(\square \times \frac{8}{10} - 10\right) \times \frac{8}{10} = \square - 88 - 10$$
$$\square \times \frac{64}{100} - 8 = \square - 98$$
$$\frac{36}{100} \times \square = 90$$
$$\square = 90 \times \frac{100}{36}$$
$$\square = 250$$

23 가로, 세로로 각각 최대 9회까지 자를 수 있으므로
$20 = 2 \times 10$ ➡ 가로 1회, 세로 9회에서 $1 + 9 = 10$(회),
$20 = 4 \times 5$ ➡ 가로 3회, 세로 4회에서 $3 + 4 = 7$(회)
입니다.

24 (가로로 자르는 횟수, 세로로 자르는 횟수)와 같이 순
서쌍으로 생각하면 $(0, 1), (0, 4), (0, 9), (1, 1),$
$(1, 4), (1, 9), (4, 4), (4, 9), (9, 9)$의 9가지 방
법으로 자를 수 있으므로 9가지 종류의 직육면체가 나
옵니다.

25

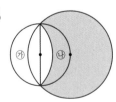

보조선을 그려 ㉮부분의 넓이
를 ㉯부분으로 이동시켜 큰
원의 넓이에서 색칠하지 않은
부분을 빼면 됩니다.
왼쪽 그림에서 작은 원안에
그린 정사각형의 넓이는
$20 \times 20 \div 2 = 200(\text{cm}^2)$이
고, 빗금친 부분의 넓이는
$$\left(200 \times 3.14 \times \frac{1}{4} - 200 \times \frac{1}{2}\right) \times 2$$
$$= 114(\text{cm}^2)$$

입니다. 또한 큰 원의 넓이는
$200 \times 3.14 = 628(\text{cm}^2)$이므로 구하는 넓이는
$628 - 114 = 514(\text{cm}^2)$입니다.

제7회 예 상 문 제	55~62

1 64개	**2** 120명
3 42살	**4** 48명
5 96장	**6** 300일
7 21분	**8** 15 m
9 $\frac{5}{21}$	**10** 24 %
11 1분 45초, 1분 51초	**12** 24명
13 3.2 cm	**14** 1.2 cm
15 20.9 cm	**16** 2142 cm²
17 22.5 cm²	**18** 3.5
19 240 L	**20** 40개
21 12개 이상 19개 이하	
22 4면체 : 2개, 5면체 : 6개	
23 A : 96 L, B : 32 L	
24 20분	**25** 31분 후

1 윤수가 가지고 있던 사탕을 1로 놓으면 기환이가 가지
고 있던 사탕은 3이므로 남은 사탕은
$$1 \times \left(1 - \frac{5}{8}\right) + 3 \times \left(1 - \frac{3}{4}\right) = \frac{3}{8} + \frac{3}{4} = \frac{9}{8} \text{입니다.}$$
이것은 72개를 뜻하므로 윤수는 $72 \div \frac{9}{8} = 64$(개)를 가
지고 있었습니다.

2 남동생과 여동생이 모두 있는 학생 수를 1이라 하면
남동생이 있는 학생 수는 $1 \div \frac{1}{8} = 8$이고
여동생이 있는 학생 수는 $1 \div \frac{1}{6} = 6$이므로
남동생과 여동생이 모두 있는 학생 수는

$(300-40)\div(8+6-1)=20$(명)입니다.

따라서 여동생이 있는 학생 수는

$20\times6=120$(명)입니다.

3 현재 삼촌의 나이를 ①이라 하면

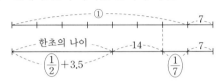

$\left(\frac{1}{2}\right)+3.5=14+\left(\frac{1}{7}\right)+7$

$\left(\frac{7}{14}\right)+3.5=21+\left(\frac{2}{14}\right)$

$\left(\frac{5}{14}\right)=17.5$, ①$=49$이므로

삼촌의 나이는 49살, 한초의 나이는 28살입니다.

따라서 두 사람의 나이 차는 항상 21살이므로 한초의

나이가 삼촌의 나이의 $\frac{1}{2}$이었을 때,

삼촌은 $21+21=42$(살)이었습니다.

4 70점 이상인 남학생은 $30\times\frac{8}{15}=16$(명)이고, 70점

이상인 여학생은 14명입니다. 전체 남녀의 비가 $7:5$

이므로 남녀 학생 수를 각각 ⑦, ⑤로 나타내면 70점 미만

인 학생의 남녀의 비는 $(⑦-16):(⑤-14)=2:1$,

⑩$-28=⑦-16$, ③$=12$, ①$=4$입니다.

따라서 이 학원의 학생 수는 모두

$⑦+⑤=(7+5)\times4=48$(명)입니다.

5 (주황색)$+$(빨간색)$=135°\times\frac{11}{15}=99°$이므로

(빨간색)$=9°$이고 (연두색)$+$(노란색)$=126°$이므로

(연두색)$=126°\div\left(1+1\frac{5}{8}\right)=48°$입니다.

따라서 연두색 색종이는 $720\times\frac{48°}{360°}=96$(장)입니다.

6 그림을 이용하여 문제를 해결해 봅니다.

전체 일의 양은 같으므로 ㉠의 넓이와 ㉡의 넓이

는 같습니다.

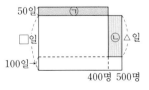

$400\times50=100\times\triangle$,

$\triangle=200$

따라서 처음 계획으로는 $100+200=300$(일)만에 끝

낼 예정이었습니다.

7 A 2대와 B 1대로 56분이 걸리므로 1분 동안 퍼내는

양은 전체의 $\frac{1}{56}$입니다.

B 2대와 C 1대로 40분이 걸리므로 1분 동안 퍼내는

양은 전체의 $\frac{1}{40}$입니다.

C 2대와 A 1대로 35분이 걸리므로 1분 동안 퍼내는

양은 전체의 $\frac{1}{35}$입니다.

A 3대, B 3대, C 3대로 1분 동안 퍼내는 양은

$2\times A+B=\frac{1}{56}$, $2\times B+C=\frac{1}{40}$, $2\times C+A=\frac{1}{35}$

에서 $3\times A+3\times B+3\times C=\frac{1}{56}+\frac{1}{40}+\frac{1}{35}=\frac{1}{14}$

이므로 6대의 펌프를 모두 사용하면

$1\div\left(\frac{1}{14}\times\frac{2}{3}\right)=21$(분)이 걸립니다.

8 처음 높이를 1이라 할 때, 두 공이 두 번째 튀어오른 높

이는

㉮ : $\frac{2}{3}\times\frac{2}{3}=\frac{4}{9}$

㉯ : $0.4\times0.4=\frac{4}{25}$

㉮와 ㉯의 차 : $\frac{4}{9}-\frac{4}{25}=\frac{64}{225}$

떨어뜨린 높이의 $\frac{64}{225}$가 $4\frac{4}{15}$ m이므로

처음 높이는 $4\frac{4}{15}\div64\times225=15$(m)입니다.

9 처음의 밭과 논의 넓이를 각각 3과 7이라 하고 논에서

밭으로 만든 넓이를 □라 하면

$(3+□):(7-□)=7:8$, □$=\frac{5}{3}$

따라서 논에서 밭으로 만든 넓이는 처음 넓이의

$\frac{5}{3}\div7=\frac{5}{21}$입니다.

10

항목	지난달	이번 달
식료품비	$\frac{2}{5}$	$\frac{2}{5}\times\frac{12}{10}=\frac{12}{25}$
주거비	$\frac{1}{6}$	$\frac{1}{6}$
의복비	$\frac{1}{3}$	$\frac{1}{3}-\frac{2}{25}=\frac{19}{75}$
기타	$\frac{1}{10}$	$\frac{1}{10}$

식료품비는 전체 비율의 $\frac{12}{25}-\frac{10}{25}=\frac{2}{25}$만큼 증가했

으므로 의복비는 전체 비율의 $\frac{2}{25}$만큼 감소했습니다.

따라서 이것은 의복비의 $\frac{2}{25}\div\frac{1}{3}\times100=24(\%)$

감소한 것입니다.

11 배가 처음 10초 동안 움직인 상황은 다음 그림과 같습니다.

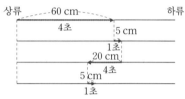

따라서 10초 후에는 배를 띄운 장소보다

$60+5-20+5=50(\text{cm})$ 하류에 있고,

$5.65\,\text{m}=565\,\text{cm}$이므로 다음과 같은 경우가 있습니다.

(i) $565=50\times10+65$

50 cm씩 10번 전진하고 마지막에 65 cm를 지났을 경우이므로

$10\times10+4+1=105(초)$ ➡ 1분 45초

(ii) $565=50\times11+15$

50 cm씩 11번 전진하고 마지막에 15 cm를 지났을 경우이므로

$15\div(10+5)=1(초)$

$10\times11+1=111(초)$ ➡ 1분 51초

12 야구부원 전체를 □명이라 하면

$80\times□+\frac{1}{2}\times□\times60=\left(\frac{1}{2}\times□\times60+5\times120\right)\times2$

$110\times□=60\times□+1200$

$50\times□=1200,\ □=24(명)$

13 삼각형 ABG와 삼각형 AGD의 넓이의 비는

$4.2:(6\times3\div2-4.2)=4.2:4.8=7:8$

따라서 선분 GD의 길이는 $6\times\frac{8}{7+8}=3.2(\text{cm})$

이고, (선분 AE)=(선분 AG),

(선분 AB)=(선분 AD)이고

(각 EAB)=(각 GAD)이므로

삼각형 AEB와 삼각형 AGD는 합동입니다.

그러므로 (선분 EB)=(선분 GD)=3.2(cm)입니다.

14 선분 AD의 길이는 3 cm이므로 선분 DC의 길이는 2 cm입니다.

따라서 삼각형 BCD의 넓이를 이용하면

$4\times3\times\frac{1}{2}\times\frac{2}{5}=4\times(선분\ DE)\times\frac{1}{2}$

$(선분\ DE)=1.2(\text{cm})$

15

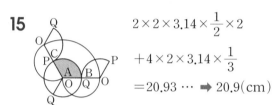

$2\times2\times3.14\times\frac{1}{2}\times2$

$+4\times2\times3.14\times\frac{1}{3}$

$=20.93\cdots$ ➡ 20.9(cm)

16 오른쪽 그림에서 색칠한 부분의 넓이는 $10\times10\times12=1200(\text{cm}^2)$이고 나머지 부분의 넓이는 원의 3개의 넓이와 같으므로

$10\times10\times3.14\times3=942(\text{cm}^2)$

따라서 구하고자 하는 넓이는

$1200+942=2142(\text{cm}^2)$입니다.

17 정사각형 ㉮, ㉯, ㉰의 넓이는 다음과 같이 나타낼 수 있습니다.

㉮$=3\times3+5\times5=34$

㉯$=5\times5+6\times6=61$

㉰$=9\times9=81$

이것을 가로가 9 cm, 세로가 5 cm인 직사각형에 나타내면 다음과 같습니다.

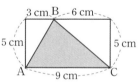

따라서 삼각형 ABC의 넓이는

$9\times5\times\frac{1}{2}=22.5(\text{cm}^2)$입니다.

18 원기둥의 부피를 □라 하고 원뿔의 부피를 △라 하면 [그림 2]와 [그림 3]에서

$□\times\frac{1}{2}+△\times\frac{1}{2}=□\times\frac{1}{4}+△,\ □\times\frac{1}{4}=△\times\frac{1}{2}$

따라서 원기둥의 부피와 원뿔의 부피의 비는 2 : 1입니다.

또, 밑넓이는 같으므로 원기둥의 높이는

$7\times\frac{1}{3}\times2=\frac{14}{3}(\text{cm})$입니다.

따라서 밑넓이를 1이라 하면 a는

$1 \times \dfrac{14}{3} \times \dfrac{1}{2} + 1 \times 7 \times \dfrac{1}{3} \times \dfrac{1}{2} = \dfrac{21}{6} = 3.5$입니다

19 물통의 반지름을 1이라 하면 물통의 옆면인 반원의 넓이는 $1 \times 1 \times 3\dfrac{1}{7} \div 2 = \dfrac{11}{7}$입니다.

오른쪽 도형의 색칠한 부분의 넓이는

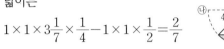

$1 \times 1 \times 3\dfrac{1}{7} \times \dfrac{1}{4} - 1 \times 1 \times \dfrac{1}{2} = \dfrac{2}{7}$

따라서 넓이의 비는 $\dfrac{11}{7} : \dfrac{2}{7} = 11 : 2$이므로

물통에 남아 있는 물의 양은 $1320 \times \dfrac{2}{11} = 240(\mathrm{L})$입니다.

20 각 층마다 집어낸 나무에 다섯 번째까지 순번을 정하면 다음과 같습니다.

(5층) (4층) (3층)

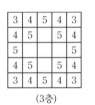

(2층) (1층)

따라서 $1 + 5 + 13 + 21 = 40$(개) 남습니다.

21 각각의 경우에 위에서 본 모양은 다음과 같습니다.

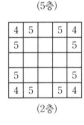   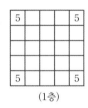

가장 적을 때   가장 많을 때

따라서 12개 이상 19개 이하입니다.

22   왼쪽 그림에서 삼각기둥 ADP-EHQ와 삼각기둥 BCP-FGQ는 자르는 면 CDEF에 의해 각각 2개의 5면체로 나누어집니다.

또한, 삼각기둥 DCP-HGQ와 삼각기둥 ABP-EFQ는 자르는 면 CDEF에 의해 각각 4면체와 5면체로 나누어집니다.

따라서 4면체 2개, 5면체는 $2 + 2 + 1 + 1 = 6$(개) 만들어집니다.

23 그래프에서 18분부터 36분까지 18분 동안에 수면의 높이는 60 cm 올라갔습니다. 그러므로 A와 B 두 수도꼭지에서 1분 동안 나오는 물의 양은

$\{240 \times 160 \times (120 - 60)\} \div 18$
$= 128000(\mathrm{cm}^3)$입니다.

그런데 물을 넣기 시작하여 ㉮ 부분에 60 cm를 채우는 데 8분이 걸렸으므로 8분부터 18분까지 10분 동안에는 A, B 두 수도꼭지에서 나오는 물이 ㉯ 부분으로 들어갑니다. 이 10분 동안 50 cm가 올라가므로 ㉯ 부분의 가로의 길이를 □라 하면

$□ \times 160 \times 50 = 128000 \times 10$, $□ = 160(\mathrm{cm})$

따라서 ㉮ 부분의 가로의 길이는

$240 - 160 = 80(\mathrm{cm})$가 되어

처음 8분 동안에 ㉮부분으로 들어간 물의 양은

$80 \times 160 \times 60 = 768000(\mathrm{cm}^3)$ ➡ 768 L

이므로 1분 동안 A 수도꼭지는 $768 \div 8 = 96(\mathrm{L})$, B 수도꼭지는 $128 - 96 = 32(\mathrm{L})$씩 물이 나옵니다.

24 1개의 판매창구에서 1분 동안 판매하는 입장권의 수를 1이라 하면 1개 창구로 하면 40, 2개 창구로 하면 $2 \times 10 = 20$을 팔았을 때 줄이 없어지게 되므로 30분 동안에 20이 늘어난 것입니다.

따라서 1분 동안 $\dfrac{20}{30} = \dfrac{2}{3}$씩 줄을 서게 되며 판매 시작 전부터 줄을 선 사람은

$1 \times 40 - \dfrac{2}{3} \times 40 = \dfrac{40}{3}$이므로 $13\dfrac{1}{3} \div \dfrac{2}{3} = 20(분)$ 전부터 줄을 선 것이 됩니다.

25 원기둥의 밑넓이를 살펴보면,

(원기둥 B에 10분 동안 감긴 넓이)
$= (4 \times 4 - 1 \times 1) \times 3 = 45(\mathrm{cm}^2)$이므로

1분 동안 감긴 넓이는 $45 \div 10 = 4.5(\mathrm{cm}^2)$입니다.

원기둥 A, B의 회전 속도의 비가 3 : 1이 될 때, 반지름의 비는 1 : 3, 넓이의 비는 1 : 9가 됩니다.

따라서 $\{(6 \times 6 + 4 \times 4) \times 3\} \times \dfrac{9}{10} = 140.4(\mathrm{cm}^2)$

이므로 걸린 시간은 $(140.4 - 3) \div 4.5 = 30.533\cdots$(분)입니다. 그러므로 감기 시작하고 나서 약 31분 후입니다.

$$=1\frac{10}{13}(배)가\ 됩니다.$$

3 합격자 중 남학생은 $91\times\frac{8}{13}=56$(명),

여학생은 $91\times\frac{5}{13}=35$(명)입니다.

시험을 본 남학생과 여학생의 비가 $4:3$이므로 남학생을 ④, 여학생을 ③이라 하면 전체는 ⑦입니다.

$(④-56):(③-35)=3:4$

⑨$-105=⑯-224$

⑦$=119$

따라서 전체 학생 수는 119명입니다.

4 마지막에 곱한 분수를 $\frac{△}{□}$라 하면

$$\frac{3}{5}\times\frac{5}{7}\times\frac{7}{9}\times\cdots\times\frac{△}{□}=\frac{3}{□}<\frac{1}{100}$$

$□>300$이므로 $□=301$입니다.

따라서 $\frac{△}{□}=\frac{299}{301}$이므로 $△+□=600$입니다.

5 A $30\,g$, B $20\,g$을 섞은 소금물의 소금의 양은 $6\div100\times50=3(g)$이고, A $20\,g$, B $30\,g$을 섞은 소금물의 소금의 양은 $8\div100\times50=4(g)$입니다.

따라서 A와 B를 각각 $50\,g$씩 섞으면 소금물은 $100\,g$이고 소금의 양은 $7\,g$이므로 $7\,\%$입니다.

6

─287 m─ 화물 열차 → 서 [철교] 동 기차 ← ─145 m─ [만남]	─287 m─ 화물 열차 → 서 [철교] 동 기차 ← ─145 m─ [떨어짐]

기차의 빠르기는 초속 $20\,m$이고, 화물 열차의 빠르기는 초속 $12\,m$이며, 철교의 길이를 $□\,m$라 하면 $(□+145)\,m$를 기차가 가는 데 걸린 시간과 $(287-□)\,m$를 화물 열차가 가는 데 걸린 시간은 같습니다.

$$\frac{□+145}{20}=\frac{287-□}{12},\ □=125$$

7 C에서 A까지 효근이는 18분 걸리는데 가영이는 42분 걸리므로 가영이가 한 바퀴 도는 데 걸리는 시간을 $□$분이라 하면

$(22+20+18):18=□:42,\ □=140$

8 속도의 비가 $1:2:3$이므로 걸린 시간의 비는

제8회 예상문제 63~70

1 300개	**2** $1\frac{10}{13}$배
3 119명	**4** 600
5 $7\,\%$	**6** 125 m
7 140분	**8** 90 cm
9 206	**10** 36개
11 192 km	**12** $A:\frac{1}{4},\ B:\frac{1}{2}$
13 $\frac{3}{16}$배	**14** 550명
15 28 m	
16 각 ㉣ : $18°$, 각 ㉤ : $132°$	
17 S_1, $12.5\,cm^2$	**18** $7\frac{5}{6}\,cm^3$
19 $3:2:10:50:10$	**20** 5배
21 4	**22** 72개
23 6개 이상 11개 이하	
24 1승 4패 또는 0승 3패	**25** $13:7:3:1$

1 800원에 사 와서 $25\,\%$의 이익을 붙여 값을 정하였으므로 1개당 200원씩 이익을 보게 됩니다. 모두 10000원의 이익을 보았지만 실제로는 썩은 사과 50개의 값 $50\times800=40000$(원)의 이익을 더 본 것과 같습니다.

(판 사과의 개수)$=(40000+10000)\div200=250$(개)

(사 온 사과의 개수)$=250+50=300$(개)

2 효근이가 가지고 있는 구슬 수를 ①, 석기가 가지고 있는 구슬 수를 △이라고 하면

$$\frac{④}{5}+\frac{△}{5}=\left(\frac{①}{5}+\frac{△\times4}{5}\right)\times3$$

$$\frac{④}{5}+\frac{△}{5}=\frac{③}{5}+\frac{△\times12}{5}$$

$$\frac{①}{5}=\frac{△\times11}{5},\ ①=△\times11$$

따라서 처음 효근이의 구슬 수를 11, 석기의 구슬 수를 1이라 하면 $\frac{1}{3}$씩 교환한 후에는 효근이의 구슬 수가 석기의 구슬 수의

$$\left(11\times\frac{2}{3}+1\times\frac{1}{3}\right)\div\left(11\times\frac{1}{3}+1\times\frac{2}{3}\right)$$

$1 : \dfrac{1}{2} : \dfrac{1}{3} = 6 : 3 : 2$입니다.

(A와 B 사이의 걸린 시간)$= 55 \times \dfrac{6}{11} = 30$(초)

따라서 정삼각형의 둘레의 길이는 $30 \times 3 = 90(\text{cm})$
입니다.

9 □ 안에 2부터 차례로 넣었을 때 계산 결과를 알아보면

□$=2$일 때 $\dfrac{1}{2}$, □$=3$일 때 $\dfrac{1}{3} + \dfrac{2}{3} = 1$,

□$=4$일 때 $\dfrac{1}{4} + \dfrac{2}{4} + \dfrac{3}{4} = 1\dfrac{1}{2}$

□$=5$일 때 $\dfrac{1}{5} + \dfrac{2}{5} + \dfrac{3}{5} + \dfrac{4}{5} = 2$

□$=6$일 때 $\dfrac{1}{6} + \dfrac{2}{6} + \dfrac{3}{6} + \dfrac{4}{6} + \dfrac{5}{6} = 2\dfrac{1}{2}$

따라서 나열된 분수의 합은 나열된 분수의 개수의 $\dfrac{1}{2}$배
입니다.

$\left(\dfrac{1}{\square} + \dfrac{2}{\square} + \dfrac{3}{\square} + \cdots + \dfrac{\square-1}{\square} \right) \times \dfrac{1}{10} = 10\dfrac{1}{4}$에서

$\dfrac{1}{\square} + \dfrac{2}{\square} + \dfrac{3}{\square} + \cdots + \dfrac{\square-1}{\square} = 10\dfrac{1}{4} \times 10 = \dfrac{205}{2}$

이므로 나열된 분수의 개수는 $(\square-1) \times \dfrac{1}{2} = \dfrac{205}{2}$,

□$=206$입니다.

10
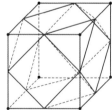
왼쪽 그림에서 잘라낸 후 입체
도형은 정사각형 6개, 정삼각
형 6개로 둘러싸인 것이므로
모서리는
$(6 \times 4 + 8 \times 3) \div 2 = 24$(개)
이고, 꼭짓점은 정육면체의 각

모서리마다 하나씩 생기는 셈이므로 12개입니다.
따라서 $24 + 12 = 36$(개)입니다.

11
```
        효근
A |27 km |————————| ——84 km——— | B
        석기

                       효근
                      |12 km
    |————————|——————————————|
        석기
```

위의 그림에서 효근이와 석기의 빠르기의 비는
$(84-12) : (84+12) = 3 : 4$입니다.

따라서 석기의 빠르기는 시속 $54 \times \dfrac{4}{3} = 72(\text{km})$

이므로 A와 B 사이의 거리는

$54 \times \dfrac{1}{2} \div (72-54) \times 72 + 84 = 192(\text{km})$입니다.

12 카드를 1을 뽑으면 비기게 되고, 2나 3을 뽑으면 B가
이기고, 4를 뽑으면 A가 이기므로 A가 이길 가능성은
$\dfrac{1}{4}$, B가 이길 가능성은 $\dfrac{2}{4} = \dfrac{1}{2}$입니다.

13
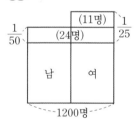
삼각형 RPC의 넓이를 ①로 하
면 삼각형 ARQ의 넓이는 ③
입니다. 왼쪽 그림에서
(선분 BC) : (선분 PC)
$=4 : 2$가 되고

삼각형 ABC의 넓이는 $(③+①) \times 2 = ⑧$이므로
직사각형 ABCD의 넓이는 ⑯입니다.

따라서 $③ \div ⑯ = \dfrac{3}{16}$(배)입니다.

14 지난해 여학생 수를 □명이라 하면

$\dfrac{1200-\square}{50} + \dfrac{\square}{25} = 35$

$1200 - \square + 2 \times \square = 1750$

□$=550$

별해

```
      |1/50|  (11명)  |1/25|
      |————|(24명)|————|
      |        |        |
      |   남   |   여   |
      |————————————————|
         ——1200명——
```

지난해 남녀 학생 수의 $\dfrac{1}{50}$이 증가하면

$1200 \times \dfrac{1}{50} = 24$(명)이 증가해야 하나 35명이 늘어난

이유는 여학생이 $\dfrac{1}{50}$보다 많은 $\dfrac{1}{25}$이 증가했기 때문
입니다.

따라서 지난해 여학생 수는

$(35-24) \div \left(\dfrac{1}{25} - \dfrac{1}{50} \right) = 550$(명)입니다.

15 전체 지름이 6 cm이고 300번 감겨져 있으므로 가장

안쪽 원의 지름은 $\dfrac{6}{300}$ cm, 두 번째 원의 지름은

$\dfrac{12}{300}$ cm, $\cdots$

따라서 화장지 전체의 길이는

$$\left(\frac{6}{300}+\frac{12}{300}+\frac{18}{300}+\cdots+\frac{1800}{300}\right)\times3.14$$

$$=\frac{6}{300}\times(1+2+3+\cdots+300)\times3.14$$

$$=\frac{6}{300}\times(1+300)\times300\times\frac{1}{2}\times3.14$$

$$=2835.42(\text{cm}) \Rightarrow 28.3542\,\text{m}$$

따라서 소수 첫째 자리에서 반올림하면 28 m입니다.

16 (각 ㉠)$=180^\circ\times\dfrac{4}{4+21+5}=24^\circ$

(각 ㉡)$=180^\circ\times\dfrac{21}{30}=126^\circ$

(각 ㉢)$=180^\circ\times\dfrac{5}{30}=30^\circ$

따라서 (각 ㉣)$=126^\circ\times3-360^\circ=18^\circ$

(각 ㉤)$=180^\circ-(30^\circ+18^\circ)=132^\circ$

17

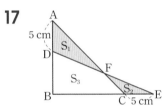

S_1과 S_2의 넓이의 차는 S_3가 삼각형 ABC와 삼각형 DBE에 공통으로 포함되므로 삼각형 ABC와 삼각형 DBE의 넓이의 차로 구할 수 있습니다. 선분 DB의 길이를 임의로 5 cm라 하면

$$S_1-S_2=10\times10\times\frac{1}{2}-5\times15\times\frac{1}{2}=12.5(\text{cm}^2)$$

선분 DB의 길이를 10 cm라 하면

$$S_1-S_2=15\times15\times\frac{1}{2}-10\times20\times\frac{1}{2}=12.5(\text{cm}^2)$$

따라서 선분 DB의 길이에 상관없이 S_1은 S_2보다 항상 12.5 cm² 더 넓습니다.

18 점 B를 포함하는 입체도형의 부피는 선분 AS, BC, QR, AP, BF를 연장하여 큰 삼각뿔의 부피를 구한 후 연장하여 생긴 작은 삼각뿔 2개의 부피를 빼서 구합니다.

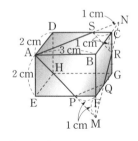

선분 SC의 길이는 $3\times\dfrac{1}{3}=1(\text{cm})$이고

삼각형 NAB는 이등변삼각형이 되므로 선분 NC의

길이는 1 cm입니다.

같은 방법으로 선분 FM의 길이도 1 cm이므로
점 D를 포함하는 입체도형의 부피는

$$3\times3\times\frac{1}{2}\times3\times\frac{1}{3}-1\times1\times\frac{1}{2}\times1\times\frac{1}{3}\times2$$

$$=4\frac{1}{6}(\text{cm}^3)$$

따라서 구하고자 하는 입체도형의 부피는

$$3\times2\times2-4\frac{1}{6}=7\frac{5}{6}(\text{cm}^3)$$입니다.

19 직사각형의 가로의 길이를 5, 세로의 길이를 2라 하면 직사각형의 넓이는 10입니다.

삼각형 라는 삼각형 나를 5배 확대한 것이므로

나의 높이는 $2\times\dfrac{1}{6}=\dfrac{1}{3}$이고,

넓이는 $1\times\dfrac{1}{3}\times\dfrac{1}{2}=\dfrac{1}{6}$입니다.

또, 라의 높이는 $2\times\dfrac{5}{6}=\dfrac{5}{3}$이므로 넓이는

$5\times\dfrac{5}{3}\times\dfrac{1}{2}=\dfrac{25}{6}$입니다.

다와 라의 넓이의 합은 $5\times2\times\dfrac{1}{2}=5$이므로

다의 넓이는 $5-\dfrac{25}{6}=\dfrac{5}{6}$,

마의 넓이는 다와 같으므로 $\dfrac{5}{6}$입니다.

삼각형 IBC는 삼각형 가를 5배 확대한 것이므로
가의 높이를 □라 하면

$1:5=□:(□+2)$, $□=\dfrac{1}{2}$

따라서 가의 넓이는 $1\times\dfrac{1}{2}\times\dfrac{1}{2}=\dfrac{1}{4}$이므로

가, 나, 다, 라, 마의 넓이의 비는

$\dfrac{1}{4}:\dfrac{1}{6}:\dfrac{5}{6}:\dfrac{25}{6}:\dfrac{5}{6}=3:2:10:50:10$입니다.

20 삼각형 AEC는 삼각형 ADF를 $\dfrac{5}{3}$배 확대한 것이므로 선분 DE의 길이는 2 cm입니다. 삼각형 BFD는 삼각형 BGE를 2배로 확대한 것이므로 선분 BG와 선분 GF의 길이는 같고 삼각형 BCG와 삼각형 GCF의 넓이는 같으므로

삼각형 GCF는 삼각형 ABC의 $\dfrac{2}{5}\times\dfrac{1}{2}=\dfrac{1}{5}$입니다.

21

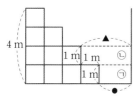

왼쪽 그림에서 ㉠부분에 물이 들어가는 시간과 ㉡부분에 물이 들어가는 시간의 비는 20 : 30＝2 : 3이므로

● : ▲＝● : (●＋1)＝2 : 3입니다.

따라서 ●＝2 m이고, 20분 동안 들어간 물의 양은
20×400＝8000(L), 8000 L＝8 m³이므로
□＝8÷2＝4입니다.

22 정면에서 볼 때 그림과 같이 6개가 잘려집니다.

〈정면에서 본 모양〉

〈층마다 본 모양〉

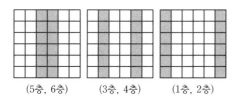

(5층, 6층)　　(3층, 4층)　　(1층, 2층)

따라서 잘려진 쌓기나무의 개수는 모두
6×6×2＝72(개)입니다.

23 가장 많은 경우

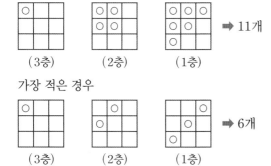

(3층)　　(2층)　　(1층)　➡ 11개

가장 적은 경우

(3층)　　(2층)　　(1층)　➡ 6개

따라서 6개 이상 11개 이하입니다.

24 한 번씩 모두 마쳤을 때의 승패는 다음 표와 같습니다.

	A	B	C	D
A		○	○	○
B	×		×	
C	×	○		○
D	×		×	

- B가 1회째 D에 졌을 경우 2회째에는 B가 D를 이겼고, 이 경우 A는 4승, B는 1승 3패, C는 2승 1패이므로 D는 1승 4패입니다.
- B가 1회째 D를 이겼을 경우 2회째에는 B는 A에게 졌고 D는 3번 경기를 하여 모두 졌으므로 0승 3패입니다.

25 조건에 맞는 정삼각형은 다음과 같이 4종류의 정삼각형을 그릴 수 있습니다.

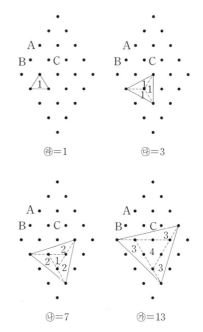

㉑＝1　　　　㉯＝3

㉰＝7　　　　㉮＝13

따라서 ㉮, ㉯, ㉰, ㉑의 넓이의 비는 13 : 7 : 3 : 1이다.

1 (1) $\dfrac{1}{199}$　　(2) 40개

2 198　　　　　**3** 16

4 60 %　　　　**5** 오후 1시 36분

6 800 cm³　　　**7** 102명

8 500원　　　　**9** $2\dfrac{4}{57}$시간

10 60개, 24000원

11 내리막길 : 420 m, 오르막길 : 630 m

12 $a : 18°,\ b : 30°$　　**13** 1175 cm²

14 300 cm²　　　　**15** 2826 cm²

16 5 cm　　　　　**17** 2 : 9

18 $\dfrac{5}{8}$　　　　　**19** 2

20 65 cm²　　　　**21** 20 cm

22 $14\dfrac{4}{9}$ cm　　　**23** 575 mL

24 66가지　　　　**25** 12가지

---

1 (1) 분모는 100번째 홀수이므로 $2\times100-1=199$이고 분자는 1, 2, 3이 반복되므로 $100\div3=33\cdots1$에서 1입니다. 따라서 $\dfrac{1}{199}$입니다.

(2) 분자가 1인 분수 : 분모가 $6\times\square-5<40$
　　　　$\square<\dfrac{45}{6}$이므로 7개

분자가 2인 분수 : 분모가 $6\times\square-3<80$
　　　　$\square<\dfrac{83}{6}$이므로 13개

분자가 3인 분수 : 분모가 $6\times\square-1<120$
　　　　$\square<\dfrac{121}{6}$이므로 20개

따라서 $\dfrac{1}{40}$보다 큰 분수는 $7+13+20=40$(개)

2 9는 왼쪽에서 세 번째, 위쪽에서 두 번째 수이므로 $(\,3,\,2\,)$이며 $3+2=5$가 홀수이므로 올라가는 수입니다. 13은 왼쪽에서 세 번째, 위쪽에서 세번째

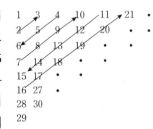

수이므로 $(3,\,3)$이며 $3+3=6$이 짝수이므로 내려가는 수입니다.

$(8,\,13)$은 $8+13=21$이 홀수이므로 올라가는 수이며 $(1,\,19)$의 수보다 8 큰 수입니다. $(1,\,19)$의 수는 $(1+19)\times19\div2=190$이므로 $(8,\,13)$은 $190+8=198$입니다.

3 다$\div$나$=\dfrac{\text{다}}{\text{나}}=\dfrac{3}{7}$, 나$\div$가$=\dfrac{\text{나}}{\text{가}}=\dfrac{2}{5}$이므로

$\dfrac{\text{다}}{\text{나}}\times\dfrac{\text{나}}{\text{가}}=\dfrac{\text{다}}{\text{가}}=\dfrac{3}{7}\times\dfrac{2}{5}=\dfrac{6}{35}$입니다.

따라서 가$\div$다$=\dfrac{\text{가}}{\text{다}}=\dfrac{35}{6}=5\dfrac{5}{6}$ ➡ $5+6+5=16$

4 물이 얼면 부피가 $\dfrac{1}{11}$만큼 늘어나므로 얼음이 녹으면 반대로 $\dfrac{1}{12}$만큼 줄어듭니다.

녹은 얼음의 부피를 $\square$ cm³라 하면

$\square\times\dfrac{11}{12}+240-\square=228$, $\square=144$

따라서 녹은 얼음의 양은 전체의

$\dfrac{144}{240}\times100=60(\%)$입니다.

5 1시간에 A는 전체의 $\dfrac{1}{3}$씩 타고 B는 $\dfrac{1}{4}$씩 탑니다.

양초가 탄 시간을 $\square$시간이라 하면

$\left(1-\dfrac{1}{3}\times\square\right)\times2=1-\dfrac{1}{4}\times\square$, $\square=\dfrac{12}{5}$

따라서 양초에 불을 붙인 시각은

$4-\dfrac{12}{5}=1\dfrac{3}{5}$(시) ➡ 1시 36분

6 처음 직육면체의 부피를 $\square$ cm³라고 하면 만든 직육면체의 부피는

$\left(1.5\times\dfrac{3}{4}\times0.6\right)\times\square$

$=\left(\dfrac{3}{2}\times\dfrac{3}{4}\times\dfrac{3}{5}\right)\times\square=\dfrac{27}{40}\times\square$이므로

$\square-\dfrac{27}{40}\times\square=260$, $\dfrac{13}{40}\times\square=260$, $\square=800$

따라서 처음 직육면체의 부피는 800 cm³입니다.

7 6학년 학생이 졸업하기 전 축구부원의 수를 $\square$명이라 하면

$\square\times\dfrac{1}{2}+25=\left(\square\times\dfrac{1}{2}+25\right)\times\dfrac{1}{2}+2+36$

$\square=102$

정답과 풀이

8 처음 A의 용돈은 전체의 $\dfrac{10}{18}$이었는데 C에게 4000원을 주었을 때는 전체의 $\dfrac{7}{15}$이었으므로 세 사람의 용돈의 합은 $4000 \div \left(\dfrac{10}{18} - \dfrac{7}{15}\right) = 45000$(원)입니다.

또, 처음에 B의 용돈은 전체의 $\dfrac{5}{18}$였으나 C에게 얼마인가를 주어서 전체의 $\dfrac{4}{15}$가 되었습니다.

따라서 B가 C에게 준 금액은

$45000 \times \left(\dfrac{5}{18} - \dfrac{4}{15}\right) = 500$(원)입니다.

9 A지점에서 D지점까지 이동상태를 그림으로 나타내면 다음과 같습니다.

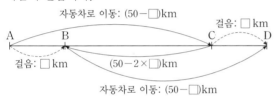

C지점부터 D지점까지 걸어 가는 데 걸린 시간이나 C지점에서 B지점으로 갔다가 B지점에서 D지점까지 자동차로 이동하는 데 걸린 시간은 같습니다.

$\dfrac{50 - 2 \times \square + 50 - \square}{57} = \dfrac{\square}{6}$

$(100 - 3 \times \square) \times 6 = 57 \times \square$, $\square = 8$(km)

따라서 A 지점에서 D 지점까지 이동하는 데 걸린 시간은 $\dfrac{42}{57} + \dfrac{8}{6} = 2\dfrac{4}{57}$(시간)입니다.

10 사온 물건의 총 개수를 □개라 하면

$\left(\square \times \dfrac{1}{2} + 15\right) \times 1600 = \square \times 1200$, $\square = 60$

따라서 물건을 모두 팔았을 때의 이익은

$60 \times (1600 - 1200) = 24000$(원)입니다.

11 평지에서는 매분 $4200 \div 60 = 70$(m)를 가는 빠르기로 걸었으므로

내리막길에서는 매분 $70 \times \dfrac{12}{10} = 84$(m)를 가는 빠르기로, 오르막길에서는 매분 $70 \times \dfrac{9}{10} = 63$(m)의 빠르기로 걸었습니다.

내리막길과 오르막길의 거리의 합은

$4550 - (70 \times 50) = 1050$(m)이므로

내리막길은 $(1050 - 63 \times 15) \div (84 - 63) = 5$(분),
오르막길은 $15 - 5 = 10$(분) 걸렸습니다.

따라서 내리막길은 $5 \times 84 = 420$(m),
오르막길은 $63 \times 10 = 630$(m)입니다.

12

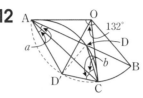

삼각형 OAD′에서 (선분 AO) = (선분 AD)
= (선분 AD′)이므로 삼각형 OAD′는 정삼각형입니다.
또, 삼각형 OAB는 이등변삼각형이므로
(각 OAB) = $(180° - 132°) \div 2 = 24°$,
(각 a) = $(60° - 24°) \div 2 = 18°$입니다.
삼각형 OAC는 이등변삼각형이므로 각 AOC는
$180° - (24° + 18°) \times 2 = 96°$입니다.
삼각형 OD′C에서 각 D′OC는 $96° - 60° = 36°$이므로
삼각형 ADD′과 삼각형 OD′C는 합동입니다.
따라서 삼각형 DD′C는 세 변의 길이가 같은 정삼각형이므로 (각 b) = $60° \div 2 = 30°$입니다.

13 85분 후의 갑, 을, 병의 위치는 오른쪽 그림과 같습니다.

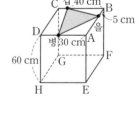

갑 = $4 \times 85 = 340$(cm)
을 = $5 \times 85 = 425$(cm)
병 = $6 \times 85 = 510$(cm)
따라서, 삼각형의 넓이는

$(30 + 40) \times 60 \times \dfrac{1}{2} - 30 \times 55 \times \dfrac{1}{2} - 5 \times 40 \times \dfrac{1}{2}$

$= 1175$(cm^2)입니다.

14 정십이각형의 한 꼭짓점에서 하나씩 건너 뛰어 6개의 꼭짓점을 연결하여 정육각형을 만들면 오른쪽 그림과 같습니다.

삼각형 OAC는 한 변의 길이가 10 cm인 정삼각형이므로 선분 AD의 길이는 5 cm입니다.
따라서 삼각형 OAB의 넓이는

$10 \times 5 \times \dfrac{1}{2} = 25$(cm^2)이므로

정십이각형의 넓이는 $25 \times 12 = 300$(cm^2)입니다.

15 공의 반지름 BC의 길이는 15 cm이므로 선분 AC의 길이는 25 cm입니다. 직각삼각형의 세 변의 길이의 비는 3 : 4 : 5이므로 선분 AB의 길이는

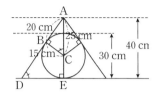

$25 \times \dfrac{4}{5} = 20 (\text{cm})$이고, 삼각형 AED는 삼각형 ABC를 2배 확대한 것이므로 선분 ED의 길이는 30 cm입니다. 따라서 그림자의 넓이는

$30 \times 30 \times 3.14 = 2826 (\text{cm}^2)$

16 (주황색) + (빨간색) : $150° \div 15 \times 11 = 110°$

(연두색) + (노란색) : $360° - (150° + 110°) = 100°$

노란색 : $100° \div (2+3) \times 3 = 60°$

따라서 $30 \times \dfrac{60}{360} = 5(\text{cm})$입니다.

17 삼각형 APR의 넓이는 삼각형 ABC의 넓이의

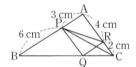

$\dfrac{3}{9} \times \dfrac{4}{6} = \dfrac{2}{9}$이므로 삼각형 PBQ의 넓이는 삼각형 ABC의 넓이의 $\dfrac{2}{9} \times 2 = \dfrac{4}{9}$입니다. 또, 삼각형 PBC의 넓이는 삼각형 ABC의 넓이의 $\dfrac{2}{3}$이므로 삼각형 PQC의 넓이는 삼각형 ABC의 넓이의 $\dfrac{2}{3} - \dfrac{4}{9} = \dfrac{2}{9}$이고, 선분 BQ와 선분 QC의 길이의 비는 $4 : 2 = 2 : 1$입니다.

따라서 삼각형 RQC의 넓이는 삼각형 ABC의 넓이의 $\dfrac{1}{3} \times \dfrac{2}{6} = \dfrac{1}{9}$이므로 삼각형 PQR의 넓이는 삼각형 ABC의 넓이의 $1 - \left(\dfrac{2}{9} + \dfrac{4}{9} + \dfrac{1}{9}\right) = \dfrac{2}{9}$입니다.

그러므로 삼각형 PQR과 삼각형 ABC의 넓이의 비는 2 : 9입니다.

18 삼각형 FBE는 삼각형 ABD를 1.5배 확대한 것이므로 삼각형 ABD와 삼각형 FBE의 길이의 비는 2 : 3이고, 넓이의 비는 4 : 9입니다.

삼각형 ABD 넓이를 4라 하면 색칠한 부분의 넓이는 5가 되므로 정삼각형의 넓이의 $\dfrac{5}{8}$입니다.

19 반지름이 5 cm인 원주의 길이가 a cm이므로 $a = 10 \times 3.14 = 31.4$입니다.

따라서 색칠한 부분의 넓이가 $(6 \times 6 - 4 \times 4) \times 3.14 = 20 \times 3.14 = 62.8(\text{cm}^2)$이므로 □ 안에 알맞은 수는 $62.8 \div 31.4 = 2$입니다.

20 원뿔 모양의 그릇의 수면의 넓이를 5라 하면 원기둥 모양의 그릇의 수면의 넓이는 3입니다. 원뿔의 물의 깊이를 □라 하면 원기둥의 물의 깊이는 □ − 3이므로

$5 \times □ \times \dfrac{1}{3} : 3 \times (□ - 3) = 125 : 108$,

$□ = \dfrac{75}{13}(\text{cm})$

따라서 원뿔 모양의 그릇의 수면의 넓이를 △라 하면

$△ \times \dfrac{75}{13} \times \dfrac{1}{3} = 125$, $△ = 65(\text{cm}^2)$

21 1분당 넣는 물의 양은 $(60 \times 60 \times 30) \div (43.5 - 16.5) = 4000(\text{cm}^3)$입니다.

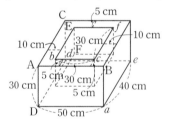

그래프 Ⅰ에서 (선분 AD) = 30 cm,

그래프 Ⅱ에서 (선분 AB) = 50 cm,

(선분 bc) = $40 - 10 = 30(\text{cm})$입니다.

그래프 Ⅱ에서 6분 만에 10 cm의 깊이가 되므로 직사각형 ADdC의 넓이는 $60 \times 60 - (4000 \times 6 \div 10) = 1200(\text{cm}^2)$이고 (선분 D$d$) = (선분 ae) = $1200 \div 30 = 40(\text{cm})$, (선분 fc) = $40 - 5 \times 2 = 30(\text{cm})$입니다.

그래프 Ⅰ에서 $16.5 - 12 = 4.5$(분) 동안 들어간 물의 양은 $4000 \times 4.5 = 18000(\text{cm}^3)$이므로 선분 EF의 길이는 $18000 \div (30 \times 30) = 20(\text{cm})$입니다.

22

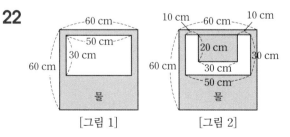

[그림 1]　　　　[그림 2]

[그림 1]은 5 cm 깊이까지, [그림 2]는 5 cm부터 35 cm 깊이까지 물을 넣었을 때의 상황입니다.

9분 동안 들어간 물의 양은 $4000 \times 9 = 36000 (\text{cm}^3)$ 이고, 물을 넣기 시작하여 깊이가 5 cm가 될 때까지 들어간 물의 양은

$(60 \times 60 - 30 \times 50) \times 5 = 10500 (\text{cm}^3)$입니다.

나머지 물 $36000 - 10500 = 25500 (\text{cm}^3)$가 1 cm에 $60 \times 60 - (30 \times 50 - 20 \times 30) = 2700 (\text{cm}^3)$씩 차오르므로 5 cm부터 $25500 \div 2700 = 9\frac{4}{9} (\text{cm})$만큼 올라갔습니다.

따라서 물의 깊이는 $5 + 9\frac{4}{9} = 14\frac{4}{9} (\text{cm})$입니다.

23 $5 \times 5 \times 3 \times 3 = 225 (\text{mL})$

$(1125 + 225) \div 2 = 575 (\text{mL})$

24 (1) 한 개의 꼭짓점을 지나 돌아오는 경우 : 6가지

(2) 두 개의 꼭짓점을 지나 돌아오는 경우 :

$2 \times 6 = 12 (가지)$

(3) 세 개의 꼭짓점을 지나 돌아오는 경우 :

$2 \times 6 = 12 (가지)$

(4) 네 개의 꼭짓점을 지나 돌아오는 경우 :

$2 \times 6 = 12 (가지)$

(5) 다섯 개의 꼭짓점을 지나 돌아오는 경우 :

$2 \times 6 = 12 (가지)$

(6) 여섯 개의 꼭짓점을 지나 돌아오는 경우 :

$2 \times 6 = 12 (가지)$

따라서 꼭짓점 ㄱ에서 출발하여 다시 꼭짓점 ㄱ으로 돌아오는 방법은 모두 $6 + 12 \times 5 = 66 (가지)$입니다.

25 A, B는 같은 방이므로 A, B가 들어갈 수 있는 방은 대, 중 2개 중 하나입니다.

A, B가 중간 방에 들어가는 경우 : 2가지

대	중	소
D, E, F	A, B	C
C, E, F	A, B	D

A, B가 가장 큰 방에 들어가는 경우 : 10가지

대	중	소
C	D, E	F
C	D, F	E
C	E, F	D
D	C, E	F
D	E, F	C
D	C, F	E
E	F, D	C
E	F, C	D
F	E, D	C
F	E, C	D

따라서 모두 12가지입니다.

제10회 예상문제 79~86

1 15		**2** 360명	
3 67개		**4** 7	
5 고급 커피 : 18000원, 일반 커피 : 13500원			
6 1590000원		**7** 9.6 km	
8 둘째 : 2000만 원, 셋째 : 1700만 원			
9 1시간 40분			
10 3분 30초 : 2곡, 4분 : 3곡			
11 2222병, 2개		**12** ㉮=57.5, ㉯=80	
13 45 cm		**14** 96.4 %	
15 16.125 cm²		**16** 16 cm²	
17 452.16 cm²		**18** 12.56 cm	
19 1시간 10분		**20** 150 g	
21 1728 cm³		**22** 1950 cm³	
23 11분 20초		**24** 610 cm	
25 한초 : 동민, 용희 : 한초, 동민 : 상연, 상연 : 용희			

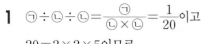

1 $\bigcirc \div \bigcirc \div \bigcirc = \dfrac{\bigcirc}{\bigcirc \times \bigcirc} = \dfrac{1}{20}$ 이고

$20 = 2 \times 2 \times 5$ 이므로

$$\dfrac{1}{20} = \dfrac{5}{(2 \times 5) \times (2 \times 5)} = \dfrac{5}{10 \times 10}$$

따라서 $\bigcirc = 5$, $\bigcirc = 10$ 이므로

$\bigcirc + \bigcirc = 5 + 10 = 15$ 입니다.

2

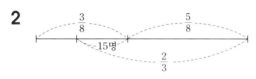

$$15 \div \left(\dfrac{2}{3} - \dfrac{5}{8} \right) = 15 \div \dfrac{1}{24} = 360(\text{명})$$

3 ▲가 0부터 5까지일 때 ■는 0부터 9까지 10개씩 있으므로 $6 \times 10 = 60(\text{개})$

▲가 6일 때 $86.78 \div 2 = 43.39$ 이므로

■는 4부터 9까지로 6개

▲가 7일 때 $87.78 \div 2 = 43.89$ 이므로

■는 9이며 1개

▲가 8일 때 $88.78 \div 2 = 44.39$ 이므로

■ 안에 알맞은 숫자는 없습니다.

▲가 9일 때도 ■ 안에 알맞은 숫자는 없습니다.

따라서 알맞은 숫자의 쌍은 $60 + 6 + 1 = 67(\text{개})$입니다.

4 가장 큰 수를 □라 하고 지워진 수를 1이라 하면 나머지 수의 평균은

$$\dfrac{2 + 3 + 4 + \cdots + \square}{\square - 1} = \dfrac{\square + 2}{2}$$

또 지워진 수를 □라 하면, 나머지 수의 평균은

$$\dfrac{1 + 2 + 3 + \cdots + (\square - 1)}{\square - 1} = \dfrac{\square}{2}$$

그런데 지워진 수는 1과 □ 사이의 수이므로

$$\dfrac{\square}{2} \le 35\dfrac{7}{17} \le \dfrac{\square + 2}{2}, \quad \square \le 70\dfrac{14}{17} \le \square + 2$$

따라서 $68\dfrac{14}{17} \le \square \le 70\dfrac{14}{17}$ 이므로

□는 69 또는 70입니다.

그런데 $35\dfrac{7}{17} \times (\square - 1)$이 정수가 되어야 하므로

$(\square - 1)$은 17의 배수이며 □는 69입니다.

따라서 지워진 수는

$(1 + 69) \times 69 \times \dfrac{1}{2} - 35\dfrac{7}{17} \times 68 = 7$입니다.

5 고급 커피와 일반 커피를 $1 : 2$로 섞은 $1\,\text{kg}$의 값은 15000원이므로

$\left(\text{고급 커피} \dfrac{1}{3}\,\text{kg} + \text{일반 커피} \dfrac{2}{3}\,\text{kg} \right) = 15000\text{원} \cdots ①$

고급 커피와 일반 커피를 $2 : 3$으로 섞은 $1\,\text{kg}$의 값은 15300원이므로

$\left(\text{고급 커피} \dfrac{2}{5}\,\text{kg} + \text{일반 커피} \dfrac{3}{5}\,\text{kg} \right) = 15300\text{원} \cdots ②$

①에서 (고급 커피$1\,\text{kg}$ + 일반 커피 $2\,\text{kg}$) = 45000원,

②에서 (고급 커피 $2\,\text{kg}$ + 일반 커피 $3\,\text{kg}$) = 76500원이므로

(고급 커피 $1\,\text{kg}$ + 일반 커피 $1\,\text{kg}$)

$= 76500 - 45000 = 31500(\text{원})$이고,

(일반 커피 $1\,\text{kg}$) $= 45000 - 31500 = 13500(\text{원})$,

(고급 커피 $1\,\text{kg}$) $= 31500 - 13500 = 18000(\text{원})$입니다.

6 5학년 학생 수를 □명, 6학년 학생 수를 △명이라 하면

$\square + \triangle = 530(\text{명})$

$(\text{쓴 돈}) = 5000 \times \left(\dfrac{6}{10} \times \triangle \right) + 3000 \times \square$

$= 3000 \times (\square + \triangle) = 3000 \times 530$

$= 1590000(\text{원})$

7 할아버지 댁까지의 거리를 1이라 하고, 시속 □ km로 달린다면

$$\left(\dfrac{1}{8} - \dfrac{1}{12} \right) : \dfrac{2}{3} = \left(\dfrac{1}{8} - \dfrac{1}{\square} \right) : \dfrac{1}{3}$$

$$\dfrac{1}{24} = 2 \times \left(\dfrac{1}{8} - \dfrac{1}{\square} \right), \quad \dfrac{1}{48} = \dfrac{1}{8} - \dfrac{1}{\square}$$

$$\dfrac{1}{\square} = \dfrac{1}{8} - \dfrac{1}{48}, \quad \dfrac{1}{\square} = \dfrac{5}{48}$$

$\square = 9.6$

8 10년 전에 유산을 분배했다면 둘째 아들은 2000만 원을 받게 되므로 큰 아들과 셋째 아들의 나이의 합은 둘째 아들의 2배이고, 2배라는 관계는 몇 년이 지나도 변함이 없으므로 둘째 아들이 받을 유산은 항상 2000만 원이 되며 큰 아들이 2300만 원을 받았기 때문에 셋째 아들은 1700만 원을 받게 됩니다.

9 A가 올라가는 속력은 시속 $15 \div 2\dfrac{1}{2} = 6(\text{km})$

B가 올라가는 속력은 시속 $15 \div 3\dfrac{1}{3} = 4.5(\text{km})$

물의 속력을 시속 □ km라 하면

$(6 + \square) : (4.5 + \square) = 6 : 5, \quad \square = 3$

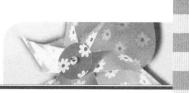

따라서 A의 잔잔한 물에서의 속력은

시속 $6+3=9(km)$이므로

C의 잔잔한 물에서의 속력을 시속 $\triangle$ km라 하면

$9 : \triangle = 6 : 8$, $\triangle = 12$

(C가 걸린 시간)$=15 \div (12-3)=1\frac{2}{3}$(시간)

➡ 1시간 40분

10 연주 시간이 3분 30초인 것과 4분인 것을 연주하는 데 총 걸린 시간 :

25분 15초$-(15$초$\times 5+5$분$)=19$분

따라서 3분 30초인 곡은

$(4\times 5-19)\div\left(4-3\frac{1}{2}\right)=2$(곡)이므로

4분인 곡은 $5-2=3$(곡)입니다.

11 처음에 준비한 2000병의 주스를 다 마시고 나서 2000개의 빈 병을 돌려주면 200개의 주스를 무료로 받게 됩니다. 다시 200개의 주스를 다 마신 후에 20개의 주스를 받게 되고 20개의 주스를 다 마시고 나면 마지막으로 2개의 주스를 받게 됩니다.

따라서 최종적으로 마신 주스는 최대 $2000+200+20+2=2222$(병)이고, 빈 병의 수는 2개입니다.

12 자동차의 속력을 시속 ㉮ km라 하면

㉮ $\times \frac{8}{10} \times \frac{24}{60}=18.4$, ㉮$=57.5$

또한, 목적지까지의 거리를 ㉯ km라 하면

㉯ $\times \frac{23}{100}=18.4$, ㉯$=80$

13 연못의 깊이를 $\square$ cm라 하면

A막대의 길이는 $4\times\square$,

B막대의 길이는 $\frac{7}{3}\times\square$,

C막대의 길이는 $\frac{5}{3}\times\square$입니다.

$4\times\square+\frac{7}{3}\times\square+\frac{5}{3}\times\square=360$, $\square=45$

14 (여학생 수)$=24\times\frac{100}{5}=480$(명)

(남학생 수)$=480\times\frac{100}{96}=500$(명)

(남자 참가자의 비율)$=\left(1-\frac{24-6}{500}\right)\times 100$

$=96.4(\%)$

15 한 변이 5 cm인 정사각형 3개와 반지름이 5 cm인 $\frac{1}{4}$ 원의 넓이의 합에서 반지름이 10 cm인 $\frac{1}{4}$ 원의 넓이를 뺍니다.

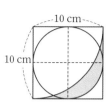

$5\times 5\times 3+5\times 5\times 3.14\times\frac{1}{4}-10\times 10\times 3.14\times\frac{1}{4}$

$=75-(100-25)\times 3.14\times\frac{1}{4}$

$=16.125(cm^2)$

16 (색칠한 부분의 넓이)

$=$(직사각형 ABFE의 넓이)$+$(반원의 넓이)
$-$(반원의 넓이)

즉, 색칠한 부분의 넓이는 직사각형 ABFE의 넓이와 같으므로 $2\times 8=16(cm^2)$입니다.

17 (2개의 밑면의 넓이의 합)

$=(6\times 6-3\times 3+3\times 3)\times 3.14=113.04(cm^2)$

(원기둥의 옆넓이의 합)

$=3\times 2\times 3.14\times 8=150.72(cm^2)$

(원뿔의 옆넓이의 합)

$=10\times 10\times 3.14\times\frac{6}{10}=188.4(cm^2)$

따라서 입체도형의 겉넓이는

$113.04+150.72+188.4=452.16(cm^2)$

18 색칠한 부분 ㉮와 ㉯의 넓이가 같으므로 ㉮와 ㉰의 넓이의 합은 ㉯와 ㉰의 넓이의 합과 같습니다.

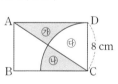

변 AD의 길이를 $\square$ cm라 하면

$\square\times 8\times\frac{1}{2}=8\times 8\times 3.14\times\frac{1}{4}$, $\square=12.56$

19 단위넓이당 1시간 50 mm씩 내리므로 그릇에 차는 빗물의 양은 1시간에

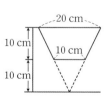

$20\times 20\times 5=2000(cm^3)$

그릇의 부피는

$20\times 20\times 20\times\frac{1}{3}-10\times 10\times 10\times\frac{1}{3}=\frac{7000}{3}(cm^3)$

이므로 그릇에 가득 차게 되는 시간은

$$\frac{7000}{3} \div 2000 = \frac{7000}{3} \times \frac{1}{2000} = \frac{7}{6} = 1\frac{1}{6}(\text{시간})$$

➡ 1시간 10분

20 A는 60 g에 3 cm가 늘어났으므로 1 g당 0.05 cm 씩 늘어나고 B는 30 g에 0.6 cm가 늘어났으므로 1 g 당 0.02 cm씩 늘어납니다.

A의 원래 길이는 18 cm이고 B의 원래 길이는 $25 - (0.02 \times 50) = 25 - 1 = 24(\text{cm})$입니다.

따라서 B에 □g의 추를 매달고

A에는 $(2 \times □)$g의 추를 매달았을 때

$18 + 2 \times □ \times 0.05 = 24 + 0.02 \times □$

$□ = (24 - 18) \div (0.1 - 0.02) = 75$

따라서 A에 매단 추는 $75 \times 2 = 150(\text{g})$입니다.

21 각 방향에서 본 모양은 다음과 같으므로 겉넓이는

앞, 뒤   왼쪽, 오른쪽   위, 아래

$(9 \times 2 + 8 \times 2 + 10 \times 2) \times 4 \times 4 = 864(\text{cm}^2)$이므로 이와 같은 겉넓이를 가진 정육면체의 한 면의 넓이는 $864 \div 6 = 144(\text{cm}^2)$이고, 정육면체의 한 모서리의 길이는 12 cm입니다.

따라서 부피는 $12 \times 12 \times 12 = 1728(\text{cm}^3)$입니다.

22 오른쪽 그림에서 굵은 선으로 둘러싸인 부분의 부피는 B의 부피와 같은 셈이므로

그릇의 밑넓이는

$75 \times 15 \div 5 = 225(\text{cm}^2)$

입니다.

따라서 A의 부피는 $30 \times 10 = 300(\text{cm}^3)$이므로 들어 있는 물의 부피는 $225 \times 10 - 300 = 1950(\text{cm}^3)$ 입니다.

23 $20 \div 40 = 0.5(\text{L})$, $(50 - 15) \div 50 = 0.7(\text{L})$이므로 $0.5 : 0.7 = 5 : 7$에서 A그릇에 들어 있는 물의 양이 B 그릇에 들어 있는 물의 양의 $\frac{5}{8}$가 될 때까지 A의 감소한 물의 양을 ⑤로 하면, B의 증가한 물의 양은 ⑦입니다.

따라서 $20\,\text{L} - ⑤ = (15\,\text{L} + ⑦) \times \frac{5}{8}$에서

①$= 1\frac{2}{15}(\text{L})$이고, A의 감소한 물의 양은

$1\frac{2}{15} \times 5 = 5\frac{2}{3}(\text{L})$이므로

$5\frac{2}{3} \div 0.5 = 11\frac{1}{3}(\text{분})$ ➡ 11분 20초

24 점 ㄱ이 움직인 거리 :

$\left(20 \times 3 \times \frac{1}{2}\right) \times 6 + \left(20 \times 3 \times \frac{300}{360}\right) \times 3$
$= 330(\text{cm})$

점 ㄴ이 움직인 거리 :

$\left(20 \times 3 \times \frac{1}{2}\right) \times 6 + \left(20 \times 3 \times \frac{300}{360}\right) \times 2$
$= 280(\text{cm})$

따라서 점 ㄱ과 점 ㄴ이 움직인 거리의 합은 $330 + 280 = 610(\text{cm})$입니다.

25 표를 그려 생각해 봅니다.

모자주인	한초	용희	동민	상연
한초		×	○	×
용희	○		×	×
동민	×	×		○
상연	×	○	×	

상연이가 전화한 상대는 한초와 통화중이므로 상연이는 한초의 모자를 쓰지 않았습니다. 따라서 용희는 한초의 모자를 썼으므로 상연이는 용희의 모자를 쓰게 되었고 동민이는 상연이의 모자를 쓰게 되었습니다. 또한, 한초는 동민이의 모자를 쓰게 되었습니다.

제11회 예 상 문 제 `87~94`

1 72	**2** 108개
3 15, 24, 36, 45	
4 A : 96000원, B : 64000원	
5 4172장	**6** 42분
7 84.25점	**8** $53\frac{1}{3}$분
9 153 cm	**10** 54 km
11 B : 12 %, C : 4 %	**12** 5 : 2
13 11분	**14** 4.3 m
15 30.78 cm²	**16** 2분 36초
17 82.8 cm	
18 삼십각형, 사십팔각형	
19 $5\frac{1}{7}$ cm	**20** 5 cm
21 184 cm³	**22** 960 cm²
23 3 : 5 : 8	**24** 26 cm
25 60가지	

1 ㉡은 어떤 수의 소수 부분이므로 $0<㉡<1$에서
$4\times㉡$은 4보다 작은 수입니다.
$8\times㉠$은 145에 가까운 8의 배수이므로
$8\times18=144$에서 ㉠=18입니다.
어떤 수의 소수 부분은 $144+4\times㉡=145$에서
㉡$=(145-144)\div4=0.25$입니다.
따라서 ㉠$\div$㉡$=18\div0.25=72$입니다

2

E가 15개를 가지고 남은 구슬의 수를 □개라고 하면
$15+\frac{1}{7}\times□=\frac{6}{7}\times□$, □$=21$

따라서 F가 가지는 구슬은 $\frac{6}{7}\times21=18$(개)이므로 선
생님께서 주신 구슬은 모두 $18\times6=108$(개)입니다.

3 몫의 합이 4가 되는 경우는
처음에 몫이 4인 경우,
처음에 몫이 3, 두 번째 몫이 1인 경우,
처음에 몫이 2, 두 번째 몫이 2인 경우,

처음에 몫이 1, 두 번째 몫이 3인 경우,
처음에 몫이 1, 두 번째 몫이 1, 세 번째 몫이 2인 경우
등으로 생각할 수 있으나
처음에 몫이 3, 두 번째 몫이 1인 경우는 나누는 수와
나머지가 같은 경우이므로 성립되지 않습니다.
(처음에 몫이 4인 경우) :
$60\div□=4$에서 □$=15$
(처음에 몫이 2, 두 번째 몫이 2인 경우) :
$60\div□=2\cdots\frac{1}{2}\times□$, □$=24$
(처음에 몫이 1, 두 번째 몫이 3인 경우) :
$60\div□=1\cdots\frac{1}{3}\times□$, □$=45$
(처음에 몫이 1, 두 번째 몫이 1, 세 번째 몫이 2인 경
우) :
$60\div□=1\cdots(60-□)$
□$\div(60-□)=1\cdots□-(60-□)$
$(60-□)\div(2\times□-60)=2$
$60-□=4\times□-120$, □$=36$
따라서 B는 15, 24, 36, 45입니다.

4 (A와 B의 정가의 합)
$=133120\div(100-16.8)\times100=160000$(원)
A의 정가를 □원이라 하면 B의 정가는
$(160000-□)$원이므로
□$\times\frac{82}{100}+(160000-□)\times\frac{85}{100}=133120$
□$=96000$(원)
따라서 B의 정가는 $160000-96000=64000$(원)

별해
(A의 정가) : (B의 정가)
$=(16.8-15):(18-16.8)=3:2$
(A와 B의 정가의 합)
$=133120\div(100-16.8)\times100=160000$(원)
(A의 정가)$=160000\times\frac{3}{5}=96000$(원)
(B의 정가)$=160000\times\frac{2}{5}=64000$(원)

5 가로로 □장 나열하면 세로는 $2\times□$장 나열하게 됩니다.
$2\times□\times3+6\times□+18=300+246$
$12\times□=300+246-18$, □$=44$
따라서 타일 수는 $44\times2\times44+300=4172$(장)입니다.

6 1시간 동안 모든 보트에 탈 수 있는 전체 인원에 대하여 총 시간을 분으로 나타내면
$(3 \times 2 + 2 \times 4) \times 60 = 840$(분)이므로 1명이 탈 수 있는 시간은 $840 \div 20 = 42$(분)입니다.

7 (D의 점수)$= 81 \times 3 - 83.5 \times 2 = 76$(점)
$\dfrac{A+B}{2} = \dfrac{A+B+76}{3} + 4$에서
(A와 B의 점수의 합)$= (76+12) \times 2 = 176$(점)
A는 B보다 12점 높으므로
(A의 점수)$= (176+12) \div 2 = 94$(점)
따라서 4명의 평균 점수는
$(81 \times 3 + 94) \div 4 = 84.25$(점)입니다.

8 숫자와 숫자 사이의 중심각은 $36°$이며 시침은 60분 동안에 $36°$를 움직이므로 1분 동안에는 $0.6°$움직이게 됩니다.
또한, 분침은 1분에 $6°$씩 움직이게 되므로 8시와 9시 사이에 분침과 시침이 만나는 시각은
$36° \times 8 \div (6° - 0.6°) = 53\dfrac{1}{3}$(분)입니다.

9 (학용품을 포장하기 전 리본의 길이)
$= (132+7.5) \div (1-0.75) = 558$(cm)
(전체 리본의 길이)
$= (558-10.53) \div (1-0.23) = 711$(cm)
(책을 포장한 리본의 길이)
$= 711 \times 0.23 - 10.53 = 153$(cm)

10 (B열차와 A열차의 초속의 차)
$= B - A = (160+92) \div 28 = 9$(m/초)
(A열차와 속도를 낮추었을 때의 B열차의 초속의 차)
$= A - B \times \dfrac{3}{8} = (90+92+160) \div 57 = 6$(m/초)
(B열차의 초속)$= (9+6) \div \left(1 - \dfrac{3}{8}\right) = 24$(m/초)
따라서 A열차의 시속은
$15 \times 60 \times 60 = 54000$(m) ➡ 시속 54 km입니다.

11 (B 300 g, C 400 g에 들어 있는 소금의 양)
$= (200+300+400) \times \dfrac{8}{100} - 200 \times \dfrac{10}{100} = 52$(g)
(B 300 g, C 100 g에 들어 있는 소금의 양)
$= (400+300+100) \times \dfrac{10}{100} - 400 \times \dfrac{10}{100} = 40$(g)

따라서 C 300 g에 들어 있는 소금의 양은
$52-40 = 12$(g)이므로 C의 농도는 4 %입니다.
또한, B 300 g에 들어 있는 소금의 양은
$40-12 \div 3 = 36$(g)이므로 B의 농도는 12 %입니다.

12 A상품 1개의 무게와 B상품 1개의 무게의 비가 $2:3$이므로 A상품 3개와 B상품 5개의 무게의 비는
$6:15$입니다.
이때 A상품 3개와 B상품 5개의 가격은 서로 같으므로 A 상품과 B 상품의 가격의 비는 $5:3$입니다.
따라서 A와 B를 같은 무게만큼 샀을 때의 값을 가장 간단한 자연수의 비로 나타내면
$(5 \div 2):(3 \div 3) = 5:2$입니다.

13 탱크의 들이를 30, 24, 20의 최소공배수인 120이라 하면 각 수도관에서 1분 동안에 나오는 물의 양은 다음과 같습니다.
A는 $120 \div 30 = 4$
B는 $120 \div 24 = 5$
C는 $120 \div 20 = 6$
따라서 C를 사용한 시간은
$[120 - \{(14-6) \times 4 + 5 \times 14\}] \div 6 = 3$(분)이므로
C에서 $14-3 = 11$(분) 동안 물이 나오지 않았습니다.

14 기둥과 평행하게 있는 그림자는 실제 그림자의 길이로 생각하지 않습니다.
그림자의 총 길이는 $6+0.5+0.5 = 7$(m)이므로 이 그림자의 길이에 대한 실제 높이는
$140:350 = \square:7$, $2:5 = \square:7$, $\square = 2.8$(m)
따라서 기둥의 높이는 $2.8+0.5 \times 3 = 4.3$(m)입니다.

15 (㉮ 부분의 넓이)
$= 12 \times 12 \times 3.14 \times \dfrac{1}{8}$
$\quad - 12 \times 12 \times \dfrac{1}{4}$
$= 20.52$(cm^2)
(㉯ 부분의 넓이)
$= 6 \times 6 \times 3.14 \times \dfrac{1}{4} - 6 \times 6 \times \dfrac{1}{2} = 10.26$(cm^2)
따라서 색칠한 부분의 넓이는
$20.52 + 10.26 = 30.78$(cm^2)입니다.

16 ㉮의 위치에서 ㉯의 위치로 가는 데 정오각형은 $72°$의 회전을 하며 12초 걸렸으므로 1초에 $6°$씩 회전을 합

니다.

또, ㉴의 위치에서 ㉵의 위치까지 회전한 각은 $360°-(90°+108°)=162°$이므로 정오각형이 정사각형을 한 바퀴 돌 때 정오각형이 회전한 각은 $(72°+162°)×4=936°$입니다.

따라서 걸린 시간은

$936°÷6°=156$(초) ➡ 2분 36초입니다.

17 점 D가 점 A의 둘레를 1회전 할 때 3개의 변이 지나가서 생기는 도형은 다음과 같습니다.

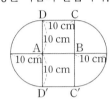

따라서 도형의 둘레는

$10×2×3.14+10×2=82.8$(cm)입니다.

18 한 꼭짓점에서 그은 대각선의 개수의 비가 $3:5$이므로 한 꼭짓점에서 그은 대각선의 개수를 각각 ③, ⑤라 하면 변의 수는 각각 ③+3, ⑤+3입니다.

변의 수의 차가 18개이므로

$(⑤+3)-(③+3)=18$에서 ①=9이므로 구하려고 하는 도형은 각각 30각형, 48각형입니다.

19 선분 AD와 선분 BE의 길이의 비는 $3:4$이므로

선분 GD의 길이는 $19×\frac{3}{7}=8\frac{1}{7}$(cm)이고,

선분 FD와 선분 BE의 길이의 비는

$3×\frac{1}{4}:4=3:16$이므로 선분 HD의 길이는

$19×\frac{3}{19}=3$(cm)입니다.

따라서 선분 GH의 길이는 $8\frac{1}{7}-3=5\frac{1}{7}$(cm)

20 선분 DE와 선분 DF의 길이의 비가 $3:2$이므로 각각의 길이를 ③, ②라 하면

$6×③×\frac{1}{2}+6×②×\frac{1}{2}=⑨+⑥=15$에서

①=1이므로 선분 DE와 선분 DF의 길이의 합은 $(3+2)×1=5$(cm)입니다.

21 삼각형 HIC는 삼각형 FIG를 확대시킨 도형입니다.

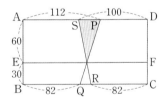

선분 FI의 길이를 □라 하면

$5:(4+□)=3:□$

$12+3×□=5×□$

$□=6$(cm)

따라서 입체도형의 부피는

$(5×5×10-3×3×6$

$-2×2×3)×3×\frac{1}{3}=184$(cm³)입니다.

22 출발할 때 선분 PQ와 선분 EF가 만난 점이 점 E로부터 떨어진 거리 :

$(40-10)×\frac{30}{60+30}+10=20$(cm)

출발할 때 선분 SR과 선분 EF가 만난 점이 점 F로부터 떨어진 거리 :

$(28-10)×\frac{30}{60+30}+10=16$(cm)

선분 PQ와 선분 SR이 선분 EF 위의 한 점에서 만나는 데 걸린 시간 : $\{180-(20+16)\}÷2=72$(초)

따라서 72초 후에는 다음 그림과 같습니다.

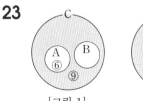

(선분 SP)$=(112+100)-180=32$(cm)

그러므로 구하려고 하는 삼각형의 넓이는

$32×60×\frac{1}{2}=960$(cm²)입니다.

23

[그림 1]   [그림 2]

세 그릇의 들이의 비는

$(15-9):(40-25):64=6:15:64$입니다.

1분 동안 들어가는 물의 양을 ①로 하면 [그림 1]에서 색칠한 부분의 물의 양은 ⑨, A의 물의 양은 ⑥이고 높이가 같으므로 밑넓이의 비는 $9:6$입니다.

[그림 2]에서 색칠한 부분과 B 부분에 대해 생각하면, 같은 높이까지 물이 들어가는 데 색칠한 부분은 25분, B 부분은 15분 걸리므로 색칠한 부분과 B 부분의 밑넓이의 비는 $25 : 15 = 5 : 3 = 15 : 9$이고, A : B : C 의 밑넓이의 비는 $6 : 9 : (15+9) = 2 : 3 : 8$입니다.
따라서 높이의 비는
$(6 \div 2) : (15 \div 3) : (64 \div 8) = 3 : 5 : 8$입니다.

24 옆면을 지날 때마다 밑면에 대하여 같은 각도로 움직이므로 한 면을 지날 때마다 높이의 $\frac{1}{5}$씩 올라가게 됩니다.

모서리 ㅇㄷ을 지날 때의 높이 :
$5 + 20 \times \frac{1}{5} = 9 \, (\text{cm})$

모서리 ㅇㄹ을 지날 때의 높이 :
$9 + 16 \times \frac{1}{5} = \frac{61}{5} \, (\text{cm})$

모서리 ㅇㅁ을 지날 때의 높이 :
$\frac{61}{5} + \frac{64}{5} \times \frac{1}{5} = \frac{369}{25} \, (\text{cm})$

모서리 ㅇㄱ을 지날 때의 높이 :
$\frac{369}{25} + \frac{256}{25} \times \frac{1}{5} = 16\frac{101}{125} = 16.808 \, (\text{cm})$

따라서 A=9, B=17이므로 A+B=9+17=26입니다.

25 1초마다 각각의 꼭짓점에 갈 수 있는 방법을 생각합니다.

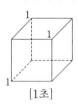
[1초]

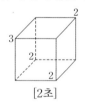
[2초]

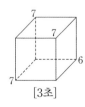
[3초]

[4초]

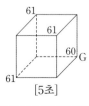
[5초]

따라서 5초 후에 꼭짓점 G에 놓이는 방법은 60가지입니다.

1 10개	**2** 58.7
3 540개	**4** 20 %, 480 g
5 62분	**6** $9\frac{1}{3}$분
7 B, $\frac{8}{63}$	**8** 6일
9 72	**10** 78명
11 50 cm, 18 cm	
12 점 P : 28번, 점 Q : 50번, 점 R : 21바퀴	
13 이십각뿔	**14** 9 : 1
15 4 : 5	**16** 66개
17 26.17 cm²	**18** 13배
19 50명	**20** 6435
21 100초	**22** 5분 40초
23 96 cm²	**24** 12 cm
25 24개	

1 $\dfrac{1}{㉠}÷㉡=\dfrac{1}{㉠×㉡}$이므로 $\dfrac{1}{㉠×㉡}×1000>4$가 되려면 $\dfrac{1}{㉠×㉡}>\dfrac{4}{1000}=\dfrac{1}{250}$에서 ㉠×㉡은 250보다 작아야 합니다.

$6×7=42, 7×8=56, \cdots, 15×16=240, 16×17=272$ 이므로 ㉠×㉡이 250보다 작은 것은 $15-5=10$(개)입니다.

2 각각의 수를 3번씩 더한 합이 767.4이므로 네 수의 합은 767.4÷3=255.8입니다.

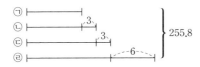

㉡과 ㉢의 차는 3, ㉠과 ㉡의 차는 3, ㉢과 ㉣의 차는 6이므로

㉠=(255.8-3-6-12)÷4=58.7

3 A 상자에 들어 있는 2700개 중 30 %가 검은 돌이므로 검은 돌은 810개, 흰 돌은 1890개이고, B 상자에 들어 있는 1200개 중 90 %가 검은 돌이므로 검은 돌은 1080개, 흰 돌은 120개입니다. 그런데 처음의 B 상자와 옮긴 후의 B 상자의 검은색의 비율은 같으므로 A 상자로 옮긴 개수의 90 %도 검은 돌입니다.

B 상자에서 A 상자로 옮긴 흰 돌의 개수를 ①이라 하면 옮긴 검은 돌의 개수는 ⑨입니다.

A 상자에 들어 있는 검은 돌이 40 %이므로

$(810+⑨) : (1890+①)=4 : 6=2 : 3$

$3780+②=2430+㉗, ①=54$

따라서 B 상자에서 A 상자로 옮긴 돌의 개수는 540개입니다.

4 어떤 소금물의 양을 □ g, 소금의 양을 △라 하면

$\dfrac{△+20}{□+20}×100-\dfrac{△}{□+20}×100=3.2+0.8$에서

$\dfrac{20}{□+20}×100=3.2+0.8, □=480(g)$

농도를 △%라 하면

$\dfrac{480×\dfrac{△}{100}+20}{480+20}×100=△+3.2, △=20(\%)$

5 1시간 48분=108분, 3시간 36분=216분이므로 A 마을과 B 마을 사이의 거리를 24, 108, 216의 최소공배수인 216이라 가정하면 1분에 가는 거리는 자동차, 자전거, 도보로 각각 9, 2, 1입니다.

같은 거리씩 갈 경우 :

$72÷9+72÷2+72÷1=116$(분)

같은 시간씩 갈 경우 : $216÷(9+2+1)=18$(분)

총 걸린 시간 : $18×3=54$(분)

따라서 걸린 시간의 차는 $116-54=62$(분)입니다.

6 갑이 을보다 속도가 빠르기 때문에 같은 장소에서 동시에 출발하여 갑이 을을 따라잡은 것은 갑과 을이 간 거리의 차가 트랙 한 바퀴일 때입니다.

(트랙 1바퀴의 길이)=$(190-160)×4=120(m)$

병의 분속을 □m라 하면 병이 을을 따라잡는 데는 동시에 출발한 후 $4+3=7$(분) 만이므로

$(□-160)×7=120$에서 $□=177\dfrac{1}{7}$

따라서 갑이 병을 따라잡는 데는 동시에 출발한 지

$120÷\left(190-177\dfrac{1}{7}\right)=9\dfrac{1}{3}$(분) 만입니다.

7 A, B, C의 분자의 비가 $3:2:4$이므로 A의 분자를 ③이라 하면 B의 분자는 ②, C의 분자는 ④입니다.

또한 A, B, C의 분모의 비가 $5:9:15$이므로 A의 분모를 ⑤라 하면 B의 분모는 ⑨, C의 분모는 ⑮입니다.

$$\frac{③}{⑤}+\frac{②}{⑨}+\frac{④}{⑮}=\frac{27}{45}+\frac{10}{45}+\frac{12}{45}=\frac{49}{45}=\frac{196}{315}$$

따라서 ①$=4$, △$=7$이므로 가장 작은 분수는 B이며

$$\frac{2\times4}{9\times7}=\frac{8}{63}$$ 입니다.

8 풀이 매일 일정하게 자라는 양을 a, 처음의 풀의 양을 b, 소 한 마리가 하루에 먹는 양을 1이라 하면

$$36\times8=8\times a+b$$
$$24\times16=16\times a+b$$
$$a=(24\times16-36\times8)\div(16-8)=12$$
$$b=36\times8-8\times12=192$$

하루에 자라는 풀의 양은 소 12마리가 먹을 수 있는 양이므로 44마리 중 12마리가 새로 자라나는 풀을 먹으면 나머지 32마리는 $192\div(44-12)=6$(일) 동안 처음의 풀을 먹게 됩니다.

9 가$+$나$+$다$=10\frac{2}{5}$

➡ 가$\times\frac{1}{4}+$나$\times\frac{1}{4}+$다$\times\frac{1}{4}$

$$=10\frac{2}{5}\times\frac{1}{4}=2\frac{3}{5}\cdots①$$

가$\times\frac{17}{4}+$나$\times\frac{1}{4}+$다$\times\frac{1}{4}=9\frac{7}{10}\cdots②$

식 ①, ②에서 두 식의 차가 가의

$$\frac{17}{4}-\frac{1}{4}=4(배)임을 알 수 있으므로$$

가$=\left(9\frac{7}{10}-2\frac{3}{5}\right)\div4=1\frac{31}{40}$ 입니다.

➡ ㉠$+$㉡$+$㉢$=1+40+31=72$

10 긴 의자의 개수를 □개라 하면

$$4\times□\times\frac{130}{100}=5\times□+3$$
$$0.2\times□=3$$
$$□=15$$

(참석자 수)$=15\times5+3=78$(명)

11 큰 직사각형의 긴 변의 길이를 ④라 하면 짧은 변의 길이는 ①, 작은 직사각형의 긴 변의 길이는

$$③\times\frac{4}{5}=\left(\frac{12}{5}\right), 작은 정사각형의$$

한 변의 길이는

$$\left(\frac{12}{5}\right)-\left(\frac{3}{5}\right)=\left(\frac{9}{5}\right)입니다.$$

$$⑤\times⑤-\left(\frac{9}{5}\right)\times\left(\frac{9}{5}\right)=2176, ㉕-\left(\frac{81}{25}\right)=2176$$

$$①\times①=100, ①=10$$

따라서 처음 정사각형의 한 변의 길이는

$$5\times10=50(\text{cm})이고,$$

작은 정사각형의 한 변의 길이는

$$\frac{9}{5}\times10=18(\text{cm})입니다.$$

12 (선분 AD의 길이)$=168\times2\div14=24(\text{cm})$

(선분 BE의 길이)$=168\times2\div25=\frac{336}{25}(\text{cm})$

(삼각형 ABC의 둘레의 길이)

$$=25\times2+14=64(\text{cm})$$

따라서 길이의 비는

$$=\underset{(왕복)}{24\times2}:\underset{(왕복)}{\frac{336}{25}\times2}:64=75:42:100$$

75와 42와 100의 최소공배수는 2100이므로

점 P는 $2100\div75=28$(번)

점 Q는 $2100\div42=50$(번)

점 R은 $2100\div100=21$(바퀴)

13 밑면의 변의 수를 □개라고 하면

$$8\times□+12\times□=400, 20\times□=400, □=20$$

따라서 밑면의 변의 수가 20개이므로 이십각뿔입니다.

14

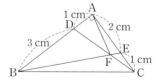

삼각형 ADF의 넓이를 ①이라 하면 삼각형 DBF의 넓이는 ③입니다.

삼각형 AFE의 넓이를 $\boxed{1}$이라 하면 삼각형 EFC의 넓이는 $\boxed{\frac{1}{2}}$입니다.

$$④+\boxed{1}=2×4×\frac{1}{2}=4$$

$$①+\boxed{\frac{3}{2}}=3×1×\frac{1}{2}=\frac{3}{2} \Rightarrow ④+\boxed{6}=6$$

따라서 $\boxed{1}=(6-4)÷(6-1)=\frac{2}{5}(\mathrm{cm}^2)$

이므로 삼각형 FCE의 넓이는 $\frac{1}{5}\,\mathrm{cm}^2$입니다.

삼각형 EBC의 넓이는 $1×4×\frac{1}{2}=2(\mathrm{cm}^2)$이므로

삼각형 FBC의 넓이는 $2-\frac{1}{5}=\frac{9}{5}(\mathrm{cm}^2)$입니다.

그러므로 선분 BF와 선분 FE의 길이의 비는 9 : 1입니다.

15 (삼각형 APC의 넓이) :
(삼각형 BCP의 넓이)
$=5:6$,
(삼각형 ABP의 넓이) :
(삼각형 BCP의 넓이)
$=2:3$이므로
(삼각형 APC의 넓이) : (삼각형 BCP의 넓이)
 : (삼각형 ABP의 넓이)
$=5:6:4$
따라서 (삼각형 ABP의 넓이) : (삼각형 APC의 넓이)
$=4:5$이므로
(선분 BD) : (선분 DC)$=4:5$입니다.

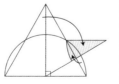

16 정삼각형의 높이는 $43.3×2÷10=8.66(\mathrm{cm})$
가로로 놓인 개수 : $200÷(8.66×2)=11.5\cdots$
세로로 놓인 개수 : $(100-5)÷(20+10)×2=6.3\cdots$
따라서 정육각형의 개수는 $11×6=66(개)$입니다.

17 넓이를 쉽게 구하기 위해 색칠된 부분을 변형시키면 반지름이 10 cm, 중심각이 30°인 부채꼴의 넓이와 같습니다.

$$10×10×3.14×\frac{30}{360}=26.166\cdots$$

즉, $26.17\,\mathrm{cm}^2$입니다.

18 원 안에 있는 삼각형의 순서를 바꾸어 배열한 후 한 변이 1 cm인 정삼각형 3개를 붙이면 다음과 같습니다.

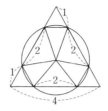

즉, 이것은 다음 그림과 같습니다.

따라서 한 변의 길이가 1 cm인 정삼각형의 넓이의
$16-3=13(배)$입니다.

19 뉴욕에 가 보고 싶어 하는 여학생 수 :
$$500×\frac{40}{100}×\frac{225}{360}=125(명)$$
파리에 가 보고 싶어 하는 남학생 수 :
$125÷5=25(명)$
파리에 가 보고 싶어 하는 여학생 수 :
$$500×\frac{15}{100}-25=50(명)$$

20 9층까지 쌓았을 때 쌓기나무의 개수는
$1+3+6+10+15+21+28+36+45=165(개)$
이므로 121부터 165까지 45개의 쌓기나무를 볼 수 있습니다.
따라서 위에서 보이는 쌓기나무의 번호의 합은
$(121+165)×45÷2=6435$입니다.

21 점 P와 점 R의 빠르기의 비는 1 : 2이므로 10초 동안
점 P가 회전한 각도는 $(180°-90°)÷(2-1)=90°$
입니다. 따라서 점 P는 매초 9°씩 회전합니다.
또, 10초 후의 각 QOB는 $180°-60°=120°$이므로
점 Q는 매초 12°씩 회전합니다.
그러므로 각 POQ가 180°가 되는 때는
$(120°+180°)÷(12°-9°)=100(초)$ 후입니다.

22 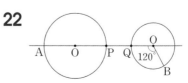 왼쪽 그림과 같은 상태가 될 때 가장 가까워집니다.

점 P는 20, 60, 100, 140, …초 후
점 Q는 10, 40, 70, 100, 130, …초 후

따라서 처음으로 가장 가까워지는 것은 100초 후이므로 3번째로 가까워지는 것은

$100+120×2=340$(초) 후입니다.

즉, 5분 40초 후입니다.

23 [그래프 2]에서 8분 40초 동안 그릇을 가득 채운 물의 양은 $520×3=1560(cm^3)$입니다. [그래프 1]에서 매초 $2\ cm^3$씩 물을 넣을 때 그릇을 가득 채우는 데 걸리는 시간은 $1560÷2=780$(초)

즉 13분이고, 9분에서 13분까지 4분$=240$초간 $26-21=5(cm)$만큼 수면이 높아지므로 밑넓이는 $2×240÷5=96(cm^2)$입니다.

24

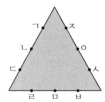

[그래프 1]에서 180초 동안 들어간 물의 양은 A의 양과 같으므로 A의 부피는 $2×180=360(cm^3)$이고, [그래프 2]에서 A 부분을 채우는 데 걸린 시간은 $360÷3=120$(초)이고 채운 높이는 6 cm입니다.

따라서 8분 40초-120초-4분 52초$=1$분 48초 동안 $20-11=9(cm)$만큼 수면이 높아졌으므로 B의 밑넓이는 $3×108÷9=36(cm^2)$입니다.

B와 C의 물의 양의 합은

$1560-360=1200(cm^3)$이므로 B의 높이는 위의 그림에서 $96×20-1200=720(cm^3)$,

$720÷(96-36)=12(cm)$입니다.

25 삼각형 ㄱㄹㅅ, 삼각형 ㄴㅁㅇ, 삼각형 ㄷㅂㅈ으로 한 면에 3개씩 만들 수 있으므로 4개의 면에서 $3×4=12$(개)의 삼각형을 만들 수 있습니다. 또한 한 면에 평행한 삼각형을 3개씩 만들 수 있으므로 만들수 있는 삼각형은 모두 $12+3×4=24$(개)입니다.

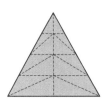

제13회 예 상 문 제 103~110

1 소수점 아래 80자리 수		**2** 20개	
3 4 km		**4** 35분	
5 7시간		**6** ㉠$=1$, ㉡$=40$	
7 5250 m		**8** 5.6 km	
9 큰 그릇 : 4시간 30분, 작은 그릇 : 1시간 20분			
10 75 cm		**11** 8 %	
12 30가지		**13** 125.6 cm	
14 $45°$		**15** 4.8 cm	
16 6280 cm^3		**17** 1525 cm^2	
18 $55\frac{4}{11}$ cm^2		**19** 16개	
20 15 cm^2		**21** 9840 cm^3	
22 114 cm^2		**23** 314 cm^2	
24 13.5 m^2		**25** 70개	

1

$$\frac{3×7}{\underbrace{2×2×\cdots×2}_{80개}×\underbrace{5×5×\cdots×5}_{50개}}$$

$$=\frac{3×7}{\underbrace{2×2×\cdots×2}_{30개}×\underbrace{10×10×\cdots×10}_{50개}}$$

$$=\frac{3×7×\overbrace{5×5×\cdots×5}^{30개}}{\underbrace{10×10×\cdots×10}_{30개}×\underbrace{10×10×\cdots×10}_{50개}}$$

따라서 분모의 0의 개수가 $30+50=80$(개)이므로 소수점 아래 80자리입니다.

2 (나누어지는 수)$÷$(나누는 수)>1

➡ (나누어지는 수)$>$(나누는 수)

㉠에 들어갈 분수는 분모가 10보다 작고, $\frac{3}{4}\left(=\frac{6}{8}\right)$보다 작은 기약분수이므로

$\frac{1}{2},\frac{1}{3},\frac{2}{3},\frac{1}{4},\frac{2}{5},\frac{3}{5},\frac{1}{6},\frac{1}{7},\frac{2}{7},\frac{3}{7},\frac{4}{7},\frac{5}{7},$

$\frac{1}{8},\frac{3}{8},\frac{5}{8},\frac{1}{9},\frac{2}{9},\frac{4}{9},\frac{5}{9}$입니다.

따라서 ㉠에 들어갈 분모가 10보다 작은 기약분수는 모두 20개입니다.

■■■■ 정답과 풀이

3 처음 속도를 1로 하면 나중 속도는 $\frac{3}{4}$입니다.

$\frac{3}{4} \times 2 = \frac{3}{2}$이고, 처음과 나중의 속도의 차는

$1 - \frac{3}{4} = \frac{1}{4}$이므로 $36 - 36 \times \frac{1}{3} = 24 \text{(km)}$를 처음 속

도대로 갈 때 걸리는 시간은 $\frac{3}{2} \div \frac{1}{4} = 6$(시간)입니다.

따라서 한 시간에 $24 \div 6 = 4 \text{(km)}$씩 간 것입니다.

4 가득 찬 물의 양을 1로 하면, 나중에 30분 동안 들어간

물의 양은 $\left(\frac{1}{10} - \frac{1}{12} \right) \times 30 = \frac{1}{2}$이므로

A 수도관으로만 넣은 물의 양은 $1 - \frac{1}{2} = \frac{1}{2}$이고,

걸린 시간은 $\frac{1}{2} \div \frac{1}{10} = 5$(분)입니다.

따라서 $5 + 30 = 35$(분)입니다.

5 5일 동안 전체 일의 $\frac{7}{18}$을 하였으므로 하루에 하는 일의

양은 $\frac{7}{90}$입니다. 7일 동안에는 전체 일의 $\frac{7}{90} \times 7 = \frac{49}{90}$

를 하게 되므로 6시간 동안에는 전체 일의

$1 - \left(\frac{7}{18} + \frac{49}{90} \right) = \frac{6}{90}$을 하게 됩니다.

따라서 1시간에는 전체 일의 $\frac{1}{90}$을 하게 되므로

하루에는 $\frac{7}{90} \div \frac{1}{90} = 7$(시간)씩 일을 한 것입니다.

6 정확한 시계가 60분 갈 때 이 시계는 63분을 가므로

$60 : 63 = \square : (5시 - 1시 30분)$

$63 \times \square = 60 \times 210$분

$\square = 200$분 $= 3$시간 20분

따라서 정확한 시계가 3시간 20분 가는 동안에 이 시계

는 3시간 30분을 가므로 이 시계가 1시 30분을 가리킬

때 정확한 시계는 5시 $-$ 3시간 20분 $=$ 1시 40분을 가

리키고 있습니다.

7 보통 때 A 지점에서 내려간 거리와

B 지점에서 올라간 거리의 비는

$(525 + 38) : (525 - 38) = 563 : 487$

강물의 속력이 보통 때의 1.5배일 때

내려간 거리와 올라간 거리의 비는

$(525 + 57) : (525 - 57) = 582 : 468$

따라서 전체의 거리를 $\square$ m라 하면

$\square \times \frac{582}{582 + 468} - \square \times \frac{563}{563 + 487} = 95$

$\square \times \frac{19}{1050} = 95$, $\square = 5250$

8 용희의 평지 속도를 1이라 하면 규성이의 평지 속도는

$\frac{3}{4}$이고, 오르는 속도는 용희는 $\frac{4}{5}$, 규성이는

$\frac{3}{4} \times \frac{4}{5} = \frac{3}{5}$입니다.

D → C의 거리를 $\square$ km라 하면 걸리는 시간은 같으

므로

$(10 \div 1) + \left(8 \div \frac{4}{5} \right) = \left(8 \div \frac{3}{4} \right) + \left(\square \div \frac{3}{5} \right)$

$20 = \frac{32}{3} + \frac{5}{3} \times \square$, $\square = 5.6$

9 큰 그릇의 들이를 3이라 하면 작은 그릇의 들이는 2이

며 한 시간에 들어가는 양은 A관으로는 $3 \div 2 = \frac{3}{2}$,

B관으로는 $2 \div 3 = \frac{2}{3}$입니다.

따라서 반대로 했을 때

큰 그릇은 $3 \div \frac{2}{3} = 4\frac{1}{2}$(시간) ➡ 4시간 30분,

작은 그릇은 $2 \div \frac{3}{2} = 1\frac{1}{3}$(시간) ➡ 1시간 20분

만에 가득 차게 됩니다.

10 $\bigcirc = 15 + (0.8 \times 15) + (0.8 \times 0.8 \times 15) + \cdots$

$0.8 \times \bigcirc = (0.8 \times 15) + (0.8 \times 0.8 \times 15) + \cdots$

위 두 식을 빼면

$0.2 \times \bigcirc = 15$, $\bigcirc = 75$

따라서 그려진 선분의 길이의 합은 75 cm입니다.

11 5000개의 제품을 만드는 데 필요한 원료는 300 kg입니다.

(1개를 만드는 데 필요한 원료)

$= 300 \div 5000 = 0.06 \text{(kg)}$

(원료의 재고량)

$= 0.06 \times 5000 \times (1 + 0.2) \times 18 - 300 \times 18$

$= 1080 \text{(kg)}$

(30일 동안 구입해야 할 원료)

$= 0.06 \times 6000 \times 30 - 1080 = 9720 \text{(kg)}$

(하루에 늘려야 하는 양)
$$=\frac{(9720\div30-300)}{300}\times100=8(\%)$$

12
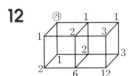 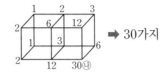 ➡ 30가지

13 중심 O가 지나간 자취는 다음과 같습니다.

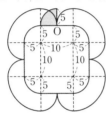

$$10\times2\times3.14\times\frac{1}{4}\times4+5\times2\times3.14\times\frac{1}{4}\times8$$
$$=125.6(\text{cm})$$

14 변 ㄹㅂ을 그으면 삼각형
ㅁㄴㅂ과 삼각형 ㅂㄷㄹ은
합동입니다.
삼각형 ㄹㅁㅂ에서 변 ㅁ
ㅂ과 변 ㅂㄹ의 길이는 같

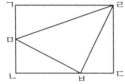

고 각 ㅁㅂㄹ의 크기는 90°이므로 각 ㄹㅁㅂ은 45°입
니다.

15 삼각형 ABC는 삼각형 HIP를 3배로 확대한 것이므
로 선분 HP의 길이는 $\frac{10}{3}$ cm입니다.
선분 FC의 길이는 $10-\left(4+\frac{10}{3}\right)=\frac{8}{3}$(cm)이므로
선분 EP의 길이는 $\frac{8}{3}$ cm입니다.
삼각형 ABC는 삼각형 PDE를 확대한 것이며
$10:\frac{8}{3}=15:4$이므로 선분 DE의 길이는
$18\times\frac{4}{15}=4.8$(cm)입니다.

16 □:5=(□+12):10, □=12
원뿔대의 부피는 전체 원뿔의 부피
에서 작은 원뿔의 부피를 빼서 구합
니다.
(원뿔대의 부피)

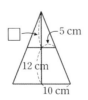

$$=\left(10\times10\times3.14\times24\times\frac{1}{3}\right)-\left(5\times5\times3.14\times12\times\frac{1}{3}\right)$$

$$=(800-100)\times3.14=2198(\text{cm}^3)$$
따라서 입체도형의 부피는
$15\times15\times3.14\times12-2198=6280(\text{cm}^3)$

17 색칠한 부분의 넓이는
(큰 반원+작은 반원−직각삼각형)이므로
$\{(40\times40+30\times30)\times3.14\div2\}-80\times60\div2$
$=1525(\text{cm}^2)$입니다.

18 (점 P의 위치)
$=3\times16-18\times2=12$(cm)

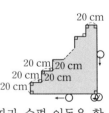

(점 Q의 위치)
$=5\times16-21\times3=17$(cm)
삼각형 DRQ에서 변 DQ를
밑변으로 할 때 높이는 $4\frac{4}{11}\times2\div4=2\frac{2}{11}$(cm)
삼각형 DAB는 삼각형 DPS를 3배 확대한 것
이므로 선분 PS의 길이는 $21\times\frac{1}{3}=7$(cm)
따라서 삼각형 BRP의 넓이는
$7\times12\div2+7\times\left(6-2\frac{2}{11}\right)\div2=55\frac{4}{11}(\text{cm}^2)$

별해
삼각형 PRD의 넓이는 삼각형 PQD와 삼각형 DRQ
의 넓이의 차와 같습니다.
(삼각형 PRD의 넓이)
$=4\times6\div2-4\frac{4}{11}=7\frac{7}{11}(\text{cm}^2)$
따라서 삼각형 BRP의 넓이는
$6\times21\div2-7\frac{7}{11}=55\frac{4}{11}(\text{cm}^2)$

19 그림과 같이 모퉁이를 돌 때
원의 중심은 $\frac{1}{4}$ 회전 이동하며
이동한 거리는 원 B가 원 A
보다 $(20-10)\times3.14\div4$
$=7.85$(cm) 더 깁니다. 변을 따라 수평 이동을 할
때는 원 A와 원 B의 중심이 이동한 거리는 같습니다.

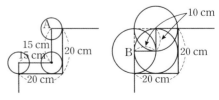

그런데 계단을 오를 때에는 회전 이동에서 원 B가
7.85 cm 더 이동하지만 수평 이동에서 원 A가
$15 \times 2 - 10 \times 2 = 10$(cm) 더 이동합니다.
따라서 원 A의 이동한 거리가 더 길게 될 때 계단의
개수를 □개라 할 때, 회전 이동은 (□+3)번, 계단
에서의 수평 이동은 (□−1)번이므로
$7.85 \times (□+3) < 10 \times (□-1)$, □ > 15.6 …
그러므로 16개 이상부터는 원 A의 중심이 움직인 거
리가 더 깁니다.

20

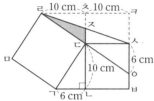

삼각형 ㄱㄴㄷ과 삼각형 ㅇㅅㄷ은 합동이므로
(선분 ㄱㄷ)＝(선분 ㄷㅇ)＝(선분 ㄹㄷ)입니다.
삼각형 ㄹㅇㅅ에서 선분 ㄹㄷ과 선분 ㄷㅇ의 길이가
같으므로 (선분 ㄷㅈ)＝$6 \div 2 = 3$(cm)이고
(선분 ㄹㅊ)＝(선분 ㅊㅋ)＝(선분 ㄴㅂ)＝10 cm
이므로 삼각형 ㄹㄷㅈ의 넓이는 $3 \times 10 \div 2 = 15$(cm²)
입니다.

21 홈의 부피는 $4 \times 4 \times 20 = 320$(cm³)입니다.
[그림 2]와 [그림 3]의 수면의 높이 차는
$12 + 5.3 - 15 = 2.3$(cm)입니다.
$12 \times 12 \times 15 = 2160$(cm³),
$12 \times 12 \times 30 - 320 = 4000$(cm³)에서
$4000 - 2160 = 1840$(cm³)이므로 B 그릇의 밑넓이
는 $1840 \div 2.3 = 800$(cm²)입니다.
따라서 그릇 B에 들어 있던 물의 부피는 ([그림 2])
$(800 - 12 \times 12) \times 15 = 9840$(cm³)입니다.

22 입체도형은 다음과 같습니다.

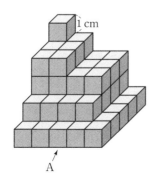

좌우에서 본 모양은 다음과 같습니다.

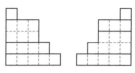

위쪽, 아래쪽 ➡ $5 \times 5 \times 2 = 50$(cm²)
앞쪽, 뒤쪽 ➡ $(1+6+4+5) \times 2 = 32$(cm²)
왼쪽, 오른쪽 ➡ $(1+3+3+4+5) \times 2 = 32$(cm²)
$50 + 32 + 32 = 114$(cm²)입니다.

23

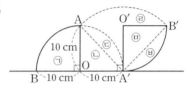

도형이 지나간 부분의 전체의 넓이는
㉠＋㉡＋㉢＋㉣＋㉤＋㉥입니다.

㉠＋㉡＋㉥은 반지름이 10 cm인 원의 $\frac{1}{4}$이 2개이

고 ㉢＋㉣＋㉤은 선분 AA′를 반지름으로 하는 원의

$\frac{1}{4}$입니다.

정사각형 AOA′O′에서
$10 \times 10 = $(선분 AA′)×(선분 OO′)÷2이고
(선분 OO′)＝(선분 A′B′)이므로
(선분 AA′)×(선분 A′B′)＝200입니다.
따라서 도형이 지나간 부분의 넓이는
$10 \times 10 \times 3.14 \times \frac{1}{4} \times 2 + 200 \times 3.14 \times \frac{1}{4}$
$= 314$(cm²)입니다.

24

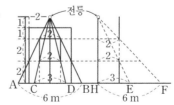

[정면에서 본 그림] [옆에서 본 그림]
위 그림에서
$2 : $(선분 AB)＝$(1+1) : (1+1+2+2)$,
(선분 AB)＝6
$2 : $(선분 CD)＝4 : 6, (선분 CD)＝3
$2 : $(선분 HF)＝2 : 6, (선분 HF)＝6
$2 : $(선분 HE)＝4 : 6, (선분 HE)＝3
따라서 (선분 EF)＝$6 - 3 = 3$(m)이고,

빛이 비추고 있는 부분은 사다리꼴 모양이므로
$(6+3)\times3\div2=13.5(\text{m}^2)$입니다.

25 각 층을 위에서 본 모양을 생각해 봅니다.

1층과 5층

2층과 4층

3층

따라서 검은색의 쌓기나무는 모두
$6\times2+20\times2+18=70$(개)입니다.

제14회 예 상 문 제 111~118

1 ①, ⑤, ⑦, ⑧	**2** 15 km
3 425원	**4** $7\frac{1}{3}$ %
5 3분	**6** 300원
7 $3\frac{3}{4}$시간	**8** 40명
9 15일	**10** 24 km
11 63개	**12** 112 m
13 $6\frac{2}{3}$회전	**14** 25 cm^2
15 $\frac{127}{144}$	**16** 180 cm^2
17 107 cm^2	**18** 142.8 cm
19 $12\frac{3}{13}$ cm	**20** 5 cm
21 3분 20초	**22** 36000 cm^3
23 7번	**24** $33\frac{1}{3}$ cm^2
25 21 cm	

1 ① 곱하여지는 3개의 수의 일의 자리의 곱은
$6\times1\times3$에서 8이 됩니다.

⑤ 계산 결과가 3을 넘을 수 없습니다.
⑦ 계산 결과가 400을 넘을 수 없습니다.
⑧ 계산 결과가 3을 넘을 수 없습니다.

2 진호가 한 시간에 □ km를 간다고 하면 민수는 한 시간에 $\left(□+\frac{1}{2}\right)$ km를 갑니다.

진호가 걸은 시간을 1이라 하면 민수가 걸은 시간은 $\frac{4}{5}$
이므로
$□=\left(□+\frac{1}{2}\right)\times\frac{4}{5}$, $\frac{1}{5}\times□=\frac{2}{5}$, $□=2$

따라서 진호는 한 시간에 2 km씩 갑니다.
진호가 한 시간에 2 km를 가므로 용희는 한 시간에
$\frac{3}{2}$ km를 갑니다.

진호가 걸은 시간을 △시간이라 하면 용희가 걸은 시간은 $(△+2.5)$시간이므로
$2\times△=\frac{3}{2}\times(△+2.5)$, $\frac{1}{2}\times△=\frac{15}{4}$, $△=7.5$

따라서 ㉮ 마을에서 ㉯ 마을까지의 거리는
$2\times7.5=15(\text{km})$입니다.

3 100 g 중 A 콩은 25 g, B 콩은 75 g이므로
$15000\times\frac{25}{3000}+16000\times\frac{75}{4000}=425$(원)

4 처음 A 그릇에는 농도가 10 %였으므로 설탕은 40 g 들어 있었는데 6 %의 설탕물과 혼합하여 9 %가 되었으므로 설탕은 36 g이 되었습니다.

4 g이 줄었으므로 교환한 설탕물의 양을 □ g이라 하면 $□\times\left(\frac{10}{100}-\frac{6}{100}\right)=4$에서 $□=100$

따라서 B 그릇의 농도는
$\frac{100\times0.1+200\times0.06}{300}\times100=\frac{22}{3}=7\frac{1}{3}(\%)$

5 거북이의 1분간 거리를 □ m, 토끼의 1분간 간 거리는
$20\times□(\text{cm})$라 하면, 거북이가 달린 시간은
$60\times3+9=189$(분)이므로
$189\times□=20\times□\times9+120$에서 $□=\frac{40}{3}(\text{m})$입니다.

토끼가 낮잠을 자기 전 간 시간을 △(분)이라 하면
$\frac{40}{3}\times20\times△+1640=(180+△)\times\frac{40}{3}$
$800\times△+4920=7200+△\times40$에서

$760 \times \triangle = 2280$, $\triangle = 3$(분)

6 $\left(\text{A 원액 } \frac{2}{3} \text{ kg}\right) + \left(\text{B 원액 } \frac{1}{3} \text{ kg}\right)$

$= 1600$원 ··· ①

$\left(\text{A 원액 } \frac{3}{5} \text{ kg}\right) + \left(\text{B 원액 } \frac{2}{5} \text{ kg}\right)$

$= 1620$원 ··· ②

①에서

$(\text{A 원액 2 kg}) + (\text{B 원액 1 kg}) = 4800$원

②에서

$(\text{A 원액 3 kg}) + (\text{B 원액 2 kg}) = 8100$원

따라서 A 원액 1 kg은 $4800 \times 2 - 8100 = 1500$(원),

B 원액 1 kg은 $4800 - 1500 \times 2 = 1800$(원)

이므로 두 원액의 1 kg의 가격의 차는

$1800 - 1500 = 300$(원)입니다.

7

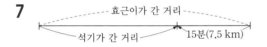

두 사람이 출발하여 만날 때까지 걸린 시간은 두 사람의 간 거리의 차가 $7.5 \times 2 = 15$(km)이므로

$15 \div (30 - 20) = 1.5$(시간)입니다.

따라서 왕복 거리는 $(30 + 20) \times \frac{3}{2} = 75$(km)이므로 석기가 왕복하는 데 걸린 시간은

$75 \div 20 = 3\frac{3}{4}$(시간)입니다.

8 6학년 학생들의 평균 키가 152.5 cm이므로 모두 152.5 cm라 가정하면 한 명당 가장 큰 학생과의 차는

$172 - 152.5 = 19.5$(cm)입니다.

따라서 6학년 학생 수는

$780 \div (172 - 152.5) = 40$(명)

9 A, B, C가 모두 같은 기간씩 일을 하였으므로 한 사람당 일한 날수는

$1 \div \left(\frac{1}{24} + \frac{1}{30} + \frac{1}{40}\right) = 10$(일)입니다.

$A + B = \frac{1}{24} + \frac{1}{30} = \frac{9}{120}$, $B + C = \frac{1}{30} + \frac{1}{40} = \frac{7}{120}$

$C + A = \frac{1}{40} + \frac{1}{24} = \frac{8}{120}$에서 두 명씩 3일간 일할 때

$\frac{9}{120} + \frac{7}{120} + \frac{8}{120} = \frac{1}{5}$을 일하게 되므로 일을 끝내는 데 걸리는 기간은 $3 \times 5 = 15$(일)입니다.

10 첫 번째 출발한 전철은 48분 후에 다시 출발되어야 하므로 A역과 B역 사이를 왕복하는 데 걸린 시간은 $48 - 6 \times 2 = 36$(분)입니다.

따라서 A역과 B역 사이의 거리는

$80 \times \frac{36}{60} \times \frac{1}{2} = 24$(km)

11 빨간색 구슬과 초록색 구슬의 개수의 비가 $7 : 4$이므로 처음의 빨간색 구슬은 $(7 \times \square)$개, 초록색 구슬은 $(4 \times \square)$개입니다.

$(7 \times \square - 15) : (4 \times \square) = 4 : 3$

$21 \times \square - 45 = 16 \times \square$, $\square = 9$

따라서 처음 주머니에 들어 있던 빨간색 구슬은

$7 \times 9 = 63$(개)입니다.

12 (A의 속도) : (C의 속도)

$= (560 - 210) : 210 = 5 : 3$

(B의 속도) : (C의 속도)

$= (560 - 210 - 30) : (210 + 30) = 4 : 3$

따라서 (A의 속도) : (C의 속도) $= 5 : 4$이므로

B는 A보다 $560 \times \frac{1}{5} = 112$(m) 뒤쳐져 있습니다.

13 큰 원이 매분 2회전을 하므로 20초 후에는 $\frac{2}{3}$회전을 하여야 하는데 $40°$ 움직였으므로 이것은 작은 원이 시계 반대 방향으로 회전하였기 때문입니다.

$(3 + 1) \times 2 \times \left(360 \times \frac{2}{3} - 40\right) \div 360 \times 3.14$

$\div (1 \times 2 \times 3.14) = \frac{20}{9}$(회전)

따라서 1분에 $\frac{20}{9} \div \frac{20}{60} = 6\frac{2}{3}$(회전)을 합니다.

14

삼각형 BGC의 넓이는 $120 \times \frac{1}{2} \times \frac{1}{2} = 30$(cm²)

삼각형 AGF와 삼각형 GBF의 넓이는 같고, 삼각형 BEF의 넓이는 삼각형 FEC의 2배이므로

$\boxed{1} + ③ = 30$(cm²)

$\boxed{2} + ② = 120 \times \frac{1}{2} \times \frac{2}{3} = 40$(cm²)

따라서 $\boxed{1}+①=20(\text{cm}^2)$

$②=30-20=10(\text{cm}^2)$

$\boxed{1}=(40-10)÷2=15(\text{cm}^2)$

그러므로 사각형 GBEF의 넓이는

$15+10=25(\text{cm}^2)$

15 정육각형의 전체 넓이를 1이라 하면 세 삼각형 ABC, CDE, AEF의 넓이는 각각 $\dfrac{1}{6}$씩입 니다.

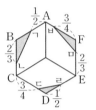

(삼각형 ㄱBㄴ의 넓이)$=\dfrac{1}{6}×\dfrac{1}{2}×\dfrac{2}{3}=\dfrac{1}{18}$

(삼각형 ㄷDㄹ의 넓이)$=\dfrac{1}{6}×\dfrac{1}{4}×\dfrac{1}{2}=\dfrac{1}{48}$

(삼각형 ㅁFㅂ의 넓이)$=\dfrac{1}{6}×\dfrac{1}{3}×\dfrac{3}{4}=\dfrac{1}{24}$

(구각형의 넓이)$=1-\left(\dfrac{1}{18}+\dfrac{1}{48}+\dfrac{1}{24}\right)$

$\qquad\qquad\qquad=\dfrac{127}{144}$

16 원기둥의 옆면을 펼치면 가로의 길이는 30 cm입니 다.

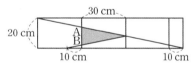

두 번 겹쳐서 감긴 부분은 위에서 색칠한 부분입니다.

선분 AB의 길이는 $20×\left(\dfrac{7}{10}-\dfrac{1}{10}\right)=12(\text{cm})$

따라서 2번 겹친 부분의 넓이는

$12×30×\dfrac{1}{2}=180(\text{cm}^2)$

17 오른쪽 그림에서 ㉠과 ㉡의 넓이의 합은 원의 넓이의 $\dfrac{1}{4}$이므로

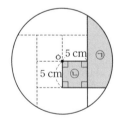

(㉠의 넓이)

$=10×10×3.14×\dfrac{1}{4}$

$\qquad -5×5$

$=53.5(\text{cm}^2)$

따라서 색칠한 부분의 넓이의 합은

$53.5×2=107(\text{cm}^2)$입니다.

18

바깥 원의 중심이 이동한 거리 :

$(50+40)×2+10×2×3.14=242.8(\text{cm})$

안쪽 원의 중심이 이동한 거리 :

$(30+20)×2=100(\text{cm})$

중심이 움직인 거리의 차 :

$242.8-100=142.8(\text{cm})$

19 B 입체도형을 넣지 않았을 때의 물의 깊이는

$3000÷(20×18)=8\dfrac{1}{3}(\text{cm})$이므로 삼각기둥은 완 전히 잠기게 됩니다.

물의 깊이를 $\square$ cm라 하면

$3000+6×6×\dfrac{1}{2}×10+10×10×\square=20×18×\square$

$\square=12\dfrac{3}{13}$

20 물의 양 : $6×6×3.14×3=339.12(\text{cm}^3)$

깊이 4 cm까지의 물의 양 :

$(6×6-4×4)×3.14×4=251.2(\text{cm}^3)$

물의 깊이를 $\square$ cm라 하면

$339.12-251.2=\left(6×6-4×4×\dfrac{1}{2}\right)×3.14×(\square-4)$

$87.92=87.92×(\square-4),\ \square=5$

21 처음부터 2분까지에서 알 수 있는 것은 1 cm 높아지 는 데 걸리는 시간은 $\dfrac{2}{7}$분, 5분 뒤부터 10분 뒤까지는 10 cm 높아지는데 5분 걸리므로 1 cm 높아지는 데 걸리는 시간은 $\dfrac{1}{2}$분입니다.

따라서 $\dfrac{1}{2}:\dfrac{2}{7}=7:4$, $7-4=3$에서 그릇의 밑넓이 를 ⑦로 하면, 원기둥의 밑넓이는 ③입니다.

5분씩 들어간 물의 양은 같으므로 원기둥의 부피는

$⑦×15-⑦×10=㉟$ 에서

높이는 $㉟÷③=11\dfrac{2}{3}(\text{cm})$입니다.

그러므로 $\dfrac{2}{7}×11\dfrac{2}{3}=3\dfrac{1}{3}$(분), 즉 3분 20초입니다.

22 점 P가 A에서 B까지 30 cm 가는 데 15초 걸리므로
1초에 $30 \div 15 = 2$ (cm)의 빠르기입니다.
㉠에 알맞은 시간은 35초이므로
점 P가 B에서 C까지 가는 데 $35 - 15 = 20$ (초) 걸리므로 모서리 BC의 길이는 $2 \times 20 = 40$ (cm)입니다.
따라서 직육면체의 부피는
$30 \times 30 \times 40 = 36000$ (cm³)입니다.

23

가로, 세로, 높이를 각각 자른 횟수	한 면도 색이 칠해지지 않은 정육면체 수	한 면만 색이 칠해진 정육면체 수
1	0	0
2	$1 \times 1 \times 1 = 1$	$1 \times 1 \times 6 = 6$
3	$2 \times 2 \times 2 = 8$	$2 \times 2 \times 6 = 24$
4	$3 \times 3 \times 3 = 27$	$3 \times 3 \times 6 = 54$
5	$4 \times 4 \times 4 = 64$	$4 \times 4 \times 6 = 96$
6	$5 \times 5 \times 5 = 125$	$5 \times 5 \times 6 = 150$
7	$6 \times 6 \times 6 = 216$	$6 \times 6 \times 6 = 216$

따라서 가로, 세로, 높이를 각각 7번씩 잘랐을 때 한 면도 색이 칠해지지 않은 정육면체의 개수와 한 면만 색이 칠해진 정육면체의 개수가 같아집니다.

24

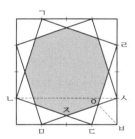

(사각형 ㄱㄴㄷㄹ의 넓이)
=(큰 정사각형의 넓이)−(삼각형 ㄹㄷㅂ의 넓이)×4
$= 8 \times 8 - 2 \times 6 \div 2 \times 4 = 40$ (cm²)
(삼각형 ㅇㅁㄷ의 넓이)
=(삼각형 ㅁㅂㅅ의 넓이)÷2
$= 6 \times 2 \div 2 \div 2 = 3$ (cm²)
(삼각형 ㅈㅁㄷ의 넓이)$= 4 \times \dfrac{2}{3} \div 2 = 1\dfrac{1}{3}$ (cm²)
(삼각형 ㅈㄷㅇ의 넓이)$= 3 - 1\dfrac{1}{3} = 1\dfrac{2}{3}$ (cm²)
(색칠한 부분의 넓이)
=(정사각형 ㄱㄴㄷㄹ의 넓이)
  −(삼각형 ㅈㄷㅇ의 넓이)×4

$= 40 - 1\dfrac{2}{3} \times 4 = 33\dfrac{1}{3}$ (cm²)

25 수도관으로 1분 동안 나오는 물의 양은
$40 \times 40 \times 25 \div 12 = \dfrac{10000}{3}$ (cm³)
모서리 ㄱㄴ의 길이를 □라 하면
$\dfrac{10000}{3} \times 9 = \square \times 40 \times 35$
따라서 $\square = \dfrac{150}{7} = 21.4 \cdots$ ➡ 약 21 cm입니다.

별해

그래프를 먼저 이해합니다. 그릇의 두께는 일정하므로 일정한 시간에 앞면에 물이 닿는 부분의 넓이는 일정하게 증가합니다.
㉮ 부분에 채워지는 시간은 12분, ㉯ 부분에 채워지는 시간은 $21 - 12 = 9$ (분)이므로

㉯의 넓이는 $\dfrac{40 \times 25}{12} \times 9 = 750$ (cm²)이므로

모서리 ㄱㄴ의 길이는 $750 \div 35 = 21\dfrac{3}{7}$ (cm)입니다.

따라서 약 21 cm입니다.

제15회 예상문제 119~126

1 24배	**2** 50명
3 6명	**4** 시속 72 km
5 156명	**6** A : 80 g, B : 40 g
7 90회	
8 열차의 길이 : 150 m, 열차의 속도 : 시속 45 km	
9 $9\frac{7}{17}$초	**10** 100 g
11 6분	**12** 150 cm^2
13 855 cm^3	**14** 18.84 cm^2
15 36 cm^2	**16** 80
17 1 cm^2	**18** $100\frac{1}{8}$ m^2
19 12층	**20** 3307
21 800 cm^2	**22** $\frac{19}{30}$
23 150°	**24** $48\frac{1}{3}$분
25 210초	

1 유승이가 갖고 있는 색종이의 수를 1로 놓으면
한솔이가 갖고 있는 색종이의 수는

$$\frac{1}{6}+\frac{1}{12}+\frac{1}{20}+\frac{1}{30}$$

$$=\frac{1}{2\times3}+\frac{1}{3\times4}+\frac{1}{4\times5}+\frac{1}{5\times6}$$

$$=\left(\frac{1}{2}-\frac{1}{3}\right)+\left(\frac{1}{3}-\frac{1}{4}\right)+\left(\frac{1}{4}-\frac{1}{5}\right)+\left(\frac{1}{5}-\frac{1}{6}\right)$$

$$=\frac{1}{2}-\frac{1}{6}=\frac{1}{3}$$

근희가 갖고 있는 색종이의 수는

$$\frac{1}{20}+\frac{1}{30}+\frac{1}{42}+\frac{1}{56}$$

$$=\frac{1}{4\times5}+\frac{1}{5\times6}+\frac{1}{6\times7}+\frac{1}{7\times8}$$

$$=\frac{1}{4}-\frac{1}{8}=\frac{1}{8}$$

에서 $\frac{1}{3}\times\frac{1}{8}=\frac{1}{24}$입니다.

따라서 $1\div\frac{1}{24}=24$(배)입니다.

2 남학생 수를 □명이라 하면 여학생 수는 (□−8)명입

니다.

$(□-2):(□-8+3)=9:8$

$8\times□-16=9\times□-45$, $□=29$

따라서 처음의 6학년 학생 수는

$29+29-8=50$(명)

3 현재 식당에 있는 남자 수는

$34\times\frac{8}{(8+9)}=16$(명)입니다.

여자 몇 명이 더 오기 전 남자와 여자 수의 비가 4 : 3
이므로 이때의 여자 수는 $16\div4\times3=12$(명)입니다.

따라서 $16+12=28$(명)에서 34명으로 늘어났으므로
여자 6명이 나중에 온 것입니다.

4 열차의 처음 속도를 ②, 속도를 $\frac{1}{2}$로 줄인 속도를 ①이

라 하면 속도 ①로 진행한 거리는

$1000-300+80=780$

속도 ②로 진행한 시간과 속도 ①로 진행한 시간의 비는

$(300\div2):(780\div1)=5:26$

속도 ②로 진행한 시간은 $93\div(5+26)\times5=15$(초)

따라서 처음의 시속은

$300\div15\times3600\div1000=72$(km/시)

5 5학년 학생 중 안경을 끼고 있는 학생 수를 □명이라
하면 안경을 끼고 있지 않은 학생 수는 $(230-□)$명
입니다.

따라서 6학년 학생 중 안경을 끼고 있는 학생 수는

$□\times\frac{9}{10}$, 안경을 끼고 있지 않은 학생 수는

$(230-□)\times\frac{12}{10}$입니다.

$□\times\frac{9}{10}+(230-□)\times\frac{12}{10}=246$

$9\times□+2760-12\times□=2460$

$300=3\times□$, $□=100$

그러므로 6학년 학생 중 안경을 끼고 있지 않은 학생

수는 $(230-100)\times\frac{12}{10}=156$(명)

6 (그릇의 무게)+(소금물 100 g)=A+2×B … ①

(그릇의 무게)+(소금물 300 g)=3×A+3×B … ②

①, ②에서 (소금물 200 g)=2×A+B

그런데 15 %의 소금물 100 g과 6 %의 소금물
200 g, 물 몇 g을 섞어 5 %의 소금물을 만들었으므로

넣은 물의 양은

$\dfrac{15+6\times2}{100+200+\square}\times100=5$에서 $\square=240$

(그릇의 무게)+(소금물 $300\,\mathrm{g}$+물 $240\,\mathrm{g}$)

$=5\times A+5\times B$에서

$2\times A+2\times B=240$이므로

$B=240-200=40(\mathrm{g})$

$A=(200-40)\div2=80(\mathrm{g})$

7 전체의 일량을 1이라 하면 대형트럭과 소형트럭으로 운반하는 횟수와 일량의 관계는 다음과 같습니다.

대형트럭	소형트럭	일량
1	1	$\dfrac{1}{36}$
30	45	1
30	30	$\dfrac{30}{36}=\dfrac{5}{6}$

따라서 소형트럭 15회로는 $1-\dfrac{5}{6}=\dfrac{1}{6}$의 일량을 나르므로 소형트럭 1회로는 $\dfrac{1}{6}\times\dfrac{1}{15}=\dfrac{1}{90}$을 나르게 됩니다. 그러므로 소형트럭 한 대만으로는 90회를 날라야 합니다.

8 (추월 당하는 동안 사람이 걸은 거리)

$=5000\times\dfrac{13.5}{3600}=18.75(\mathrm{m})$

(추월 당하는 동안 버스가 간 거리)

$=30000\times\dfrac{36}{3600}=300(\mathrm{m})$

(열차의 초속)$=(300-18.75)\div(36-13.5)$

$=12.5(\mathrm{m})$

(열차의 시속)$=12.5\times3600=45000(\mathrm{m})$

➡ $45(\mathrm{km})$

(열차의 길이)$=12.5\times13.5-18.75=150(\mathrm{m})$

9 기차의 속도는 시속 $72\,\mathrm{km}$이므로 초속 $20\,\mathrm{m}$입니다. 건널목에 서 있는 사람은 기차가 경적을 울린 후

$1000\div340=\dfrac{100}{34}$(초) 후에 경적을 듣기 시작했습니다.

또한, 경적을 마지막 들은 시간은 기차가 경적을 울리기 시작한 후

$(1000-20\times10)\div340+10=\dfrac{80}{34}+10=\dfrac{420}{34}$(초) 후입니다.

따라서 건널목에서 경적을 들은 시간은

$\dfrac{420}{34}-\dfrac{100}{34}=\dfrac{320}{34}=9\dfrac{7}{17}$(초) 동안 들었습니다.

10 5%의 소금물 $100\,\mathrm{g}$을 섞었을 때의 소금물의 무게는 $500+100=600(\mathrm{g})$이고 진하기는 7.5%이므로 소금의 양은 $600\times\dfrac{7.5}{100}=45(\mathrm{g})$입니다.

버린 소금물에 들어 있는 소금의 양은

$\left(500\times\dfrac{10}{100}+100\times\dfrac{5}{100}\right)-45=10(\mathrm{g})$

이므로 버린 소금물의 무게를 $\square$라 하면

$\square\times\dfrac{10}{100}=10$에서 $\square=100(\mathrm{g})$입니다.

11 ㉮와 ㉯의 진행 시간의 비는

$\left(60-\dfrac{8}{5}\right):\left(60+\dfrac{2}{5}\right)=146:151$

㉯의 진행 시간은 10시간 4분이므로 604분입니다.

따라서 ㉮의 진행 시간을 x로 놓으면

$146:151=x:604$에서

$x=584$(분)이므로 ㉮시계의 시각은

오후 10시 10분+584분=오전 7시 54분

그러므로 자명종이 울리는 순간 두 시계의 시각 차는 6분입니다.

12

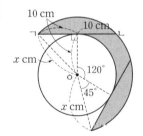

구하려는 넓이는 반지름이 $x\,\mathrm{cm}$, 중심각이 $210°$인 부채꼴의 넓이에서 반지름이 $10\,\mathrm{cm}$, 중심각이 $120°$인 부채꼴의 넓이와 2개의 직각이등변삼각형의 넓이의 합을 뺀 넓이와 같습니다.

$x\times x\times3\times\dfrac{210}{360}$

$-\left(10\times10\times3\times\dfrac{120}{360}+10\times10\div2\times2\right)$

그런데 $x\times x\times\dfrac{1}{2}=10\times10$에서 $x\times x=200$이므로

$200\times3\times\dfrac{210}{360}-\left(300\times\dfrac{210}{360}-100\right)$

$=350-200=150(\mathrm{cm}^2)$

13 (밑면의 넓이)$=(12 \times 12)+(3 \times 3 \times 3)$
$=171(\mathrm{cm}^2)$
(부피)$=171 \times 5=855(\mathrm{cm}^3)$

14

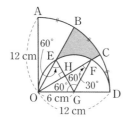

그림에서 지름 OD의 중심을 G, 선분 EG와 선분 OF가 만난 점을 H라 하면, 삼각형 EOH와 삼각형 GFH는 합동입니다.

따라서 도형 EOF의 넓이는 부채꼴 EGF의 넓이와 같습니다.

(색칠한 부분의 넓이)

$=12 \times 12 \times 3.14 \times \dfrac{30}{360}-6 \times 6 \times 3.14 \times \dfrac{60}{360}$

$=18.84(\mathrm{cm}^2)$

15

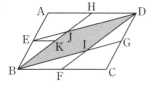

점 E를 지나서 변 AD에 평행한 선분 EK를 긋습니다. 삼각형 HJD는 삼각형 JEK를 2배로 확대한 것이므로 평행사변형 ABCD의 높이를 1이라 하면 삼각형 HJD의 높이는 $\dfrac{1}{2} \times \dfrac{2}{3}=\dfrac{1}{3}$입니다.

삼각형 ABH와 삼각형 DFC는 평행사변형의 넓이의 $\dfrac{1}{4}$씩이며, 삼각형 HJD와 삼각형 BFI는 평행사변형의 넓이의 $\dfrac{1}{2} \times \dfrac{1}{2} \times \dfrac{1}{3}=\dfrac{1}{12}$씩입니다.

따라서 색칠한 부분의 넓이는 평행사변형의 넓이의 $1-\left(\dfrac{1}{4} \times 2+\dfrac{1}{12} \times 2\right)=\dfrac{1}{3}$이므로

$108 \times \dfrac{1}{3}=36(\mathrm{cm}^2)$입니다.

16 ㉢ 부분의 넓이는 반원과 부채꼴의 공통부분이므로 ㉠과 ㉡의 넓이가 같다면 반원과 부채꼴의 넓이는 같습니다.

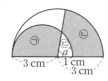

$2 \times 2 \times 3.14 \times \dfrac{1}{2}=3 \times 3 \times 3.14 \times \dfrac{a}{360}$, $a=80$

17 첫 번째 그림에서 정사각형의 대각선은 지름의 $\dfrac{1}{2}$

두 번째 그림에서 정사각형의 대각선은 지름의 $\dfrac{1}{3}$

세 번째 그림에서 정사각형의 대각선은 지름의 $\dfrac{1}{4}$

이므로 71번째 그림에서 정사각형의 대각선은 지름의 $\dfrac{1}{72}$입니다.

따라서 71번째의 정사각형의 넓이의 합은

$\dfrac{12}{72} \times \dfrac{12}{72} \times \dfrac{1}{2} \times 72=1(\mathrm{cm}^2)$

18 소가 움직인 범위의 넓이는 4부분으로 나누어 구할 수 있습니다.

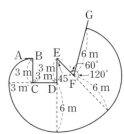

$6 \times 6 \times 3 \times \dfrac{1}{3}$

$+9 \times 9 \times 3 \times \dfrac{1}{8}$

$+6 \times 6 \times 3 \times \dfrac{1}{4}+3 \times 3 \times 3 \times \dfrac{1}{4}$

$=\left(12+\dfrac{81}{8}+9+\dfrac{9}{4}\right) \times 3$

$=33\dfrac{3}{8} \times 3=100\dfrac{1}{8}(\mathrm{m}^2)$

19 그릇 한 개의 들이는 $4 \times 4 \times 4=64(\mathrm{mL})$이므로 16 L의 물을 담으려면 $16000 \div 64=250$에서 적어도 250개의 물을 담을 수 있는 그릇이 있어야 합니다.

$1+4 \times (1+2+3+\cdots+10)=221$(개)

$1+4 \times (1+2+3+\cdots+11)=265$(개)이므로

$11+1=12$(층)까지 쌓아야 합니다.

20 • 5개의 면이 보이는 쌓기나무는 20층에 1개가 있고 수의 합이 가장 크려면 6, 5, 4, 3, 2이므로 20입니다.

• 4개의 면이 보이는 쌓기나무는 1층부터 19층까지 $19 \times 2=38$(개)이고 수의 합이 가장 클 때 $(6+5+4+3) \times 38=684$입니다.

• 마주 보는 2개의 면이 보이는 쌓기나무는 1층부터 18층까지 $(18+17+\cdots+2+1) \times 2=342$(개)이고 수의 합은 $7 \times 342=2394$입니다.

• 이웃하는 면이 2개인 쌓기나무는 1층부터 19층까지 19개이고 가장 큰 수의 합은 $(5+6) \times 19=209$입니다.

정답과 풀이

따라서 보이는 모든 면의 가장 큰 수의 합은
$20+684+2394+209=3307$입니다.

21 그림자의 넓이가 $600\ \text{cm}^2$이므로 그림자의 가로의 길이는 $600\div20=30(\text{cm})$
직육면체의 높이가 $50\ \text{cm}$일 때, 그림자의 길이가 $30\ \text{cm}$이므로 높이와 그림자의 길이의 비는 $5:3$입니다.

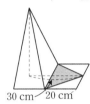
사각뿔의 높이가 $50\ \text{cm}$이므로 사각뿔에서 밑면에 수직으로 내린 점부터 사각뿔의 그림자의 끝 부분까지 $30\ \text{cm}$이고, 실제 그림자의 끝까지의 길이는 $20\ \text{cm}$입니다.

따라서 입체도형의 그림자의 넓이는
$600+20\times20\times\dfrac{1}{2}=800(\text{cm}^2)$

22 그릇의 깊이를 1이라 하면 물의 깊이는 각각 $\dfrac{1}{3}$
이므로 $(6\times4+3\times4)\times\dfrac{1}{3}\div(5\times8)=\dfrac{3}{10}$
즉, 그릇의 깊이의 $\dfrac{3}{10}$이 증가했으므로
물의 깊이는 $\dfrac{3}{10}+\dfrac{1}{3}=\dfrac{19}{30}$

23

P는 1분에 $360°\div30=12°$씩 Q는 1분에 $360°\div120=3°$씩 움직입니다.
왼쪽 그림에서 P는 $12°\times20=240°$, Q는 $(20-5)\times3°=45°$ 움직였습니다.
삼각형 COP는 이등변삼각형이 되므로 각 COP는
$(180°-30°)\div2=75°$입니다.
따라서 구하는 각도는 $15°+90°+45°=150°$입니다.

24
  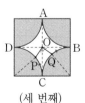
(첫 번째)　　　(두 번째)　　　(세 번째)

세 번째에 P, Q의 회전한 각도의 차는
$90°\times(6-1)=450°$이므로 Q가 출발한 지
$(450-60)\div(12-3)=43\dfrac{1}{3}(분)$ 후입니다.
따라서 $5+43\dfrac{1}{3}=48\dfrac{1}{3}(분)$ 후입니다.

별해
점 P가 점 Q를 $30°+180°+180°=390°$ 따라잡는 것으로 생각하면 $390\div(12-3)=43\dfrac{1}{3}(분)$
그러므로 $5+43\dfrac{1}{3}=48\dfrac{1}{3}(분)$ 후

25 겹쳐진 부분의 세로와 가로의 길이의 비는
$45:60=3:4$이므로 떨어지기 1분 전에 세로는
$28\div2\times\dfrac{3}{7}=6(\text{cm})$, 가로는 $6\times\dfrac{4}{3}=8(\text{cm})$이고
겹친 넓이는 $8\times6=48(\text{cm}^2)$입니다.

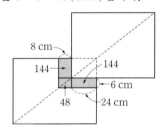

색칠한 부분의 넓이가 $336\ \text{cm}^2$이므로
$(336-48)\div2=144(\text{cm}^2)$,
$144\div6=24(\text{cm})$입니다.
따라서 $(60-8-24)\div8=\dfrac{7}{2}(분)$이므로
$\dfrac{7}{2}\times60=210(초)$입니다.

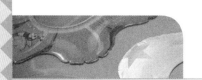

정답과 풀이

올림피아드 기출문제

제1회 기 출 문 제 `129~136`

1 11		**2** 105장	
3 80 km		**4** 90 cm²	
5 91 cm³		**6** 5000원	
7 254개		**8** 865 m	
9 14개		**10** 19	
11 36개		**12** 24 cm	
13 27		**14** 40분	
15 8		**16** 320 g	
17 27명		**18** 6마리	
19 30시간		**20** 90가지	
21 108 cm²		**22** 10번	
23 528 cm²			

24 (1) 0.5 cm (2) 21 cm (3) 63 cm²

25 (1) 20 cm² (2) 122개 (3) 1097 cm²

1 분모, 분자에서 같은 수를 빼더라도 분모, 분자의 차는 변하지 않습니다. $\frac{47}{59}$에서 분모, 분자의 차는 12이고, $0.75=\frac{3}{4}$에서 분모, 분자의 차는 1이므로 분모, 분자에 각각 12를 곱하면 $\frac{36}{48}$으로 분모, 분자의 차는 12가 됩니다. 따라서 분모, 분자에서 공통으로 뺀 수는 $59-48=11$, $47-36=11$입니다.

2

처음 정사각형의 한 변의 장수는
$\{(39+5)-4\}\div4=10$(장)입니다.
따라서 모두 $10\times10+5=105$(장)입니다.

3 화물 열차와 여객 열차의 빠르기의 합은 매초
$(160+120)\div7=40$(m)이므로 1시간에
$40\times3600\div1000=144$(km)를 갑니다.
따라서 여객 열차는 1시간에 $144-64=80$(km)를 갑니다.

4 ㉠의 넓이는 전체의 $\frac{4}{7}$이고, 삼각형 ㄹㄴㄷ의 넓이는 전체의 $\frac{3}{7}$이므로 $280\div4\times3=210$(cm²)입니다.
㉡의 넓이는 삼각형 ㄹㄴㄷ의 $\frac{5}{7}$이고, ㉢의 넓이는 삼각형 ㄹㄴㄷ의 $\frac{2}{7}$이므로 ㉡와 ㉢의 넓이의 차는 삼각형 ㄹㄴㄷ의 $\frac{3}{7}$입니다.
따라서 $210\times\frac{3}{7}=90$(cm²)입니다.

5
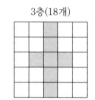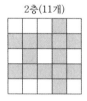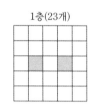
따라서 $23+16+18+11+23=91$(개) 남아 있으므로 입체도형의 부피는 91 cm³입니다.

6 둘 다 8 %씩 인상되었다면 요금의 합은 21600원이므로 $21700-21600=100$(원)은 오르기 전의 고속버스 요금의 2 %에 해당됩니다. 따라서 오르기 전의 고속버스 요금은 $100\div0.02=5000$(원)입니다

7 어제의 사과의 개수를 1로 놓으면,
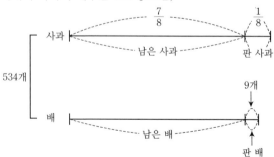
어제의 사과의 개수는
$(534-9)\div\left(1+\frac{7}{8}\right)=280$(개)이므로 어제의 배의 개수는 $534-280=254$(개)입니다.

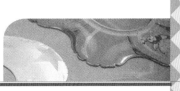
8 그림을 그려 보면 다음과 같습니다.

이 배의 초속은 $21600 \div 3600 = 6(\text{m})$이므로 A 지점에서 기적을 울리고 5초 뒤 $5 \times 6 = 30(\text{m})$ 떨어진 B 지점까지 오게 됩니다.

B 지점에서 기적 소리를 듣게 되었으므로 기적을 울린 지점은 $(340 \times 5 + 30) \div 2 = 865(\text{m})$ 떨어진 지점입니다.

9 사과와 귤의 개수를 반대로 하여 살 때의

전체의 차는 $16500 - 13500 = 3000(원)$,

개별의 차는 $700 - 200 = 500(원)$이므로

귤을 사과보다 $3000 \div 500 = 6(개)$ 더 많이 샀습니다.

귤과 배의 개수를 반대로 하여 살 때의

전체의 차는 $18700 - 13500 = 5200(원)$,

개별의 차는 $850 - 200 = 650(원)$이므로

귤은 배보다 $5200 \div 650 = 8(개)$ 더 많이 샀습니다.

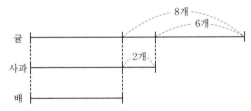

따라서 귤의 개수는

$(13500 + 700 \times 6 + 850 \times 8) \div (700 + 200 + 850)$
$= 14(개)$입니다.

10 $\left[\dfrac{56}{\text{B}}\right] = 6$이므로 $\text{B} \times 6$ 중 56에 가장 가까운 수를 알아봅니다.

$56 \div 6 = 9 \cdots 2$

B가 9일 때 $\left[\dfrac{56}{9}\right]$은 6이 되며

B가 10일 때도 $\left[\dfrac{56}{10}\right]$은 6이 됩니다.

따라서 B가 될 수 있는 수들의 합은
$9 + 10 = 19$입니다.

11

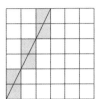

정면에서 볼 때 위의 그림과 같이 6개가 잘려집니다. 따라서 잘려지는 쌓기나무의 개수는 모두
$6 \times 6 = 36(개)$입니다.

12 수조의 밑면의 넓이는

$8 \times 12 \times 1000 \div 40 + 100 = 2500(\text{cm}^2)$입니다.

따라서 $(8 \times 7 \times 1000 + 4000) \div 2500 = 24(\text{cm})$입니다.

13

첫 번째	두 번째	세 번째	네 번째
4개	10개	18개	28개

6개   8개   10개

(두 번째) $-$ (첫 번째) $= 6$

(세 번째) $-$ (두 번째) $= 8$

(네 번째) $-$ (세 번째) $= 10$

$\vdots$

($n+1$번째) $-$ (n번째) $= 58$

따라서 ($n+1$번째) $= 58 \div 2 - 1 = 28(번째)$이므로
n번째는 27번째입니다.

14 A 시계와 B 시계의 비는

$\left(60 - \dfrac{6}{5}\right) : \left(60 + \dfrac{2}{3}\right) = \dfrac{294}{5} : \dfrac{182}{3} = 63 : 65$

B의 진행 시간은 $(6 + 12 - 5) \times 60 = 780(분)$,

$63 : 65 = \square : 780$에서 $\square = 756(분)$입니다.

➡ 5시 4분 + 12시간 36분 $-$ 12시간 = 5시 40분

15 (석기) $\times \dfrac{5}{6} +$ (영수) $\times \dfrac{1}{6}$

$= \left\{(영수) \times \dfrac{5}{6} + (석기) \times \dfrac{1}{6}\right\} \times 3$

(석기) $\times \dfrac{2}{6} =$ (영수) $\times \dfrac{14}{6}$

따라서 석기는 영수의 7배만큼 구슬을 가지고 있습니다. 영수가 가진 구슬 수를 1, 석기가 가진 구슬 수를 7이라 하면 $\dfrac{1}{4}$씩 교환한 후 가지고 있는 구슬 수는

석기가 $7 \times \dfrac{3}{4} + 1 \times \dfrac{1}{4} = \dfrac{22}{4}$,

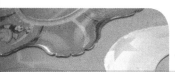

영수가 $7 \times \frac{1}{4} + 1 \times \frac{3}{4} = \frac{10}{4}$

이므로 $\frac{22}{4} \div \frac{10}{4} = 2\frac{1}{5}$(배)입니다.

따라서 $2+5+1=8$입니다.

16 소금의 양은 A 소금물이 $400 \times 0.03 = 12(g)$, B 소금물이 $100 \times 0.07 = 7(g)$이므로 소금의 양의 비는 $12:7$입니다.

따라서 농도가 같으려면 A와 B의 소금물의 양의 비도 $12:7$이어야 합니다.

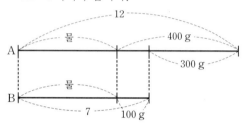

따라서 A 그릇에 넣을 물은
$300 \div (12-7) \times 12 - 400 = 320(g)$입니다.

17 A를 15점, B를 5점으로 채점했을 때 전체 점수는
$11.75 \times 40 \le$ (전체 점수) $< 11.85 \times 40$이므로
$470 \le$ (전체 점수) < 474입니다.

이때 전체 점수는 5의 배수이므로 470점입니다.

A를 12점, B를 8점으로 채점했을 때 전체 점수는
$10.7 \times 40 = 428$(점)입니다.

$(470-428) \div (15-12) = 14$

A를 B보다 14명 더 많이 맞혔습니다.

따라서 A를 맞힌 사람은
$(470+14 \times 5) \div (15+5) = 27$(명)입니다.

18 꿩과 비둘기를 합한 9마리가 하루에 먹는 양
$\Rightarrow 1 \div 8 = \frac{1}{8}$

꿩과 비둘기를 합한 9마리와 비둘기 1마리가 하루에

먹는 양 $\Rightarrow \left(1 + \frac{1}{21} \times 12\right) \div 12 = \frac{11}{84}$

비둘기 1마리가 하루에 먹는 양

$\Rightarrow \frac{11}{84} - \frac{1}{8} = \frac{1}{168}$

9마리의 새 중 꿩의 수를 □라 하면

$\frac{1}{168} \times 3 \times □ + \frac{1}{168} \times (9-□) = \frac{1}{8}$,

□$=6$(마리)

따라서 꿩은 6마리입니다.

19 처음 $\begin{bmatrix} \text{넣는 물의 양} \Rightarrow ① \\ \text{사용하는 물의 양} \Rightarrow \triangle① \end{bmatrix}$

나중 $\begin{bmatrix} \text{넣는 물의 양} \Rightarrow ①.2 \\ \text{사용하는 물의 양} \Rightarrow \triangle①.1 \end{bmatrix}$

사용 시간의 변화가 없으므로
$\triangle① - ① = \triangle①.1 - ①.2$입니다.

넣는 물의 양의 20 %가 사용하는 물의 양의 10 %와 같음을 알 수 있습니다.

따라서 같은 시간에 넣는 물의 양과 사용하는 물의 양의 비는 $1:2$입니다.

1시간 동안 넣는 물의 양을 10 L로 가정하면 1시간 동안 사용하는 물의 양은 20 L이므로 시간당 10 L씩 줄어듭니다. 넣는 물의 양을 50 %씩 증가시키면 시간당 15 L씩 증가하고, 사용하는 물의 양을 20 %씩 증가시키면 시간당 24 L를 사용하므로 시간당 9 L씩 줄어듭니다.

이때 2시간이 더 걸린다고 하였으므로 처음 상태에서 물을 사용하는 데 걸리는 시간은
$9 \times 2 \div (10-9) = 18$(시간)입니다.

따라서 처음 상태의 물탱크의 물의 양은
$10 \times 18 = 180(L)$로 생각할 수 있으므로 넣는 물의 양을 40 %씩 증가시키고 사용하는 물의 양은 그대로 할 때, 물을 사용할 수 있는 시간은
$180 \div (20-14) = 30$(시간)입니다.

20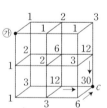

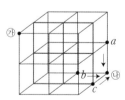

㉮에서 ㉯까지 가장 짧은 거리로 가는 방법의 수는 ㉮에서 a, b, c를 각각 지나 ㉯까지 가는 방법의 수의 합과 같습니다.

따라서 $30 \times 3 = 90$(가지)입니다.

21

A	K		L	D
빨강	초록		주황	
E		F	GH	I
		J ㉮ ㉯		
	파랑		노랑	
B				C

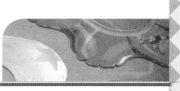

보이는 부분의 넓이가 초록색이 $160\ \text{cm}^2$이므로 ㉮부분의 넓이는 $32\ \text{cm}^2$입니다.

㉯부분의 넓이를 $\triangle$라 하면 $160-\triangle=128+\triangle$에서 $\triangle=16(\text{cm}^2)$이므로 ㉮$+$㉯$=48\ \text{cm}^2$로 색종이 전체의 $\dfrac{1}{4}$입니다.

색종이의 한 변의 길이를 1이라 하면 선분 FJ는 $\dfrac{1}{4}$이므로 선분 AE는 $\dfrac{3}{4}$입니다.

(선분 AK)$+$(선분 LD)$=\left(1+\dfrac{3}{4}\right)-1=\dfrac{3}{4}$

이므로 빨간색과 주황색의 넓이의 합은

$192\times\dfrac{3}{4}\times\dfrac{3}{4}=108(\text{cm}^2)$입니다.

22 2개의 정삼각형이 합해진 마름모에는 A, B, C, D의 기호가 1개씩 있는 셈입니다. 3이 놓이는 자리는 왼쪽 그림과 같습니다. 따라서 10번입니다.

23 구하려는 넓이는 오른쪽의 전개도에서 색칠한 부분과 같습니다.

(삼각형 ㅊㅁㅈ의 넓이)

　$+$(삼각형 ㅈㅋㅊ의 넓이)

　$+$(사각형 ㄴㄱㅋㅈ의 넓이)

$=40\times12\times\dfrac{1}{2}+20\times16\times\dfrac{1}{2}+8\times16=528(\text{cm}^2)$

24 (1) 그래프에서 선분 AB를 지나는 데 13초, 선분 BC를 지나는 데 42초, 선분 CD를 지나는 데 20초가 걸리므로 선분 DA를 지나는 데는 21초가 걸립니다. 따라서 1초에

$48\div(13+42+20+21)=0.5(\text{cm})$씩 이동한 것입니다.

(2) 1초에 $0.5\ \text{cm}$씩 이동하므로 선분 BC의 길이는 $42\times0.5=21(\text{cm})$입니다.

(3) 선분 BC의 길이는 $21\ \text{cm}$, 선분 AD의 길이는 $21\div2=10.5(\text{cm})$, 사다리꼴의 높이는 $14\times2\div\left(10.5\times\dfrac{2}{3}\right)=4(\text{cm})$이므로 사다리꼴의 넓이는 $(10.5+21)\times4\div2=63(\text{cm}^2)$입니다.

25 (1) 바둑돌의 개수

　➡ $1+2$, $1+2+3$, $1+2+3+4$,

　　$1+2+3+4+5$, …

　정삼각형의 개수

　➡ 1, $1+3$, $1+3+5$, $1+3+5+7$, …

　　$1+2+3+4+5=15$이므로 작은 정삼각형은 $(1+3+5+7)+4=20(\text{개})$입니다.

　따라서 넓이는 $20\ \text{cm}^2$입니다.

(2) 작은 정삼각형이 198개 만들어지고 $1+3+5+\cdots+25+27=196$이므로 바둑돌은 $(1+2+3+\cdots+14+15)+2=122(\text{개})$ 놓아야 합니다.

(3) $(1+2+3+\cdots+33+34)+5=600$ 이므로 작은 정삼각형은 $(1+3+5+\cdots+63+65)+8$ $=1089+8=1097(\text{개})$가 만들어집니다. 따라서 넓이는 $1097\ \text{cm}^2$입니다.

| 제2회 기 출 문 제 | 137~144 |

1 1	**2** 700 cm
3 126 cm^2	**4** 7개
5 12	**6** 135명
7 232	**8** 24
9 96대	**10** 138장
11 54	**12** 150 cm^2
13 156개	**14** 32개
15 20 cm	**16** 46
17 560 cm^2	**18** 60 cm^2
19 196 cm^2	**20** 14개
21 15 cm^2	**22** 252 cm^2
23 144 cm^3	**24** 풀이 참조
25 (1) 풀이 참조　(2) 89가지	

1 일의 자리의 숫자만 비교합니다.

7을 계속 곱했을 때 일의 자리의 숫자는 7, 9, 3, 1이 반복되므로 457^{457}의 일의 자리의 숫자는

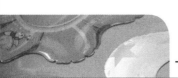

$457 \div 4 = 114 \cdots 1$이므로 7입니다.

8을 계속 곱했을 때 일의 자리의 숫자는 8, 4, 2, 6이 반복되므로 338^{338}의 일의 자리의 숫자는 $338 \div 4 = 84 \cdots 2$이므로 4입니다.

3을 계속 곱했을 때 일의 자리의 숫자는 3, 9, 7, 1이 반복되므로 143^{143}의 일의 자리의 숫자는 $143 \div 4 = 35 \cdots 3$이므로 7입니다.

따라서 계산 결과의 일의 자리의 숫자는 $(7-4) \times 7 = 21$이므로 1입니다.

2

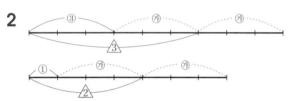

따라서 처음 두 철사의 길이의 비는 $9 : 7$이고 $9 : 7 = 900 : \square$, $\square = 700$이므로 짧은 철사의 길이는 700 cm입니다.

3 둘레의 길이가 같으므로 가로와 세로의 길이의 합도 같습니다.

A의 (가로) : (세로) $= 3 : 2 \Rightarrow 6 : 4$

B의 (가로) : (세로) $= 7 : 3$

$6 \times 4 = ㉔$가 144 cm²이므로 $7 \times 3 = ㉑$은 126 cm²입니다.

4 처음에 세 사람이 가진 사탕 수의 비는

(동민) : (한초) : (석기) $= 1 : 3 : 6$이었습니다.

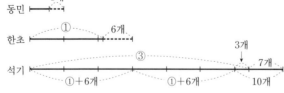

한초가 사탕을 먹은 뒤의 남은 개수를 ①로 놓으면, 한초는 처음에 (①+6)개를 갖고 있었던 셈이고, 위 선분에서 ③=(①+6)×2+3이 성립하므로 ①=15입니다.

따라서 한초가 처음에 15+6=21(개) 갖고 있었으므로, 동민이는 21÷3=7(개) 가지고 있었습니다.

5 하루에 A, B, C, D는 똑같은 양의 일을 하므로 한 사람이 평균 $(4+9+8+7) \div 4 = 7$(일)씩 일을 하여야 합니다.

그런데 D는 4일 일하고 180000원을 내놓았으므로 하루에 $180000 \div (7-4) = 60000$(원)어치의 일을 한 것입니다. 따라서 A가 더 받아야 할 몫은 $(9-7) \times 60000 = 120000$(원)이므로 ▲=12입니다.

6 입상자 중 남학생은 $108 \times \dfrac{5}{12} = 45$(명), 여학생은 $108 \times \dfrac{7}{12} = 63$(명)입니다.

시험을 본 남학생과 여학생의 비가 $4 : 5$이므로 남학생을 ④, 여학생을 ⑤라 하면 전체는 ⑨입니다.

$(④-45) : (⑤-63) = 5 : 4$, $⑯-180 = ㉕-315$, $⑨ = 135$

따라서 학생 수는 135명입니다.

7 자동차의 속력이 시속 ■ km이므로

$■ \times \dfrac{8}{10} \times \dfrac{25}{60} = 24$, $■ = 72$

또한, 목적지까지의 거리가 ▲ km이므로

$▲ \times \dfrac{15}{100} = 24$, $▲ = 160$

따라서 $72 + 160 = 232$입니다.

8 $\left\langle \dfrac{86}{B} \right\rangle = 4$이므로 B에 임의의 수를 넣어 값이 4가 되는 경우를 찾아봅니다.

$\left\langle \dfrac{86}{20} \right\rangle$, $\left\langle \dfrac{86}{21} \right\rangle$, $\left\langle \dfrac{86}{22} \right\rangle$, $\left\langle \dfrac{86}{23} \right\rangle$, $\left\langle \dfrac{86}{24} \right\rangle$은 4이고,

$\left\langle \dfrac{86}{25} \right\rangle$은 3이므로 조건에 맞는 B의 최댓값은 24입니다.

9

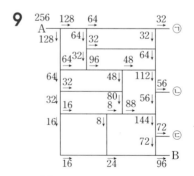

별해

A 지점에 들어온 차 중 ㉠, ㉡, ㉢으로 나가는 차를 제외한 나머지 차는 모두 B 지점으로 나갑니다.

따라서 B 지점으로 나가는 차는 $256 - (32+56+72) = 96$(대)입니다.

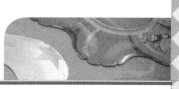
10 (빨간색)+(보라색)=$153° \times \frac{8}{9}$=$136°$이고

빨간색은 직각이므로

보라색은 $136°-90°=46°$입니다.

따라서 $1080 \times \frac{46}{360}$=$138$(장)입니다.

11 (두 번째)−(첫 번째)=6

(세 번째)−(두 번째)=8

(네 번째)−(세 번째)=10

$\vdots$

따라서 □번째는 $112 \div 2-2=54$(번째)입니다.

12 직사각형의 가로의 길이를 1이라 하면

나의 한 변의 길이 : $1 \times \frac{10}{27}$=$\frac{10}{27}$

다의 한 변의 길이 : $\frac{10}{27} \times \frac{3}{5}$=$\frac{6}{27}$

가의 한 변의 길이 : $1-\frac{10}{27}-\frac{6}{27}$=$\frac{11}{27}$

라의 한 변의 길이 : $\frac{11}{27} \div \frac{11}{16} \times \frac{5}{16}$=$\frac{5}{27}$

정사각형의 각 변이 모두 자연수이므로 직사각형의 가로의 길이는 27 cm, 세로의 길이는

$\left(\frac{11}{27}+\frac{5}{27}\right) \times 27$=$16$(cm)이고,

넓이는 $27 \times 16=432$(cm^2)입니다.

따라서 색칠한 부분의 넓이는

$432-(11 \times 11+10 \times 10+6 \times 6+5 \times 5)$

=150(cm^2)입니다.

13 $12 \times 13=156$(개)

14

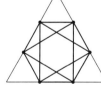

① 옆면 한 개에서 만들 수 있는 직사각형이 3개이므로 4개의 면에서 만들 수 있는 직사각형은 $3 \times 4=12$(개)입니다.

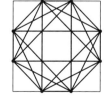

② 밑면에서 만들 수 있는 직사각형은 왼쪽 그림과 같이 6개입니다.

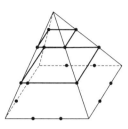

③ 왼쪽 그림과 같이 밑면에 평행한 정사각형은 2개입니다.

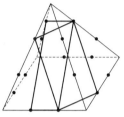

④ 왼쪽 그림과 같은 직사각형은 각각 4개씩 8개입니다.

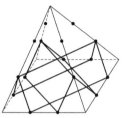

⑤ 왼쪽 그림과 같은 직사각형은 4개입니다.

따라서 모두 $12+6+2+8+4=32$(개)입니다.

15 그래프에서 B 수도관으로 ㉰ 부분을 10 cm 채우는 데 5분이 걸렸으므로 B 수도관으로 1분 동안 나오는 물의 양은 $40 \times 10 \div 5=80$(cm^3)

A 수도관으로 ㉮ 부분을 칸막이의 높이까지 채우는 데 5분이 걸렸으므로 칸막이의 높이를 □cm라 하면, A 수도관으로 1분 동안 나오는 물의 양은

$80 \times □ \div 5=16 \times □$($cm^3$)

A 수도관과 B 수도관을 함께 사용하여 ㉰ 부분을

□−10(cm)만큼 채우는 데는 1분 걸렸으므로

$16 \times □+80=(□-10) \times 40$, □=20

따라서 칸막이의 높이는 20 cm입니다.

16

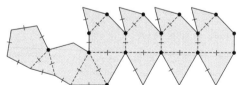

접었을 때 맞닿는 부분을 한 개로 생각하여 꼭짓점과 모서리를 세어 봅니다. 꼭짓점의 수는 그림에서 점의 개수와 같습니다. ➡ 16개

모서리의 수는 그림에서 표시한 선분의 개수와 같습니다. ➡ 30개

따라서 $16+30=46$(개)입니다.

17

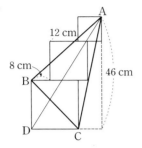

위의 그림과 같이 보조선 AD를 그어 생각하면
(삼각형 ABC의 넓이)
＝(삼각형 ABD의 넓이)＋(삼각형 ADC의 넓이)
　－(삼각형 BDC의 넓이)

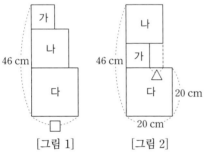

[그림 1]　　　　[그림 2]

[그림 1]에서 다의 한 변의 길이를 □라 하면
□＝(132－46－46)÷2＝20(cm)입니다.
[그림 2]에서 가와 나의 한 변의 길이의 차를 △라 하
면 △＝(144－132)÷2＝6(cm)이고, 합은
46－20＝26(cm)이므로 가의 한 변의 길이는
(26－6)÷2＝10(cm)입니다.
(삼각형 ABC의 넓이)
＝(20×30÷2)＋(20×46÷2)－(20×20÷2)
＝560(cm²)입니다.

18 오른쪽 그림과 같이 보
조선 DC를 그어서 생
각해 보면 삼각형
AEB와 삼각형 ADC
는 다음 세 조건으로 합
동입니다.

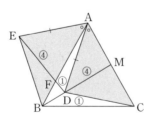

(각 EAB)＝(각 DAC),
(선분 AE)＝(선분 AD),
(선분 AB)＝(선분 AC)
또한, (선분 EF) : (선분 FD)＝4 : 1이므로 삼각형
AEB와 삼각형 ABD의 넓이의 비는 4 : 1이고 삼각
형 ABD와 삼각형 DBC도 합동이므로 넓이가 같습
니다.

따라서 사각형 AEBD의 넓이는 삼각형 ABC의 넓
이의 $\frac{5}{6}$에 해당하므로 $72 \times \frac{5}{6}=60(cm^2)$입니다.

19

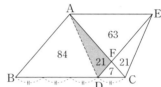

삼각형 ABD의 넓이는 $112 \times \frac{3}{4}=84(cm^2)$
삼각형 ADE의 넓이도 84 cm²
삼각형 AFE의 넓이는 84－21＝63(cm²)
삼각형 ADC의 넓이는 $112 \times \frac{1}{4}=28(cm^2)$
삼각형 FDC의 넓이는 28－21＝7(cm²)
선분 AF와 선분 FC의 길이의 비는 3 : 1이므로 삼
각형 EFC의 넓이는 63÷3＝21(cm²)입니다.
따라서 사각형 ABCE의 넓이는
84×2＋7＋21＝196(cm²)입니다.

20 각 층별 잘라지는 검은색 정육면체
는 굵은 선으로 둘러싸인 부분에만
존재합니다.

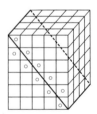

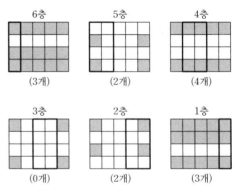

따라서 윗층부터 잘리는 검은색 정육면체를 찾으면
3＋2＋4＋0＋2＋3＝14(개)입니다.

21 삼각형 FBC의 넓이를 1이라 하면
(선분 AE) : (선분 EC)＝2 : 1이므로
삼각형 ABF의 넓이는 2이고 삼각형 AFC의 넓이는
(선분 AD) : (선분 DB)＝3 : 2이고 삼각형 FBC
의 넓이가 1이므로 $1 \times \frac{3}{2}=\frac{3}{2}$입니다.

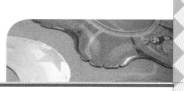

따라서 삼각형 ABC의 넓이는 $1+2+\dfrac{3}{2}=\dfrac{9}{2}$이고

삼각형 CEF의 넓이는 $\dfrac{3}{2}\times\dfrac{1}{3}=\dfrac{1}{2}$이므로 삼각형

CEF는 전체 넓이의 $\dfrac{1}{2}\div\dfrac{9}{2}=\dfrac{1}{2}\times\dfrac{2}{9}=\dfrac{1}{9}$로

$135\times\dfrac{1}{9}=15(cm^2)$입니다.

22

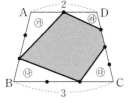

위의 그림에서 사다리꼴의 높이를 12라 가정하면 사

다리꼴의 전체 넓이는 $(2+3)\times12\times\dfrac{1}{2}=30$

㉮ : $1\times\left(12\times\dfrac{2}{3}\right)\times\dfrac{1}{2}=4$, ㉯ : $2\times4\times\dfrac{1}{2}=4$

㉰ : $1\times\left(12\times\dfrac{2}{4}\right)\times\dfrac{1}{2}=3$, ㉱ : $1\times3\times\dfrac{1}{2}=\dfrac{3}{2}$

오각형의 넓이는 $30-\left(4+4+3+\dfrac{3}{2}\right)=\dfrac{35}{2}$로

전체의 $\dfrac{35}{2}\div30=\dfrac{7}{12}$이므로

$432\times\dfrac{7}{12}=252(cm^2)$입니다.

23

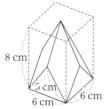

위의 그림을 보면 사각기둥 전체의 부피는

$6\times6\times8=288(cm^3)$입니다.

다음은 이 입체도형을 4등분 하여 나타낸 그림입니다.

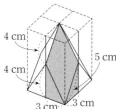

위의 색칠한 부분의 입체도형의 부피는

$3\times3\times8\div2=36(cm^3)$이므로 구하려는 부피는

$36\times4=144(cm^3)$입니다.

24

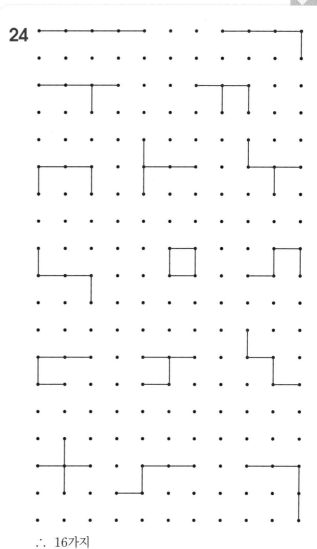

∴ 16가지

25 (1)

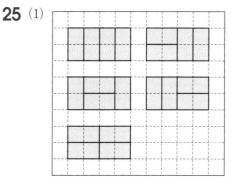

∴ 5가지

(2) 벽돌의 개수가 1개일 때 1가지, 2개일 때 2가지,
3개일 때 3가지, 4개일 때 5가지, …입니다.
위의 배열에서 규칙을 찾으면 앞의 두 수를 더한
값이 자신이 됩니다.

1, 2, 3, 5, 8, …
1+2=3

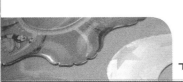
따라서 규칙에 따라 벽돌 10개를 사용하여 직사각형을 만들 수 있는 방법은 1, 2, 3, 5, 8, 13, 21, 34, 55, 89이므로 모두 89가지입니다.

제3회 기출문제 145~152

1 70 L	**2** 450권
3 399가지	**4** 144 cm^2
5 17개	**6** 140가지
7 6	**8** 18 cm
9 288 cm^2	**10** 137 cm
11 210 L	**12** 343개
13 216가지	**14** 62점
15 18 cm^2	**16** 38개
17 181분	**18** 945
19 20 %	**20** 15
21 152개	**22** 8가지
23 102	
24 (1) 97 cm^2 (2) 840 cm^2	
25 (1) 풀이 참조 (2) 풀이 참조	

1 $2\frac{1}{3}$ L의 물을 넣은 부분은 전체의

$\left(1-\frac{3}{5}\right)\times\left(1-\frac{3}{4}\right)-\frac{1}{15}=\frac{1}{10}-\frac{1}{15}=\frac{1}{30}$

이므로 물통의 들이는

$2\frac{1}{3}\div\frac{1}{30}=\frac{7}{3}\times30=70$(L)입니다.

2

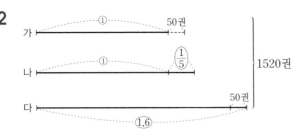

가 책장에 있는 책의 수는

$\left\{1520\div\left(1+1+\frac{1}{5}+1.6\right)\right\}+50$
$=450$(권)입니다.

3 주어진 동전을 모두 사용하여 나타낼 수 있는 금액은 3990원이고, 10원 단위로만 금액을 나타낼 수 있으므로 나타낼 수 있는 금액은 모두 399가지입니다.

4 삼각형 ㄱㄴㄷ의 넓이는
$432\div6=72(\text{cm}^2)$이고,
삼각형 ㄹㄱㄷ의 넓이는
$72\div2=36(\text{cm}^2)$입니다.
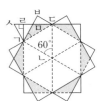
삼각형 ㅅㅁㅁ은 정삼각형이므로
(선분 ㄹㅁ) : (선분 ㄱㅁ)$=1 : 2$이고,
삼각형 ㄹㄱㅁ은 삼각형 ㅂㄷㅁ과 합동이므로
(선분 ㄹㅁ) : (선분 ㅁㄷ)$=1 : 2$입니다.
따라서 삼각형 ㅁㄱㄷ의 넓이는

$36\times\frac{2}{(1+2)}=24(\text{cm}^2)$이므로

색칠한 부분의 넓이는 $24\times6=144(\text{cm}^2)$입니다.

5

2	2	
2	3	2
2	2	2

➡ 17개

6 대표가 남자인 경우 : $5\times4\times4=80$(가지)
대표가 여자인 경우 : $4\times5\times3=60$(가지)
➡ $80+60=140$(가지)

7 ③, $3\times2=$⑥, $3\times3=$⑨, $3\times4=1$②,
$3\times5+1=1$⑥, $3\times6+1=1$⑨, $3\times7+1=2$②,
$3\times8+2=2$⑥, $\cdots$
즉, 소수 24번째 자리 숫자는 3이고, 그 앞 자리부터는 6, 9, 2가 반복됩니다.
따라서 $(24-1)\div3=7\cdots2$에서 소수 첫째 자리 숫자는 9이고, 소수 둘째 자리 숫자는 6입니다.

8

$(☆+□)\times2=36$
$(□+△)\times2=46$
$(△+☆)\times2=34$

$☆+□=18\cdots$①, $□+△=23\cdots$②
$△+☆=17\cdots$③
①, ②, ③의 값을 모두 더하면
$(□+△+☆)\times2=18+23+17=58$
$□+△+☆=29\cdots$④
①과 ④에서 $△=11$, ②와 ④에서 $☆=6$,
③과 ④에서 $□=12$입니다.

따라서 가장 긴 변과 가장 짧은 변의 길이의 합은
$12+6=18(\text{cm})$입니다.

9 처음 입체도형의 겉넓이에서 줄어든 넓이와 늘어난 넓이를 생각합니다.
$(6\times6-2\times2)\times6+2\times2\times4\times6=288(\text{cm}^2)$

10 계단 가에서 A까지의 높이를 □라면
$$\left(\frac{8}{10}\times\square-30\right)\times\frac{8}{10}+210=\square-30$$
$\square=600(\text{cm})$

계단 다의 높이를 △라 하면
$$\{(570-210)+75\}\times\frac{8}{10}+\triangle=440$$
$\triangle=92(\text{cm})$

따라서 계단 가의 높이는
$92+75-30=137(\text{cm})$입니다.

11 모서리 AB를 중심으로
45° 기울였을 때 쏟아지는
물의 양을 알아보면 삼각형
ㄱㄴㄷ은 각 ㄴㄱㄷ이 직각
인 이등변삼각형이므로

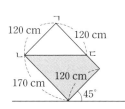

$120\times120\times\frac{1}{2}\times70=504000(\text{cm}^3) \Rightarrow 504\ \text{L}$

모서리 BC를 중심으로 45°
기울였을 때 쏟아지는 물의
양을 알아보면 삼각형 ㄹㅁ
ㅂ은 각 ㅁㄹㅂ이 직각인 이
등변삼각형이므로

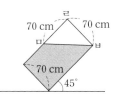

$70\times70\times\frac{1}{2}\times120=294000(\text{cm}^3) \Rightarrow 294\ \text{L}$

따라서 쏟아지는 물의 양의 차는
$504-294=210(\text{L})$입니다.

12

한 모서리에 놓인 쌓기나무 개수	한 면이 색칠된 쌓기나무 개수	두 면이 색칠된 쌓기나무 개수
3개	$1\times1\times6=6$	$1\times4\times3=12$
4개	$2\times2\times6=24$	$2\times4\times3=24$
5개	$3\times3\times6=54$	$3\times4\times3=36$
6개	$4\times4\times6=96$	$4\times4\times3=48$
7개	$5\times5\times6=150$	$5\times4\times3=60$

따라서 한 모서리에 놓인 개수가 7개일 때이므로 사용

된 쌓기나무의 개수는 $7\times7\times7=343(\text{개})$입니다.

13 먼저 흰색 차가 주차할 수 있는 곳은 19곳입니다. 흰색과 파란색 차가 같은 줄에 주차된 경우 검은색 차가 주차할 수 있는 곳은 12곳입니다. 흰색과 파란색 차가 다른 줄에 주차된 경우 검은색 차가 주차할 수 있는 곳은 11곳입니다.
따라서 $7\times12+12\times11=216(\text{가지})$입니다.

14 1회째의 합격자와 불합격자의 수의 비가 3 : 8이므로 1회째의 학년 전체의 평균은
$(87\times3+65\times8)\div(3+8)=71(\text{점})$입니다.

1회의 합격자 수는 전체의 $\frac{3}{3+8}=\frac{3}{11}$

2회의 합격자 수는 전체의 $\frac{2}{2+1}=\frac{2}{3}$

1회와 2회의 합격자 수의 차는 78명이므로

전체 학생 수는 $78\div\left(\frac{2}{3}-\frac{3}{11}\right)=198(\text{명})$입니다.

따라서 2회째 불합격자의 평균은
$$\left\{198\times(71+9)-198\times\frac{2}{3}\times(87+2)\right\}\div\left(198\times\frac{1}{3}\right)$$
$=(15840-11748)\div66=62(\text{점})$입니다.

15

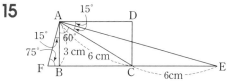

삼각형 ACE는 이등변삼각형이므로 선분 CE의 길이는 6 cm입니다. 또한 삼각형 AFC도 이등변삼각형이므로 변 FC의 길이는 6 cm입니다.
따라서 삼각형 AFE의 넓이는 $12\times3\div2=18(\text{cm}^2)$입니다.

16 분자가 1인 분수 : $8\times(\text{개수})-7<30$, $(\text{개수})=4$개
분자가 2인 분수 : $8\times(\text{개수})-5<60$, $(\text{개수})=8$개
분자가 3인 분수 : $8\times(\text{개수})-3<90$, $(\text{개수})=11$개
분자가 4인 분수 : $8\times(\text{개수})-1<120$, $(\text{개수})=15$개
따라서 모두 $4+8+11+15=38(\text{개})$입니다.

17 200명의 학생을 40명씩 5조로 나눕니다. 오른쪽 그림에서 왼쪽의 꺾어지는 부분은 학

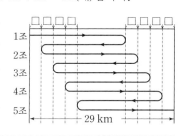

생들을 태우는 장소이고, 오른쪽의 꺾어지는 부분은 학생들을 내리는 장소입니다. 학생이 $\square$ km를 가는 동안 버스는 $20 \times \square$ km를 갑니다.

$(29-4 \times \square)+(29-5 \times \square)=20 \times \square$, $\square=2$

(버스가 달린 총 거리)

$=(29-4 \times 2) \times 5+(29-5 \times 2) \times 4=181(km)$

따라서 버스가 달린 시간은 $181 \div 60 \times 60=181$(분)입니다.

18 위와 아래에서 눈의 수의 합 :

$(1+2+\cdots+8+9) \times(3+4)=315$

옆에서 눈의 수의 합 :

$(1+2+\cdots+8+9) \times(1+2+5+6)=630$

➡ $315+630=945$

19 ㉯ 시험관에 넣은 소금의 양 :

$50 \times 0.005=0.25(g)$

처음 ㉮ 시험관에 넣은 소금의 양 :

$0.25 \times 4 \times 2=2(g)$

처음 ㉮ 시험관에 넣은 소금물의 농도 :

$\dfrac{2}{10} \times 100=20(\%)$

20

단계	색이 있는 정삼각형 한 변의 길이	색이 있는 정삼각형들의 둘레의 길이의 합
0	1	3
1	$\dfrac{1}{2}$	$\dfrac{3}{2} \times 3=\dfrac{9}{2}$
2	$\dfrac{1}{4}$	$\dfrac{3}{4} \times 3 \times 3=\dfrac{27}{4}$
3	$\dfrac{1}{8}$	$\dfrac{3}{8} \times 3 \times 3 \times 3=\dfrac{81}{8}$
4	$\dfrac{1}{16}$	$\dfrac{3}{16} \times 3 \times 3 \times 3 \times 3=\dfrac{243}{16}$

$\dfrac{243}{16}=15.1875$이므로 자연수 부분은 15입니다.

21 쌓기나무 1개짜리 : 96개

쌓기나무 8개짜리 : 42개

쌓기나무 27개짜리 : 13개

쌓기나무 64개짜리 : 1개

따라서 $96+42+13+1=152$(개)입니다.

22 오각형과 오각형 사이에 직사각형이 4개 있는 경우 오각형 2개와 나머지 직사각형 1개를 순서를 정해 차례

대로 만들어 보면 다음과 같이 8가지입니다.

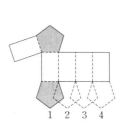
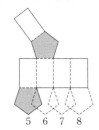

23 원판이 1개, 2개, 3개일 때의 최소 이동 횟수를 생각하여 규칙을 찾아 원판이 4개, 5개, 6개, 7개일 때의 최소 이동 횟수를 구해 보면 다음과 같습니다.

㉮

원판의 개수	1	2	3	4	5	6	7	⋯
최소 이동 횟수	1	3	7	15	31	63	127	⋯

$+2 \ +4 \ +8 +16 +32 +64$

㉯

원판의 개수	1	2	3	4	5	6	7	⋯
최소 이동 횟수	1	3	5	9	13	17	25	⋯

$+2 +2 \ +4 +4 +4 \ +8$

$2가 2개 \quad 4가 3개 \quad 8이 4개$

따라서 원판이 7개일 때 ㉮와 ㉯의 최소 이동 횟수의 차는 $127-25=102$입니다.

24 (1) 겹쳐진 부분이 11개 있으므로

$3 \times 3 \times 12-1 \times 1 \times 11=97(cm^2)$입니다.

(2)

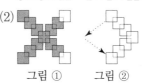

그림 ①   그림 ②

색종이는 세로로 $(15-1) \div 2=7$(장),

가로로 $(117-1) \div 2=58$(장) 있으므로 왼쪽의 그림 ①에서 색칠한 모양이 $58 \div 6=9 \cdots 4$에서 9번 반복되고 오른쪽 변에서는 그림 ②와 같이 됩니다.

즉, 그림 ①에서 ▨ : 10개, ◱ : 1개

그림 ②에서 ◳ : 6개, ■ : 1개

따라서 넓이는

$(8 \times 10+7) \times 9+8 \times 6+9=840(cm^2)$입니다.

25 (1)

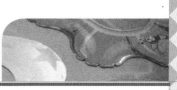

(2)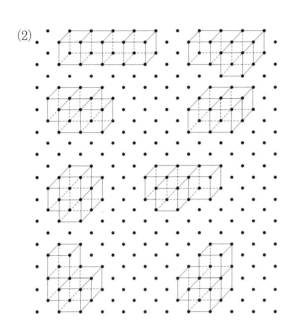

제4회 기 출 문 제　　153~160

1 3개		**2** 750 g
3 207만 명		**4** 38 cm
5 26개		**6** 75번째
7 12 km		**8** 78 m³
9 100번째		**10** 16가지
11 590초		**12** 672 cm²
13 144 kg		**14** 8 cm
15 250		**16** 390 g
17 750 g		**18** 9°
19 480 cm²		**20** 600 cm³
21 600 cm²		**22** 255번
23 880 m		
24 (1) 5분 45초　(2) 4분　(3) 3.85 cm		
25 (1) 12종류　(2) 풀이 참조		

1 (사탕과 초콜릿을 산 가격의 합)
$=20000-8800-800\times3$
$=8800(원)$

(사탕의 수)
$=(1000\times10-8800)\div(1000-600)$
$=1200\div400$
$=3(개)$

2 처음 A 설탕의 무게를 ③, B 설탕의 무게를 ②라 하면
$(③-200):(②-200)=11:6$
$㉒-2200=⑱-1200$
$④=1000,\ ①=250$
따라서 처음에 있던 A 설탕은 $250\times3=750(g)$입니다.

3 중학생 수가 전체의 $\dfrac{90}{360}\times100=25(\%)$이므로
초등학생이 차지하는 비율은
$100-(25+22.5+16.5)=36(\%)$입니다.
따라서 $575\times0.36=207(만\ 명)$입니다.

4 둘레의 길이가 가장 짧을 때는 다음과 같습니다.

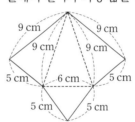

따라서 둘레의 길이는
$5\times4+9\times2=20+18=38(cm)$입니다.

5

5	1	1	1	1
1	4	1	2	
1	1	3		
1	2			
1				

따라서 필요한 쌓기나무는 최소한 26개입니다.

6 $\dfrac{1}{5}\times\dfrac{5}{9}\times\dfrac{9}{13}\times\cdots\times\dfrac{○-4}{○}=\dfrac{1}{○}<\dfrac{1}{300}$

$○>300$이어야 하고 분모는 □번째 수일 때,
$4\times□+1$이므로 $4\times□+1>300$, $□>74.75$입니다. 따라서 75번째 분수까지 곱해야 결과가 처음으로
$\dfrac{1}{300}$보다 작습니다.

7 한초가 9시까지 10 km의 빠르기로 갈 때와 15 km의
빠르기로 갈 때 위치하는 지점은 다음과 같습니다.

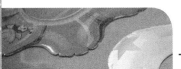

◆◆◆◆◆◆◆◆◆

같은 시간 동안 달린 거리의 차는 $5+\dfrac{10}{3}=\dfrac{25}{3}$(km)

이고 한 시간 동안 달린 거리의 차는 $15-10=5$(km)

이므로 $\dfrac{25}{3}\div5=\dfrac{5}{3}$(시간) 동안 달린 셈입니다.

집에서 학교까지의 거리는 $15\times\dfrac{5}{3}-5=20$(km)이고

$\dfrac{5}{3}$시간 동안 달린 거리이므로 한 시간에

$20\div\dfrac{5}{3}=12$(km)의 빠르기로 달려야 정각 9시에 학

교에 도착합니다.

8 $\{12400-(750+125\times10+140\times10+170\times20)\}$
$\div200=28(\text{m}^3)$

따라서 사용한 물의 양은 $50+28=78(\text{m}^3)$입니다.

9 분모가 1000인 분수로 모두 고쳐 보면 분자가 5씩 커
지는 규칙이 있음을 알 수 있습니다.

$$\dfrac{3}{1000},\ \dfrac{8}{1000},\ \dfrac{13}{1000},\ \dfrac{18}{1000},\ \dfrac{23}{1000},\ \dfrac{28}{1000},\ \cdots$$

$\dfrac{249}{500}=\dfrac{498}{1000}$이므로 $(498-3)\div5=99$에서

$99+1=100$(번째)에 놓이게 됩니다.

10 직사각형을 그려 넣을 수 있는 곳은 다음과 같습니다.

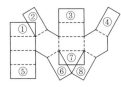

(①, ⑤), (①, ⑥), (①, ⑦), (①, ⑧), (②, ⑤),
(②, ⑥), (②, ⑦), (②, ⑧), (③, ⑤), (③, ⑥),
(③, ⑦), (③, ⑧), (④, ⑤), (④, ⑥), (④, ⑦),
(④, ⑧) ➡ 16가지

11

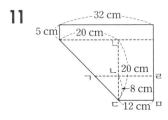

두께가 일정한 물통이므
로 밑넓이만을 생각하여
문제를 해결할 수 있습니
다. 삼각형 ㄱㄴㄷ은 직각
이등변삼각형이므로

2분 40초(＝160초) 동안 채운 밑넓이는

$(12+20)\times8\div2=128(\text{cm}^2)$

$1\,\text{cm}^2$를 채우는 데 걸리는 시간 :

$128\div160=0.8$(초)

나머지를 채우는데 걸리는 시간 :

$\{(20+32)\times12\div2+32\times5\}\div0.8=590$(초)

12 처음 입체도형의 겉넓이에서 줄어든 넓이와 늘어난 넓
이를 생각합니다.

$(10\times10-6\times6)\times6+2\times6\times2\times12=672(\text{cm}^2)$

13 (동민)＋(한솔)＝500(kg),
(한솔)＋(석기)＝460(kg),
(석기)＋(동민)＝480(kg)이므로
$2\times\{$(한솔)＋(동민)＋(석기)$\}=1440$(kg)에서
(한솔)＋(동민)＋(석기)＝720(kg)입니다.

따라서 참외 전체의 무게는 $720\div\dfrac{5}{6}=864$(kg),

예슬이가 딴 참외의 무게는 $864-720=144$(kg)

입니다.

14 삼각형 ADG는 세 각의 크기가 각각 30°, 60°, 90°
이므로 선분 DG의 길이는 $24\times2=48$(cm),
선분 BG의 길이는 $48-24=24$(cm)입니다.
삼각형 CEG에서도 마찬가지로 선분 EG의 길이는
선분 CE의 길이의 2배이고, 선분 CE의 길이는 선분
BE의 길이와 같으므로 선분 CE의 길이는
$24\div3=8$(cm)입니다.

참고)

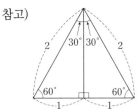

15

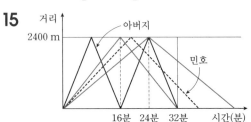

아버지가 2번 왕복하는 데 걸린 시간은

$2400\div300\times4=32$(분)이므로

민호가 $2400\times2=4800$(m)를 조깅하는 데는 32분

보다 더 걸려야 합니다.

따라서 $4800 \div 32 = 150\,(\text{m})$에서 민호는 1분에 150 m보다 느려야 합니다.

또한 민호가 2400 m를 조깅하는 데는 24분보다는 적게 걸려야 하므로 $2400 \div 24 = 100\,(\text{m})$에서 민호는 1분에 100 m보다는 빨라야 합니다.

그러므로 ㉠＋㉡＝150＋100＝250입니다.

16

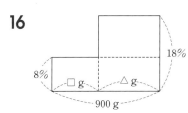

$6 \times 300 + 16 \times 300$
$+ 19 \times 300$
$= 8 \times 900 + 10 \times \triangle$
$\triangle = 510,\ \square = 390$

17

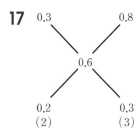

(2)　　　(3)

물감의 양에 대한 백색의 비율은 0.3과 0.8이며, 두 물감을 섞었을 때 백색의 비율은 0.6입니다.

따라서 백색과 흑색은 3 : 7로 섞은 물감과 4 : 1로 섞은 물감을 2 : 3으로 섞어야하며 이때, 만들 수 있는 최대 물감의 양은 300＋450＝750(g)입니다.

18 오른쪽 그림에서 사각형 CPDO는 마름모이고, 삼각형 CPO와 삼각형 PDO는 정삼각형입니다.

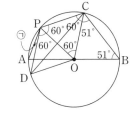

또한 각 POA의 크기는
$51° + 51° - 60° = 42°$이고,
삼각형 POA는 이등변삼각형이므로
각 OPA의 크기는 $(180° - 42°) \div 2 = 69°$입니다.
따라서 각 APD의 크기는 $69° - 60° = 9°$입니다.

19 각 ㄴㄱㅁ의 크기를 a, 각 ㄱㅁㄴ의 크기를 b라 하고 선분 ㅁㄷ과 선분 ㅅㅂ의 연장선을 그어 만나는 점을 ㅈ이라 하면 다음 그림과 같습니다.

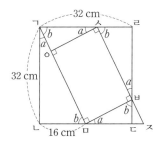

직각삼각형 ㄱㄴㅁ에서 높이 ㄱㄴ은 밑변 ㄴㅁ의 길이

의 2배입니다.

(선분 ㅁㄷ의 길이)＝32－16＝16(cm)
(선분 ㄷㅂ의 길이)＝16÷2＝8(cm)
(선분 ㅂㄹ의 길이)＝32－8＝24(cm)
(선분 ㄹㅅ의 길이)＝24÷2＝12(cm)
(선분 ㅅㄱ의 길이)＝32－12＝20(cm)

사각형 ㄱㅁㄷㅅ은 평행사변형이므로 넓이는 $20 \times 32 = 640\,(\text{cm}^2)$이고, 선분 ㄱㅅ의 길이와 선분 ㅁㅅ의 길이는 20 cm이므로 삼각형 ㅁㅂㅅ의 넓이는 $20 \times 8 \div 2 = 80\,(\text{cm}^2)$입니다.

또한, 삼각형 ㄱㅅㅇ과 삼각형 ㅈㅂㅁ은 합동이므로 삼각형 ㄱㅅㅇ의 넓이도 80 cm²입니다.
따라서 사각형 ㅇㅁㅂㅅ의 넓이는
$640 - 80 \times 2 = 480\,(\text{cm}^2)$입니다.

20

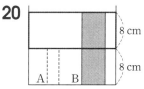

8 cm

8 cm

A　B

왼쪽 그림에서 굵은 선으로 둘러싸인 부분의 부피는 B의 부피와 같은 셈이므로 그릇의 밑넓이는
$50 \times 16 \div 8 = 100\,(\text{cm}^2)$입니다.
따라서 A의 부피는 $25 \times 8 = 200\,(\text{cm}^3)$이므로 들어 있는 물의 부피는 $100 \times 8 - 200 = 600\,(\text{cm}^3)$입니다.

21

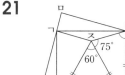
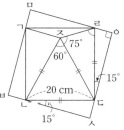

정삼각형 ㅈㄴㄷ을 그려 꼭짓점과 연결하면 이등변삼각형 ㄷㄹㅈ이 만들어지고 이것은 삼각형 ㄷㅇㄹ 넓이의 2배입니다.

따라서 삼각형 ㄷㅇㄹ의 넓이를 ①로 하면, 삼각형 ㄷㄹㅈ과 ㄴㅈㄱ의 넓이의 합은 ②＋②＝④이고, 삼각형 ㄱㅈㄹ과 ㅈㄴㄷ의 넓이의 합도 ④이므로 사각형 ㄱㄴㄷㄹ의 넓이는 ④＋④＝⑧입니다.

따라서 사각형 ㅁㅂㅅㅇ의 넓이는 ⑧＋④＝⑫이므로 실제 넓이는 $20 \times 20 \times \dfrac{12}{8} = 600\,(\text{cm}^2)$입니다.

22

원판의 개수(개)	1	2	3	4	5	6	7	8
최소 이동 횟수(번)	1	3	7	15	31	63	127	255

＋2 ＋4 ＋8＋16＋32＋64＋128

23

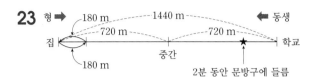

형이 걷는데 걸린 시간은

$(180 \times 2 + 720) \div 90 = 12$(분)이므로

동생이 물건 사는 데 걸린 시간은

$12 - (720 \div 72) = 2$(분)입니다.

형이 집으로 되돌아오지 않고 학교로 향했다면 형은 동생보다 2분 일찍 떠난 것으로 생각하여 다음과 같은 그림을 그릴 수 있습니다.

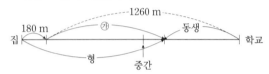

위 그림에서 같은 시간 동안 진행한 거리 비는

$90 : 72 = 5 : 4$이므로 ㉮에 해당하는

거리는 $1260 \times \dfrac{5}{9} = 700$(m)입니다.

따라서 형은 집에서 $180 + 700 = 880$(m) 떨어진 지점에서 동생을 만납니다.

24 (1)

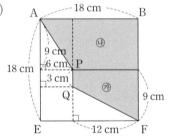

위의 그림과 같이 앞에서 본 모양을 그려 생각합니다.

㉮의 넓이 : $(9 + 3) \times 12 \div 2 = 72$(cm^2)

㉯의 넓이 : $(18 + 12) \times 9 \div 2 = 135$(cm^2)

따라서 $72 : 2 = 135 : \square$에서 $\square = 3\dfrac{3}{4}$이므로

$2 + 3\dfrac{3}{4} = 5\dfrac{3}{4}$(분) 걸립니다.

그러므로 5분 45초 걸립니다.

(2) 수조에 가득 찬 물의 부피는

$(72 + 135) \times 6 = 1242$(cm^3)이므로 12분 30초 내내 108 cm^{3}씩 넣은 것으로 가정하여 식을 세우면 81 cm^{3}씩 넣은 시간은

$(108 \times 12.5 - 1242) \div (108 - 81) = 4$(분)입니다.

(3)

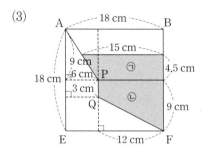

㉠과 ㉡에 들어갈 물의 부피의 합은

$\{(15 + 12) \times 4.5 + (3 + 9) \times 12\} \div 2 \times 6$

$= 796.5$(cm^3)

[그림 2]의 밑넓이는 $72 + 135 = 207$(cm^2)

이므로 물의 깊이는 $796.5 \div 207 = 3.847\cdots$

에서 반올림하여 소수 둘째 자리까지 구하면

3.85 cm입니다.

25 (1) 12종류

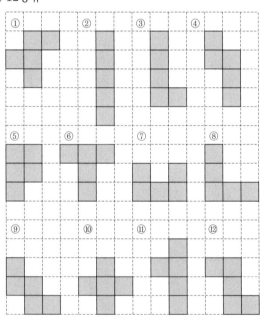

(2) 예

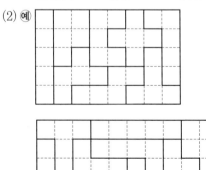

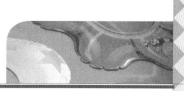

제5회 기 출 문 제　　161~168

1 13	**2** 119
3 50 L	**4** 432 cm³
5 21살	**6** 282 cm
7 28 %	**8** 180개
9 24분	**10** 12초
11 34 km	**12** 64 m
13 46	**14** 15
15 120개	**16** 120개
17 75	**18** 103
19 9 %	**20** 221
21 102	**22** 24번
23 990개	

24 (1) 34 cm²　(2) 9번째

25 (1) $3\frac{3}{4}$ km　(2) 9 km

1 $0.52=\frac{52}{100}=\frac{26}{50}$이고, $\frac{26}{50}=\frac{13+13}{37+13}$이므로 더한 수는 13입니다.

2 ★보다 5 큰 수는 $51\div3=17$과 같거나 큰 수이므로 ★은 $17-5=12$와 같거나 큰 수입니다.
또, ★은 $26\div2=13$보다 크고 $40\div2=20$과 같거나 작은 수입니다.
따라서 ★이 될 수 있는 수는 14, 15, 16, 17, 18, 19, 20이므로 $(14+20)\times7\div2=119$입니다.

3
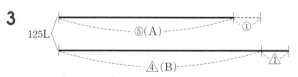

$A\times\frac{6}{5}=B\times\frac{4}{5}\Leftrightarrow A:B=4:6=2:3$

따라서 A에는 $125\times\frac{2}{5}=50(\text{L})$의 물을 넣었습니다.

4 $8\times8\times8-2\times2\times8\times3+2\times2\times2\times2=432(\text{cm}^3)$

5
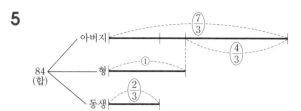

형의 나이를 ①로 하여 위와 같이 선분도를 그려 보면,

동생의 나이는 $\frac{4}{3}\div2=\frac{2}{3}$입니다.

따라서 형의 나이는 $84\div\left(\frac{7}{3}+1\frac{2}{3}\right)=21(\text{살})$입니다.

6 첫 번째 둘레의 길이 → $(2+3)\times2=10(\text{cm})$
두 번째 둘레의 길이 → $(3+4)\times2=14(\text{cm})$
세 번째 둘레의 길이 → $(4+5)\times2=18(\text{cm})$
⋮　　　　　　　⋮
69번째 둘레의 길이 → $(70+71)\times2=282(\text{cm})$

7 정가를 1로 놓으면 원가는 $\frac{2}{3}$, 이익은 $\frac{1}{3}$입니다.
수박 1개당 이익은 $10000\div20=500(\text{원})$이고
이것은 정가의 $\frac{1}{3}-\frac{3}{10}=\frac{1}{30}$이므로
정가는 $500\times30=15000(\text{원})$,
원가는 $15000\div3\times2=10000(\text{원})$입니다.
$16000\div20=800(\text{원})$의 이익을 얻으려면
$(15000-10000)-800=4200(\text{원})$ 할인해야 합니다.
따라서 $\frac{4200}{15000}\times100=28(\%)$입니다.

8 구슬 전체의 $\frac{5}{12}+\frac{6}{10}-1=\frac{1}{60}$은 $20-12=8(\text{개})$를 뜻하므로 구슬 전체는 480개입니다.
따라서 구하는 답은 $480\times\frac{3}{8}=180(\text{개})$입니다.

9 1개의 수도꼭지에서 1분 동안 빼내는 물의 양을 ①이라 하면, 15개의 수도꼭지에서 15분 동안 빼내는 물의 양은 $15\times15=\text{㉒㉕}$, 10개의 수도꼭지에서 40분 동안 빼내는 물의 양은 $10\times40=\text{㊉㉿}$이므로
물탱크에 1분 동안 흘러 들어가는 물의 양은
$(400-225)\div(40-15)=⑦$입니다.
따라서 물탱크에 가득 들어 있는 물의 양은
$225-15\times7=\text{㉒㉿}$입니다.
그러므로 12개의 수도꼭지를 열어 물탱크를 비우는데 걸리는 시간은 $120\div(12-7)=24(\text{분})$입니다.

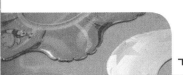

10 도형 ABQP의 넓이가 처음으로 사다리꼴 ABCD의

넓이의 $\frac{1}{2}$이 되는 때는

$\{(18+6)\div 2\}\div(1+2)=4(초)$ 후이며, 그후 8초

뒤에 선분 QC와 선분 AD의 길이는 각각 6 cm가 되

어 도형 ABQP의 넓이는 삼각형 ABQ의 형태로 사

다리꼴 ABCD의 넓이의 $\frac{1}{2}$이 됩니다.

따라서 $4+8=12(초)$입니다.

11 금강호가 A에서 B까지 내려갈 때의 시속은

$90\div 2\frac{1}{4}=40(km)$

➡ (배의 빠르기)+(물의 빠르기)

B에서 A까지 올라갈 때의 시속은

$90\div 3\frac{3}{5}=25(km)$

➡ (배의 빠르기)−(물의 빠르기)×1.5

금강호가 내려갈 때의 강물의 시속은

$(40-25)\div(1+1.5)=6(km)$

따라서 잔잔한 물에서의 금강호의 시속은

$40-6=34(km)$입니다.

12 1시 55분일 때 두 경우의 거리 차는

$(3+5)\times 60=480(m)$입니다.

한솔이는 1분에 72 m씩 $480\div(72-60)=40(분)$

간 것이므로 놀이터까지의 거리는

$72\times 40=2880(m)$입니다.

따라서 한솔이는 1분에 $2880\div(40+5)=64(m)$씩

가야 합니다.

13

삼각형 ㄱㄹㅁ과 사다리꼴 ㄹㄴㄷㅁ에
서 선분 ㄹㅁ은 공통이므로 선분 ㄱㅁ을
☆라고 하면

☆+☆=(③−☆)+(③−☆)+①

☆=$\boxed{\frac{7}{4}}$

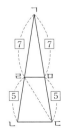

삼각형 ㄱㄴㄷ의 넓이가 1일 때
삼각형 ㄱㄹㅁ의 넓이는

$1\times\frac{7}{12}\times\frac{7}{12}=\frac{49}{144}$이고,

사다리꼴 ㄹㄴㄷㅁ의 넓이는

$1-\frac{49}{144}=\frac{95}{144}$입니다.

따라서 삼각형 ㄱㄹㅁ과 사다리꼴 ㄹㄴㄷㅁ의 넓이의

비는 49 : 95이므로 $95-49=46$입니다.

14 1, 2, 3, 4, 5의 경우를 생각해 보면 1이 지워지면 평

균은 $\frac{14}{4}=3\frac{2}{4}$, 2가 지워지면 $\frac{13}{4}=3\frac{1}{4}$, 3이 지워지

면 $\frac{12}{4}=3$, 4가 지워지면 $\frac{11}{4}=2\frac{3}{4}$, 5가 지워지면

$\frac{10}{4}=2\frac{2}{4}$이므로 45까지의 수 중 하나가 지워진 것으

로 생각할 수 있습니다. 이때, 23이 지워지면 평균은

23, 22가 지워지면 평균은 $23\frac{1}{44}$이므로 $23\frac{8}{44}$이 평

균이 되려면 $23-8=15$를 지우면 됩니다.

15 입체도형의 위쪽으로부터 잘려진 쌓기나무는 다음 그

림의 색칠한 부분입니다.

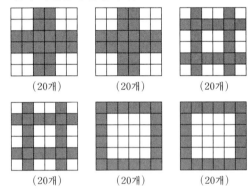

따라서 잘려진 쌓기나무는 모두 $20\times 6=120(개)$입니

다.

16 B 상자에서 A 상자로 옮긴 검은 돌과 흰 돌의 비는

8 : 2를 유지합니다.

A 상자의 검은 돌은 $600\times 0.3=180(개)$,

흰 돌은 $600\times 0.7=420(개)$이므로

$(180+⑧):(420+②)=4:6$에서 ①=15입니다.

따라서 구하는 답은 $15\times 8=120(개)$입니다.

17 [그림 2]에서 직육면체는 $\frac{3}{4}$만큼 잠겼으므로 [그림 1]

에 비하여 $\frac{3}{4}-\frac{1}{2}=\frac{1}{4}$만큼 더 잠겨있는 상태입니다.

[그림 1]의 상태에서 890 cm³를 덜어낼 경우 물의 높

이는 $10-(890\div 200)=5.55(cm)$이므로 [그림 2]

와 $6-5.55=0.45(cm)$의 차이가 생깁니다.

따라서 직육면체 부피의 $\frac{1}{4}$은

$200\times 0.45=90(cm^3)$이므로 직육면체의 부피는

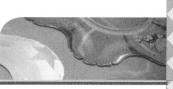

$90 \times 4 = 360(\text{cm}^3)$가 되어 모서리 AE의 길이는 $360 \div (6 \times 8) = 7.5(\text{cm})$입니다.

그러므로 구하는 답은 $7.5 \times 10 = 75$입니다.

18 A와 B의 속력의 차는 매초 $4-2=2(\text{cm})$이고, 변 PQ와 RS는 $18+2=20(\text{cm})$ 떨어져 있으므로 변 PQ, RS, TU가 겹치는 것은 $20 \div 2 = 10(\text{초})$ 뒤이며, B와 C의 속력의 차는 매초 $10 \div 10 = 1(\text{cm})$입니다. 따라서 C의 속력은 매초 $2-1=1(\text{cm})$입니다.

또한, 다음 그림과 같이 될 때 겹친 부분의 넓이는 최대입니다.

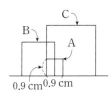

A, B, C의 속력은 각각 매초 4 cm, 2 cm, 1 cm이므로 $(18+2+10+0.9) \div (4-1) = 10.3(\text{초})$입니다. 따라서 $10.3 \times 10 = 103$입니다.

19 B 500 g과 C 800 g 속에 들어 있는 소금의 양은
$1600 \times 7\frac{3}{16} \times \frac{1}{100} - 300 \times \frac{1}{10} = 85(\text{g})$

B 500 g과 C 400 g 속에 들어 있는 소금의 양은
$1500 \times 8\frac{1}{3} \times \frac{1}{100} - 600 \times \frac{1}{10} = 65(\text{g})$이므로

C 400 g 속에 들어 있는 소금의 양은
$85-65=20(\text{g})$,

B 500 g 속에 들어 있는 소금의 양은
$65-20=45(\text{g})$입니다.

따라서 B의 농도는 $\frac{45}{500} \times 100 = 9(\%)$입니다.

20 1부터 빼낼 때,
1~4 중 남는 번호는 4,
1~8 중 남는 번호는 8,
1~16 중 남는 번호는 16,
⋮
1~512 중 남는 번호는 512이므로
1~513 중 남는 번호는 2, 1~514 중 남는 번호는 4,
⋯, 1~520 중 남는 번호는 $2 \times 8 = 16$입니다.
따라서 236이 남았다면 처음 빼낸 깃발은
$236-16+1=221$입니다.

즉, 220 $\left(\begin{array}{l} 1 \to 16 \\ \square \to 236 \end{array} \right)$ 220에서 $\square = 221$입니다.

21 두 번째 수를 ㉠이라 하면,
㉠이 짝수일 때, $㉠ \div 2 = 22$에서 $㉠ = 44$이고,
㉠이 홀수일 때, $㉠ \times 3 + 1 = 22$에서 $㉠ = 7$입니다.
$㉠ = 44$이고, 첫 번째 수를 ㉡이라 하면
$㉡ \div 2 = 44$에서 $㉡ = 88$
또는 $㉡ \times 3 + 1 = 44$에서 $㉡ = \frac{44}{3}$입니다.
$㉠ = 7$이고, 첫 번째 수를 ㉡이라 하면
$㉡ \div 2 = 7$에서 $㉡ = 14$입니다.
따라서 조건에 맞는 첫 번째 수는 88, 14이므로
$88+14=102$입니다.

22 $\{1, 7, 4, 6\}$을 옮기는 방법 → 5가지
$\{2, 13\}, \{8, 3\}, \{10, 5\}, \{12, 9\}, \{14, 11\}$을 옮기는 방법 각각 3가지씩,
$\{16, 15, 17\}$을 옮기는 방법 → 4가지
따라서 $5+3 \times 5 + 4 = 24(\text{번})$입니다.

23 3층에서 찾을 수 있는 직육면체의 개수는 다음과 같습니다.

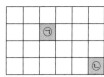

㉠, ㉡ 부분을 채운 것으로 생각하면,
$(1+2+3+4+5+6) \times (1+2+3+4) = 210(\text{개})$
㉠을 반드시 포함하는 직육면체는 $6 \times 12 = 72(\text{개})$,
㉡을 반드시 포함하는 직육면체는 $4 \times 6 = 24(\text{개})$,
㉠, ㉡을 동시에 포함하는 직육면체는 $2 \times 3 = 6(\text{개})$이므로 $210-72-24+6=120(\text{개})$
또한, 1층과 2층에서 찾을 수 있는 직육면체의 개수는 각각 210개이므로 구하는 답은
$120 \times 3 + 210 \times 3 = 990(\text{개})$입니다.

24 (1) 첫 번째 도형의 넓이를 1로 하면
두 번째 도형의 넓이는 $\frac{3}{4}$,
세 번째 도형의 넓이는 $\frac{3}{4} - \frac{2}{16} = \frac{10}{16} = \frac{5}{8}$,
네 번째 도형의 넓이는 $\frac{5}{8} - \frac{4}{64} = \frac{36}{64} = \frac{9}{16}$,

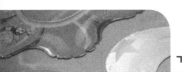
다섯 번째 도형의 넓이는

$$\frac{9}{16}-\frac{8}{256}=\frac{136}{256}=\frac{17}{32}$$

이므로 $64\times\frac{17}{32}=34(\text{cm}^2)$입니다.

(2) 첫 번째 → 1

두 번째 → $\frac{3}{4}$

세 번째 → $\frac{5}{8}$

네 번째 → $\frac{9}{16}$

다섯 번째 → $\frac{17}{32}$

$\vdots$

두 번째부터 규칙을 찾으면

(분모$\div 2$)$+1=$(분자)입니다.

$$\frac{257}{512} \Rightarrow (512\div 2)+1=257,$$

$$512=\underbrace{2\times 2\times 2\times \cdots \times 2}_{9\text{개}}$$

이므로 9번째입니다.

25 (1) 그래프에서 교차점은 영호가 철수를 앞지르는 순간이므로 지점으로부터 떨어진 거리를 속력의 차이를 이용해 식을 세워 구하면

$$3+\left\{\frac{3}{2}\div(9-3)\right\}\times 3=3\frac{3}{4}(\text{km})입니다.$$

(2) 철수가 B 지점에 도착할 때까지 걸린 시간은

$$15\div 3+\frac{2}{3}=5\frac{2}{3}(시간)$$

즉, 5시간 40분이며 영호가 자전거를 타거나 끌고 걸은 순수한 시간은 4시간 25분입니다.

따라서 영호가 자전거를 끌고 걸은 시간은

$$\left(9\times 4\frac{5}{12}-15\right)\div(9-2.4)=\frac{15}{4}(시간)이며$$

거리는 $\frac{15}{4}\times 2.4=9(\text{km})$입니다.

제6회 기 출 문 제 169~176

1 29		**2** 800 cm^3	
3 252명		**4** 84개	
5 60일		**6** 72개	
7 35 : 6		**8** 44	
9 18 cm		**10** 160	
11 30 km		**12** 210 cm^2	
13 50 cm		**14** 225°	
15 24 cm^2		**16** 915 cm	
17 1134 cm^3		**18** 96장	
19 ㉮ : 9 %, ㉯ : 15 %			
20 30가지		**21** 998 mL	
22 968 cm^2		**23** 66개	
24 (1) 120° (2) 579 cm^2			
25 (1) 26 (2) 690 cm^3			

1 다$\div$나$=\frac{다}{나}=\frac{3}{8}$, 나$\div$가$=\frac{나}{가}=\frac{5}{7}$이므로

$$\frac{다}{나}\times\frac{나}{가}=\frac{다}{가}=\frac{3}{8}\times\frac{5}{7}=\frac{15}{56}입니다.$$

따라서 가$\div$다$=\frac{가}{다}=\frac{56}{15}=3\frac{11}{15}$

$\Rightarrow 3+15+11=29$

2 처음 직육면체의 부피를 $\square$ cm^{3}라고 하면 만든 직육면체의 부피는

$$\left(1.4\times\frac{3}{5}\times 0.625\right)\times\square$$

$$=\left(\frac{7}{5}\times\frac{3}{5}\times\frac{5}{8}\right)\times\square=\frac{21}{40}\times\square이므로$$

$$\square-\frac{21}{40}\times\square=380, \quad \frac{19}{40}\times\square=380, \quad \square=800$$

따라서 처음 직육면체의 부피는 800 cm^{3}입니다.

3
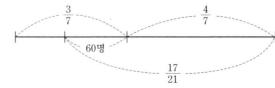

$$60\div\left(\frac{17}{21}-\frac{4}{7}\right)=60\times\frac{21}{5}=252(명)$$

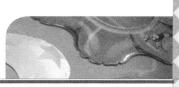

정답과 풀이

4 노란색 구슬과 파란색 구슬의 개수의 비가 4 : 7이므로
처음의 노란색 구슬은 $(4 \times \square)$개,
파란색 구슬은 $(7 \times \square)$개입니다.
노란색 구슬 3개와 파란색 구슬 4개씩 △번을 덜어냈
다고 하면
$4 \times \square - 3 \times \triangle = 0 \Rightarrow \triangle = \dfrac{4}{3} \times \square$
$7 \times \square - 4 \times \triangle = 20$
$7 \times \square - 4 \times \dfrac{4}{3} \times \square = 20$
$\dfrac{5}{3} \times \square = 20,\ \square = 12$
따라서 처음 주머니에 들어 있던 파란색 구슬은
$7 \times 12 = 84$(개)입니다.

5 A와 B가 20일 동안 같이 해야 하는 일을
A는 $12 + \dfrac{11}{2} = \dfrac{35}{2}$(일) 동안,
B는 $12 + 2 + 11 = 25$(일) 동안
하여 끝냈습니다.
즉, A가 $20 - \dfrac{35}{2} = \dfrac{5}{2}$(일) 동안 일한 양과
B가 $25 - 20 = 5$(일) 동안 일한 양이 같으므로
A와 B가 하루에 할 수 있는 일의 양의 비는
2 : 1입니다.
따라서 B가 처음부터 혼자서 일을 하면
$20 \div \dfrac{1}{3} = 60$(일)이 걸립니다.

6

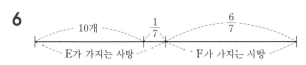

E가 10개를 가지고 남은 사탕의 수를 $\square$개라고 하면
$10 + \dfrac{1}{7} \times \square = \dfrac{6}{7} \times \square,\ \square = 14$
따라서 F가 가지는 사탕은 $\dfrac{6}{7} \times 14 = 12$(개)
이므로 선생님께서 주신 사탕은 모두
$12 \times 6 = 72$(개)입니다.

7 A상품 1개와 B상품 1개의 무게의 비가 3 : 5이므로
A상품 2개와 B상품 7개의 무게의 비는 6 : 35입니다.
이때 A상품 2개와 B상품 7개의 가격은 서로 같으므로
A와 B를 같은 무게만큼 샀을 때의 값을 가장 간단한
자연수의 비로 나타내면 35 : 6입니다.

8

기차가 1초 동안 가는 거리는 25 m이므로 20초 동안
간 거리는 500 m입니다.
건널목에 서 있는 사람이 경적을 들은 시간은
$20 - \dfrac{500}{340} = \dfrac{315}{17} = 18\dfrac{9}{17}$(초)이므로
$18 + 17 + 9 = 44$입니다.

9 변 ㄴㄷ의 길이를 $\square$ cm라 하면
$\square \times 12 \times \dfrac{1}{2} = 12 \times 12 \times 3 \times \dfrac{1}{4}$
$\square = 18$(cm)

10 ㉡은 어떤 수의 소수 부분이므로 $0 < ㉡ < 1$에서
$8 \times ㉡$은 8보다 작은 수입니다.
$9 \times ㉠$은 181에 가까운 9의 배수이므로
$9 \times 20 = 180$에서 $㉠ = 20$입니다.
어떤 수의 소수 부분은 $180 + 8 \times ㉡ = 181$에서
$㉡ = (181 - 180) \div 8 = 0.125$입니다.
따라서 $㉠ \div ㉡ = 20 \div 0.125 = 160$입니다.

11 영수가 한 시간에 $\square$ km를 간다고 하면 원표는
한 시간에 $\left(\square + \dfrac{1}{2}\right)$km를 갑니다.
영수가 걸은 시간을 1이라 하면 원표가 걸은
시간은 $\dfrac{4}{5}$이므로
$\square = \left(\square + \dfrac{1}{2}\right) \times \dfrac{4}{5},\ \dfrac{1}{5} \times \square = \dfrac{2}{5},\ \square = 2$
따라서 영수는 한 시간에 2 km씩 갑니다
영수가 한 시간에 2 km를 가므로 한초는 한 시간에
$\dfrac{3}{2}$ km를 갑니다.
영수가 걸은 시간을 △시간이라 하면 한초가 걸은 시
간은 $(\triangle + 5)$시간이므로
$2 \times \triangle = \dfrac{3}{2} \times (\triangle + 5),\ \dfrac{1}{2} \times \triangle = \dfrac{15}{2},\ \triangle = 15$
따라서 ㉮ 마을에서 ㉯ 마을까지의 거리는
$2 \times 15 = 30$(km)입니다.

12 원기둥의 옆면을 펼치면 한 변의 길이가 30 cm인 정
사각형이 됩니다.

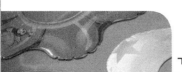

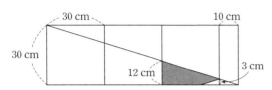

세 번 겹쳐서 감긴 부분의 넓이는 위 그림에서 색칠한 부분의 넓이와 같습니다.

$(12+3)\times 30\times\dfrac{1}{2}-10\times 3\times\dfrac{1}{2}=210(\mathrm{cm}^2)$

13 ㉠$=10+(0.8\times 10)+(0.8\times 0.8\times 10)+\cdots$
$0.8\times$㉠$=(0.8\times 10)+(0.8\times 0.8\times 10)+\cdots$
위 두 식을 빼면 $0.2\times$㉠$=10$, ㉠$=50$
따라서 그려진 선분의 길이의 합은 50 cm입니다.

14 변 ㄹㅂ을 그으면 삼각형 ㅁㄴㅂ과 삼각형 ㅂㄷㄹ은 합동입니다.
삼각형 ㄹㅁㅂ에서 변 ㅁㅂ과 변 ㅂㄹ의 길이는 같고 각 ㅁㅂㄹ의 크기는 90°이므로 각 ㅂㅁㄹ은 45°입니다.
사각형 ㄹㅁㅂㄷ에서
(각 ㅁㅂㄷ)+(각 ㅁㄹㄷ)
$=360°-45°-90°=225°$입니다.

15
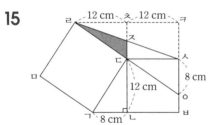

삼각형 ㄱㄴㄷ과 삼각형 ㅇㅅㄷ은 합동이므로
(선분 ㄱㄷ)=(선분 ㄷㅇ)=(선분 ㄹㄷ)입니다.
삼각형 ㄹㅇㅅ에서 선분 ㄹㄷ과 선분 ㄷㅇ의 길이가 같으므로 (선분 ㄷㅈ)$=8\div 2=4(\mathrm{cm})$이고
(선분 ㄹㅊ)=(선분 ㅊㅋ)=(선분 ㄴㅂ)$=12$ cm
이므로 삼각형 ㄹㄷㅈ의 넓이는
$4\times 12\div 2=24(\mathrm{cm}^2)$입니다.

16 점 ㄱ이 움직인 거리 :
$\left(30\times 3\times\dfrac{1}{2}\right)\times 6+\left(30\times 3\times\dfrac{300}{360}\right)\times 3$
$=495(\mathrm{cm})$
점 ㄴ이 움직인 거리 :
$\left(30\times 3\times\dfrac{1}{2}\right)\times 6+\left(30\times 3\times\dfrac{300}{360}\right)\times 2$
$=420(\mathrm{cm})$

따라서 점 ㄱ과 점 ㄴ이 움직인 거리의 합은
$495+420=915(\mathrm{cm})$입니다.

17 전개도로 입체도형을 만들면 삼각형 ㅅㅇㅈ을 밑면으로 하는 각기둥을 삼각형 ㄴㄷㄹ로 비스듬히 자른 입체도형이 됩니다.
(밑면의 넓이)$=9\times 12\div 2=54(\mathrm{cm}^2)$
(평균 높이)$=(27+18+18)\div 3=21(\mathrm{cm})$
(부피)$=54\times 21=1134(\mathrm{cm}^3)$

18 (주황색)+(빨간색)$=135°\times\dfrac{11}{15}=99°$이므로
(빨간색)$=9°$이고 (연두색)+(노란색)$=126°$이므로
(연두색)$=126°\div\left(1+1\dfrac{5}{8}\right)=48°$입니다.

따라서 연두색 색종이는 $720\times\dfrac{48°}{360°}=96(장)$입니다.

19 소금의 양을 이용하여 식을 세워 비교합니다.
㉮$\times 2+$㉯$\times 1=3\times 11\cdots$①
㉮$\times 1+$㉯$\times 2=3\times 13\cdots$②
①식과 ②식에서
㉯$\times 3=45$이므로 ㉯$=15$, ㉮$=9$

20
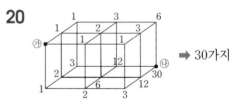

➡ 30가지

21 $6\times 6\times 3\times 4=432(\mathrm{mL})$
$(1564+432)\div 2=998(\mathrm{mL})$

22 (밑면의 넓이)$=(16\times 16)+(4\times 4\times 3)=304(\mathrm{cm}^2)$
(옆면의 넓이)$=(2\times 4\times 3\times 5)\times 3=360(\mathrm{cm}^2)$
(겉넓이)$=304\times 2+360=968(\mathrm{cm}^2)$

23 5층-6개, 4층-19개, 3층-13개,
2층-15개, 1층-13개
➡ $6+19+13+15+13=66(개)$

24 (1) 사각형 ㄱㅁㄷㅂ에서
(각 ㄱㅁㄷ)+(각 ㄱㅂㄷ)
$=360°-90°-30°=240°$이므로
(각 a)+(각 b)$=360°-240°=120°$

(2) $15 \times 15 \times 3 \times \dfrac{120}{360} + 12 \times 32 \div 2$

$\qquad + 17 \times 36 \div 2 - 24 \times 24 \times 3 \times \dfrac{30}{360}$

$\qquad = 225 + 192 + 306 - 144$

$\qquad = 579(\text{cm}^2)$

25 (1) ㉮의 둘레와 ㉯의 둘레가 같습니다.

$\qquad 10 \times 3 + 20 \times 2 = 6 \times 3 + \square \times 2$

$\qquad \square = 26$

(2)

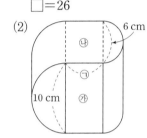

(㉠의 길이) $= \{20 - (6 \times 3 \div 2)\} \div 2$

$\qquad\qquad = \dfrac{11}{2}(\text{cm})$

(부피) $= \{(5 \times 5 \times 3 \div 2) \times 6\}$

$\qquad + \left(10 \times \dfrac{11}{2} \times 6\right)$

$\qquad + \{(3 \times 3 \times 3 \div 2) \times 10\}$

$\qquad = 225 + 330 + 135$

$\qquad = 690(\text{cm}^3)$

제7회 기 출 문 제   **177~184**

1 35		**2** 십오각뿔	
3 67개		**4** 58.7	
5 65		**6** 15개	
7 8명		**8** 150 g	
9 112 m		**10** 300원	
11 240 km		**12** 70명	
13 494 cm²		**14** 3690	
15 15층		**16** 64개	
17 24번		**18** 16.8 cm²	
19 630 m²		**20** 432 cm²	
21 174 cm²		**22** 154.08 cm²	
23 65가지		**24** 175초	
25 75 cm²			

1 $㉠ \div ㉡ \div ㉡ = \dfrac{㉠}{㉡ \times ㉡} = \dfrac{1}{180}$ 이고

$180 = 2 \times 2 \times 3 \times 3 \times 5$ 이므로

$\dfrac{1}{180} = \dfrac{5}{(2 \times 3 \times 5) \times (2 \times 3 \times 5)} = \dfrac{5}{30 \times 30}$

따라서 $㉠ = 5$, $㉡ = 30$ 이므로

$㉠ + ㉡ = 5 + 30 = 35$ 입니다.

2 밑면의 변의 수를 $\square$개라고 하면

$6 \times \square + 9 \times \square = 225$, $15 \times \square = 225$, $\square = 15$

따라서 밑면의 변의 수가 15개이므로 십오각뿔입니다.

3 ▲가 0부터 5까지일 때 ■는 0부터 9까지 10개씩 있으므로 $6 \times 10 = 60$(개)

▲가 6일 때 $66.78 \div 2 = 33.39$이므로

■는 4부터 9까지로 6개

▲가 7일 때 $67.78 \div 2 = 33.89$이므로

■는 9이며 1개

▲가 8일 때 $68.78 \div 2 = 34.39$이므로

■ 안에 알맞은 숫자는 없습니다.

▲가 9일 때도 ■ 안에 알맞은 숫자는 없습니다.

따라서 알맞은 숫자의 쌍은 $60 + 6 + 1 = 67$(개)입니다.

4 각각의 수를 3번씩 더한 합이 788.4이므로 네 수의 합은 $788.4 \div 3 = 262.8$입니다.

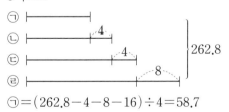

㉡과 ㉢의 차는 4, ㉠과 ㉡의 차는 4, ㉢과 ㉣의 차는 8이므로

$㉠ = (262.8 - 4 - 8 - 16) \div 4 = 58.7$

5 가 + 나 + 다 $= 15\dfrac{3}{16}$

➡ 가 $\times \dfrac{1}{3}$ + 나 $\times \dfrac{1}{3}$ + 다 $\times \dfrac{1}{3}$

$\qquad = 15\dfrac{3}{16} \times \dfrac{1}{3} = 5\dfrac{1}{16} \qquad \cdots ①$

가 $\times \dfrac{19}{3}$ + 나 $\times \dfrac{1}{3}$ + 다 $\times \dfrac{1}{3} = 92\dfrac{5}{8} \cdots ②$

식 ①, ②에서 두 식의 차가 가의

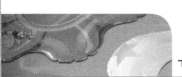

$$\frac{19}{3}-\frac{1}{3}=\frac{18}{3}=6(배)임을 \text{ 알 수 있으므로}$$

$$가=\left(92\frac{5}{8}-5\frac{1}{16}\right)\div6$$

$$=87\frac{9}{16}\div6=14\frac{19}{32}입니다.$$

$$가=14\frac{19}{32}이므로$$

$$㉠+㉡+㉢=14+32+19=65입니다.$$

6 $\frac{1}{㉠}\div㉡=\frac{1}{㉠\times㉡}이므로 \frac{1}{㉠\times㉡}\times2000>5$

가 되려면 $\frac{1}{㉠\times㉡}>\frac{5}{2000}=\frac{1}{400}에서$

㉠×㉡은 400보다 작아야 합니다.

$5\times6=30, 6\times7=42, 7\times8=56, \cdots, 19\times20=380,$
$20\times21=420이므로 ㉠\times㉡이 400보다 작은 것은$
$19-4=15(개)입니다.$

7 현재 식당에 있는 남자 수는

$80\times\frac{9}{9+7}=45(명)입니다.$

여자 몇 명이 더 오기 전 남자와 여자 수의 비가 $5:3$
이므로 이때의 여자 수는 $45\div5\times3=27(명)입니다.$
따라서 $45+27=72(명)에서 80명으로 늘어났으므로$
여자 8명이 나중에 온 것입니다.

8 $4\%의 소금물 150 g을 섞었을 때의 소금물의 무게는$
$600+150=750(g)이고 진하기는 5.6\%이므로$

소금의 양은 $750\times\frac{5.6}{100}=42(g)입니다.$

버린 소금물에 들어 있는 소금의 양은

$\left(600\times\frac{8}{100}+150\times\frac{4}{100}\right)-42=12(g)$

이므로 버린 소금물의 무게를 □라 하면

$\square\times\frac{8}{100}=12에서 \square=150(g)입니다.$

9 (A의 속도) : (C의 속도)
$=(560-210):210=5:3$
(B의 속도) : (C의 속도)
$=(560-210-30):(210+30)=4:3$
따라서 (A의 속도) : (B의 속도)$=5:4$이므로

B는 A보다 $560\times\frac{1}{5}=112(m)$ 뒤쳐져 있습니다.

10 $\left(고급 커피 \frac{1}{3} kg\right)+\left(일반 커피 \frac{2}{3} kg\right)$
$=2500원 \cdots ①$
$\left(고급 커피 \frac{2}{5} kg\right)+\left(일반 커피 \frac{3}{5} kg\right)$
$=2520원 \cdots ②$
①에서
(고급 커피 1 kg)+(일반 커피 2 kg)=7500원
②에서
(고급 커피 2 kg)+(일반 커피 3 kg)=12600원
따라서 일반 커피 1 kg은
$7500\times2-12600=2400(원), 고급 커피 1 kg은$
$7500-2400\times2=2700(원)이므로 고급 커피와 일반$
커피의 1 kg의 가격의 차는
$2700-2400=300(원)입니다.$

11 효근

주어진 그림에서 효근이가 $96-12=84(km)를 가$
는 동안 석기는 $96+12=108(km)를 갔으므로 효$
근이와 석기의 빠르기의 비는 $84:108=7:9입니다.$
석기와 효근이가 처음 만날 때까지 간 거리를 □ km
라 하면
$\square:(\square-32)=9:7에서 \square=144(km)$
입니다.
따라서 ㉮ 지점에서 ㉯ 지점까지의 거리는
$144+96=240(km)입니다.$

12 호주에 가 보고 싶어 하는 여학생 수 :
$800\times\frac{40}{100}\times\frac{225}{360}=200(명)$
중국에 가 보고 싶어 하는 여학생 수 :
$200\div4=50(명)$
중국에 가 보고 싶어 하는 남학생 수 :
$800\times\frac{15}{100}-50=70(명)$

13 $9\times11\times2+(11\times6+4\times4)\times2$
$\qquad +(9\times6+3\times4)\times2$
$=198+164+132=494(cm^2)$

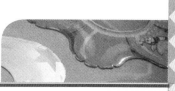

14 8층까지 쌓았을 때 쌓기나무의 개수는
$1+3+6+10+15+21+28+36=120$(개)
이므로 85부터 120까지 36개의 쌓기나무를 볼 수 있습니다.
따라서 위에서 보이는 쌓기나무의 번호의 합은
$(85+120)\times36\div2=3690$입니다.

15 그릇 한 개의 들이는 $3\times3\times3=27\,(mL)$이므로
10 L의 물을 담으려면 $10000\div27=370.3\cdots$에서
적어도 371개의 물을 담을 수 있는 그릇이 있어야 합니다.
$1+4\times(1+2+3+\cdots+13)=365$(개)
$1+4\times(1+2+3+\cdots+14)=421$(개)
이므로 $14+1=15$(층)까지 쌓아야 합니다.

16 삼각형 ㄱㅁㅈ, 삼각형 ㄱㄴㅍ,
삼각형 ㄱㄷㅌ, 삼각형 ㄱㄹㅊ,
삼각형 ㅁㅂㄹ, 삼각형 ㅁㅅㄷ,
삼각형 ㅁㅇㄴ, 삼각형 ㅈㅊㅇ,
삼각형 ㅈㅌㅅ, 삼각형 ㅈㅍㅂ,
삼각형 ㄴㅂㅊ, 삼각형 ㄷㅅㅌ,
삼각형 ㄹㅁㅍ으로 한 면에 13개씩
만들 수 있으므로
4개의 면에서 $13\times4=52$(개)의 삼각형을 만들 수 있습니다.
또한 한 면에 평행한 삼각형을 3개씩 만들 수 있으므로 만들 수 있는 삼각형은 모두
$52+3\times4=64$(개)입니다.

따라서 가로, 세로, 높이를 각각 8번씩 모두 24번을 잘랐을 때 한 면도 색이 칠해지지 않은 정육면체의 개수가 한 면만 색이 칠해진 정육면체의 개수보다 많아지게 됩니다.

18 삼각형 ㅅㄴㅂ은 삼각형
ㅅㄹㄱ을 $\dfrac{1}{2}$로 축소시킨 것이
므로 삼각형 ㅅㄴㅂ의 높이는
$12\times\dfrac{1}{3}=4\,(cm)$입니다.

또한 삼각형 ㄱㅁㅇ은 삼각형 ㅇㅂㅈ을 $\dfrac{2}{3}$로 축소시킨
것이므로 삼각형 ㄱㅁㅇ의 높이는
$6\times\dfrac{2}{5}=2.4\,(cm)$입니다.
따라서 사각형 ㅁㄴㅅㅇ의 넓이는
$6\times12\div2-(6\times4\div2+6\times2.4\div2)$
$=16.8\,(cm^2)$입니다.

19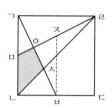
$\left(16\times16\times3\times\dfrac{3}{4}\right)$
$+\left(6\times6\times3\times\dfrac{1}{4}\right)\times2$
$=576+54=630\,(m^2)$

20
도형이 지나간 부분의 전체 넓이는
㉠+㉡+㉢+㉣+㉤+㉥입니다.
㉠+㉡+㉥은 반지름이 12 cm인 원의 $\dfrac{1}{4}$이 2개이
고 ㉢+㉣+㉤은 선분 AA′을 반지름으로 하는 원의
$\dfrac{1}{4}$입니다.
정사각형 AOA′O′에서
$12\times12=$(선분 AA′)$\times$(선분 OO′)$\div2$이고
(선분 OO′)$=$(선분 A′B′)이므로
(선분 AA′)$\times$(선분 A′B′)$=288$입니다.
따라서 도형이 지나간 부분의 넓이는
$12\times12\times3\times\dfrac{1}{4}\times2+288\times3\times\dfrac{1}{4}=432\,(cm^2)$
입니다.

가로, 세로, 높이를 각각 자른 횟수	한 면도 색이 칠해지지 않은 정육면체 수	한 면만 색이 칠해진 정육면체 수
1	0	0
2	$1\times1\times1=1$	$1\times1\times6=6$
3	$2\times2\times2=8$	$2\times2\times6=24$
4	$3\times3\times3=27$	$3\times3\times6=54$
5	$4\times4\times4=64$	$4\times4\times6=96$
6	$5\times5\times5=125$	$5\times5\times6=150$
7	$6\times6\times6=216$	$6\times6\times6=216$
8	$7\times7\times7=343$	$7\times7\times6=294$

17

◆◆◆◆◆◆◆◆◆

21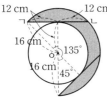

구하려는 넓이는 반지름이 16 cm, 중심각이 225°인 부채꼴의 넓이에서 반지름이 12 cm, 중심각이 135°인 부채꼴의 넓이와 2개의 직각이등변삼각형의 넓이의 합을 뺀 넓이와 같습니다.

$16 \times 16 \times 3 \times \dfrac{225}{360}$

$- \left(12 \times 12 \times 3 \times \dfrac{135}{360} + 12 \times 12 \div 2 \times 2\right)$

$= 174(\text{cm}^2)$

22 오른쪽 그림에서 ㉠과 ㉡의 넓이의 합은 원의 넓이의 $\dfrac{1}{4}$이므로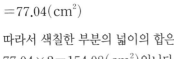

(㉠의 넓이)

$= 12 \times 12 \times 3.14 \times \dfrac{1}{4} - 6 \times 6$

$= 77.04(\text{cm}^2)$

따라서 색칠한 부분의 넓이의 합은
$77.04 \times 2 = 154.08(\text{cm}^2)$입니다.

23 5일간 봉사활동을 한 시간의 합은 9시간이므로 순서쌍을 만들면 다음과 같이 4가지 경우가 있습니다.
$(1, 1, 1, 2, 4), (1, 1, 1, 3, 3), (1, 1, 2, 2, 3),$
$(1, 2, 2, 2, 2)$
㉠ $(1, 1, 1, 2, 4)$의 경우 → 20가지
㉡ $(1, 1, 1, 3, 3)$의 경우 → 10가지
㉢ $(1, 1, 2, 2, 3)$의 경우 → 30가지
㉣ $(1, 2, 2, 2, 2)$의 경우 → 5가지
따라서 $20 + 10 + 30 + 5 = 65$(가지)입니다.

24 겹쳐진 부분의 세로와 가로의 길이의 비는
$60 : 80 = 3 : 4$이므로 떨어지기 1분 전에
세로는 $42 \div 2 \times \dfrac{3}{7} = 9(\text{cm})$
가로는 $9 \times \dfrac{4}{3} = 12(\text{cm})$이고 겹친 넓이는
$9 \times 12 = 108(\text{cm}^2)$입니다.

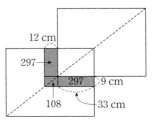

색칠한 부분의 넓이가 702 cm²이므로
$(702 - 108) \div 2 = 297(\text{cm}^2)$,
$297 \div 9 = 33(\text{cm})$입니다.

따라서 $(80 - 12 - 33) \div 12 = \dfrac{35}{12}$(분)이므로

$\dfrac{35}{12} \times 60 = 175$(초)입니다.

25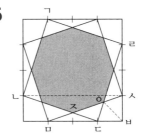

(사각형 ㄱㄴㄷㄹ의 넓이)
= (큰 정사각형의 넓이)
$\quad$ - (삼각형 ㄹㄷㅂ의 넓이) × 4
$= 12 \times 12 - 3 \times 9 \div 2 \times 4 = 90(\text{cm}^2)$
(삼각형 ㅇㅁㄷ의 넓이)
= (삼각형 ㅁㅂㅅ의 넓이) ÷ 2
$= 9 \times 3 \div 2 \div 2 = 6\dfrac{3}{4}(\text{cm}^2)$
(삼각형 ㅈㄷㄷ의 넓이) $= 6 \times 1 \div 2 = 3(\text{cm}^2)$
(삼각형 ㅈㄷㅇ의 넓이) $= 6\dfrac{3}{4} - 3 = 3\dfrac{3}{4}(\text{cm}^2)$
(색칠한 부분의 넓이)
= (정사각형 ㄱㄴㄷㄹ의 넓이)
$\quad$ - (삼각형 ㅈㄷㅇ의 넓이) × 4
$= 90 - 3\dfrac{3}{4} \times 4 = 75(\text{cm}^2)$

Memo

올림피아드 **왕수학**
정답과 풀이
6학년

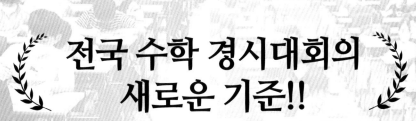

전국 수학 경시대회의
새로운 기준!!

KMAO
왕수학전국경시대회

● **평가대상**
초등 : 초등 3년 ~ 초등 6년
중등 : 중등 통합 공통 과정

● **시상안내**
(학년별)대상, 금상, 은상, 동상, 장려상
(장학금은 은상까지 지급)

● **평가일시**
매년 1월 중순

● **신청방법**
KMA홈페이지 : www.kma-e.com

● **상담문의**
070-4861-4832(평가사업팀)

주관 | 한국수학학력평가연구원   주최 | (주)에듀왕

초등 왕수학 시리즈 교재가이드

창의논리적 사고 능력을
키우는 우등생의 길잡이

초등 왕수학 시리즈

	왕수학 (개념+연산)	왕수학		점프 왕수학 (최상위)	응용 왕수학	올림피아드 왕수학
		기본편	실력편			
구성	· 초등 1~6학년 · 학기용 (1,2학기)	· 초등 1~6학년 · 학기용 (1,2학기)	· 초등 1~6학년 · 학기용 (1,2학기)	· 초등 1~6학년 · 학기용 (1,2학기)	· 초등 3~6학년 · 연간용	· 초등 3~6학년 · 연간용
특징	· 휘리릭 원리를 깨치는 "예습 학습 교재"	· 차근차근 익히는 "교과개념 학습 교재"	· 빈틈없이 다지는 "실력 UP 교재"	· 상위 15% 수준의 난이도 높은 교재	· 상위 3% 수준의 "영역별 경시대비서"	"수학 올림피아드 기출 및 예상문제집"

꼭 알아야 할 수학 시리즈

	사고력 연산	수학 문장제	도형	수와 연산	수학 서술형
구성	· 초등 1~2학년(단권) · 초등 3~4학년(상·하권)	· 초등 1~6학년 · 연간용	· 초등 2~6학년 · 연간용	· 초등 1~6학년 · 연간용	· 초등 3~6학년 · 학기용(1,2학기)
특징	· 연산 능력과 사고력 향상을 위한 교재	· 문제해결력 향상을 위한 유형별 문장제 교재	· 도형의 개념부터 응용까지 도형영역 집중학습 교재	· 수연산 영역의 반복학습을 통한 계산능력 향상 교재	· 단원별 출제빈도가 높은 서술형 학교시험 대비 교재